HANDBUCH

für

HOLZ- und TORFGAS-BELEUCHTUNG

und einigen verwandten Beleuchtungsarten

von

Dr. W. REISSIG.

Anhang zum Handbuche der Steinkohlengas-Beleuchtung

von

N. H. Schilling.

Mit 11 lithographirten Tafeln und 35 Holzschnitten.

München 1863.

Verlag von Rudolph Oldenbourg.

Herrn

Hofrath und Professor R. W. Bunsen, D^{r.}

Professor der Chemie an der Universität Heidelberg und Director des chemischen Laboratoriums daselbst, Ritter mehrerer hoher Orden

widmet diese Blätter aus inniger Verehrung und Dankbarkeit

der Verfasser.

Vorwort.

Die Literatur unserer Zeit, die sich speziell mit der Schilderung des Gasbereitungs-
Processes aus Steinkohlen befasst, ist reich genug, um Fachmännern Aufschluss über
alles Wissenswerthe, sei es auf theoretischem oder practischem Gebiete, zu geben und
Anfängern das Studium hinreichend zu erleichtern. Die Zahl der erschienenen Handbücher
ist zwar keine grosse; die dahin gehörigen Werke sind dafür um so gediegener und
reichhaltiger. Neben den fremden, namentlich englischen Handbüchern, so z. B. von
S. Clegg etc. besitzen auch wir Deutsche in dem Handbuche für Steinkohlengasbeleuchtung
von Herrn Director Schilling ein ausgezeichnetes Fachwerk, das den vorzüglichsten fremd-
ländischen Ursprungs vollkommen ebenbürtig ist. Es hat darum auch unter allen Fachgenossen eine freundliche Aufnahme gefunden. Allenthalben und insbesondere in dem
Vereine deutscher Gasfachmänner gibt sich ein reger Eifer kund, die Fortschritte in dem
Gasbeleuchtungswesen zu fördern und durch Mittheilung allseitiger Erfahrungen und
vergleichender Versuche, die in dem Journale für Gasbeleuchtung niedergelegt sind, die
Gasfabrication der möglichst hohen Stufe ihrer Vollendung entgegenzuführen.

Ein wichtiger Zweig neben der Bereitung des Gases aus Steinkohlen: die Fabrication von Gas aus Holz und Torf blieb indessen zwar nicht unberücksichtigt, wurde aber
nur vorübergehend besprochen. Was darüber in der Oeffentlichkeit bekannt wurde, sind
die Grundbedingungen zur Darstellung der betreffenden Gasarten von ihrem verdienten
Erfinder, dem Herrn Professor Dr. Pettenkofer, in München. Andere Abhandlungen und
Notizen finden sich nur spärlich im Journale für Gasbeleuchtung verzeichnet; es sind
nur vereinzelte Mittheilungen von Beobachtungen und Erfahrungen, die zwar sehr dankens-
werth, aber nicht geeignet sind, einem Unkundigen einen vollständigen Einblick in die
Holzgasbereitung zu geben. Auch die fremde Literatur hat kein dahin gehöriges Werk.

Wenn ich daher, mit schwachen Kräften und nur in seltenen Fällen vorurtheilsfrei
unterstüzt, es wage, diese Blätter als Folge einem gediegenen Werke anzureihen, so bin
ich mir wohl bewusst, dass es einer geübteren und fähigeren Feder als der meinigen

*

bedurft hätte, eine Schilderung des beregten Gasbereitungsprocesses zu geben. Aber dies ist und dürfte auch so bald nicht geschehen. Seit längerer Zeit im Gasfache thätig und durch mehrjährige Erfahrung im Holzgasbetriebe unterstützt, gebe ich desshalb die Veröffentlichung des bescheidenen Theils meiner technischen Erfahrungen und dahin gehörigen theoretischen Arbeiten. Sie können nicht und beanspruchen auch nicht eine in sich geschlossene und fertige Schilderung der Holzgas- und Torfgasfabrication zu sein. Dazu reichen die Kräfte eines Einzelnen nicht aus. Möchte es mir wenigstens gelungen sein, indem ich die Resultate meiner und anderer Erfahrungen zu sichten, vorurtheilsfrei zu prüfen und in ein Ganzes zu vereinigen bestrebt gewesen bin, dass die folgenden Blätter dazu dienen, die Mitwirkung meiner Fachgenossen anzuregen und dass eine gleiche Vervollkommnung unseres Industriezweiges hiedurch angebahnt wird, wie sich solcher die Steinkohlengasfabrication erfreut.

Um den Ueberblick für den der Holz- und Torfgasfabrication nicht ganz Kundigen zu erleichtern und den Umfang des Werkes nicht unnöthig zu vergrössern, habe ich mich strenge der Eintheilung des Schilling'schen Werkes angeschlossen und Das nicht nochmals beschrieben, was in dem genannten Werke schon vorkommt. Nur wo es der grösseren Deutlichkeit wegen mir nöthig oder wünschenswerth schien, habe ich manches Bekannte nochmals erwähnt. Ich darf vielleicht desshalb, wenn ich in diesem Bestreben ausführlicher als nöthig gewesen bin, die gütige Entschuldigung meiner Leser in Anspruch nehmen.

Allen meinen Freunden, die mich unterstützt, sage ich herzlichsten Dank und ergreife gern die Gelegenheit, ihn namentlich gegenüber Herrn Hofrath und Professor Bunsen in Heidelberg, Herrn Director Schilling in München und Herrn chem. Fabrikbesitzer Dr. G. Merck in Darmstadt auszusprechen.

Und so wünche ich, indem ich meine Arbeit dem Publikum übergebe, dass eine nachsichtige Beurtheilung demselben um so eher zu Theil werden möchte, als dasselbe ein Erstlingswerk im vollen Sinne des Wortes ist.

Darmstadt, im Juni 1863.

DR. W. Reissig.

Inhalts-Verzeichniss.

Verzeichniss der Figurentafeln.

Verbesserungen.

Seite 11 Zeile 17 von oben lies $C_{12} H_{10} O_{10}$ statt $C_{,2} H_{,0} O_{,0}$.

„ 20 „ 13 von oben nach übrigens einzuschalten wenn man sie

„ 23 „ 24 von oben lies Stoffe statt Stroffe.

„ 32 „ 11 von unten lies absterbenden statt abstrebenden.

„ 40 „ 17 von oben lies uns statt uus.

„ 57 „ 24 von unten lies verminderte statt vermindernde.

„ 61 „ 7 von oben nach wenn ich ihm einzuschalten auch.

„ 64 „ 20 von unten lies Mesityloxyd statt Merityloxyd.

„ 80 „ 23 von unten lies verkäuflich statt vsrkäuflich.

„ 88 „ 1 von oben lies einer statt keiner.

„ 128 „ 7 von unten lies 0.046 statt 00.046.

I.

Chemisch-physikalischer Theil.

Erstes Capitel.

Das Holz als Material für die Gasbereitung.

Einleitung. Das Holz. Entstehung desselben. Beschreibung der physikalischen Eigenschaften der Holzarten: Farbe, Härte, specifisches Gewicht. Relation zwischen specifischem Gewicht und Volum einer Holzmasse nebst Angaben über den wirklichen Gehalt an Holzmasse bei verschiedenen Hohlmaasen von Holz. Hygroscopische Eigenschaften der Holzarten. Wärmeleitungsvermögen derselben. Chemische Zusammensetzung. Nähere Bestandtheile: Holzfaser; Wasser- Saft- und Aschenbestandtheile. Chemische Zusammensetzung der Holzfaser, Wassergehalt verschiedener Holzarten bei frischer Fällung und in lufttrockenem Zustande. Aschenbestandtheile. Mittheilung verschiedener Aschenanalysen. Bestandtheile des Holzaschen. Schlussbetrachtung der allgemeinen Ergebnisse der chemischen Analysen verschiedener Arten von Holz. Werthbestimmungen verschiedener Holzarten zur Gasbereitung; Ausbeute an Gas und Nebenproducten bei verschiedenen Hölzern. Specifische Gewichtsbestimmungen verschiedener Holzgase. Photometrie.

Die Steinkohlen sind, wie uns geschildert worden ist, die veränderten Ueberreste einer vorweltlichen Vegetation. Eine Pflanzenwelt von der üppigsten Entwicklung, die einen Reichthum an Formen und riesenhafter Grösse der Individuen besass, der uns heute noch mit Staunen und Bewunderung erfüllt, fand ihren Untergang in den Wasserfluthen, um durch diese geschützt und später von auflagernden Schichten gedeckt, bis auf unsere Zeiten erhalten zu bleiben.

Die Entstehung der Kohlen verdanken wir sonach ausschliesslich dem Pflanzenreiche. Aber nicht zufrieden mit den reichen Schätzen, die uns die Natur in freigebiger Weise in diesem Materiale aufgespeichert hat, muss unserer Industrie auch die Vegetation dienstbar werden, die in jüngster Zeit entstanden, die wir vor unsern Augen wachsen und absterben sehen. Jedermann weiss, dass wir zu allen technischen Gewerben, dass wir zu allen häuslichen Zwecken noch in grosser Menge das Holz verwenden, womit wir, wie ich kaum anzuführen brauche, die Stämme, Aeste und Wurzeln unserer Bäume und grösseren strauchartigen Gewächse bezeichnen, die gefällt und zertheilt worden sind.

Verweilen wir einige Augenblicke bei der Entstehung und Entwicklung der bezeichneten Gewächse.

Das Elementarorgan, aus welchem jede Pflanze in frühester Jugend besteht, sind die s. g. Zellen.

1*

Diese sind von einer äusserst dünnen, durchsichtigen, aus Pflanzenzellstoff bestehenden Haut gebildet, welche auf ihrer inneren Fläche eine aus halbflüssigem Stoffe, s. g. Protoplasma, bestehende Auskleidung hat und in ihrem Inneren eine grosse Menge Saftes enthalten, der den vorwiegendsten Theil des gesammten Organes bildet. — Eine Zeit lang wächst die zellstoffige Wand nur in die Dicke; später jedoch lagern sich auf der Membran abermals Zellstoffschichten und, sofern die Zellwand selbst mit Saft getränkt ist, auch theilweise in derselben Stoffe ab, die sich aus dem Safte in fester Form ausscheiden. Diese Ausscheidung jedoch erfolgt nie in der Weise, dass dadurch die ganze ursprüngliche Zellwandung überlagert wird, sondern die Schichten bleiben von grösseren oder kleineren Löchern oder Spalten durchbrochen, welch' verschiedene Art der Ablagerung dann dem Botaniker zur Unterscheidung verschiedener Zellformen Veranlassung gibt, die wir jedoch hier nicht näher verfolgen wollen. Nur so viel sei hier noch bemerkt, dass wenn durch die bezeichneten Ablagerungen der flüssige Inhalt der Zellen nach und nach fast verschwunden und die ursprüngliche Zellwandung bedeutend verdickt oder incrustirt ist, eine solche, fast ganz aus fester Substanz bestehende Zelle eine holzig gewordene genannt wird.

Nächst den Zellen unterscheiden wir noch eine zweite Hauptart der Elementarorgane, nämlich die Gefässe. Diese entstehen dadurch, dass in gewissen Zeilen die Wände, die diese von einander trennen, im Verlaufe der Vegetation durch chemische Prozesse zerstört und aufgelöst werden, so dass dann 2 oder mehrere in einer Reihe liegende Zellen zu einer einzigen Röhre verwachsen. Mit diesen Gefässen zugleich finden wir stets Zellen von einer verhältnissmässig bedeutenden Länge, s. g. Faserzellen, die mit den Gefässen zugleich, unmittelbar neben oder zwischen denselben, verlaufen. Diese Vereinigung der Faserzellen mit den Gefässen wird als ein Ganzes mit dem Namen „Gefässbündel" bezeichnet. In dem Pflanzenkörper gruppiren sich dieselben stets in regelmässiger Weise, in Kreisform. Ein solches System steigt von der Spitze der Wurzel aufwärts, tritt in den Stengel ein, vertheilt sich in die Aeste, Zweige und Blätter, wo wir den letzten Verlauf als Blattadern erkennen. In der Wurzel sind die Gefässbündel nur von Zellen umgeben, in dem Stengel jedoch trennen sie sich in mehrere, kreisförmig geordnete Büschel (wenigstens bei unseren Waldbäumen) und umschliessen eine nur aus Zellen bestehende, im Mittelpunkt befindliche Kreisfläche, die uns unter dem Namen „Mark" bekannt ist. Die Büschel der Gefässbündel werden aber selbst von einem äusseren Kreise von Zellen umschlossen, der zur Rinde gehört. Sie sind ferner, namentlich in der Jugend des Pflanzenkörpers, durch Streifen des bezeichneten Zellgewebes getrennt, die die innere Markschicht mit dem äusseren Zellenkreise in Verbindung setzt und welche „Markstrahlen" genannt werden. Aus diesen Markstrahlen bilden sich im Verlaufe der Vegetation stets neue Gefässbündel. Sie werden dadurch zahlreicher und gehen nur in schmäleren Radien durch den Kreis der Gefässbündel.

Auf dieser wenig entwickelten Stufe bleibt die Vegetation bei den s. g. krautartigen und noch saftreichen Pflanzen stehen. Bei den holzartig werdenden Gewächsen jedoch theilt sich der entstandene Gefässbündelkreis weiter in 2 nach ihrer Anordnung und Functionen verschiedene Systeme.

Das eine — das innere — besteht aus dem Marke in dem Mittelpunkte, welches, wie bemerkt, aus Faserzellen gebildet ist und einem Kreise von Gefässbündeln an der Peripherie. Dieses System ist vorzugsweise zur Bildung des Holzkörpers bestimmt.

Das zweite — das äussere — System, welches verhältnissmässig dünn ist, ist zuvorderst aus dem Baste gebildet. Dieser selbst besteht aus langen Faserzellen und aus Gefässen, welche sich netzartig verzweigen. Diese letzteren sind zur Führung des Saftes — in absteigender Richtung — bestimmt. Weil sie desshalb, bei einem Durchschnitte, je nach der Natur des Saftes, oft trübe und milchig erscheinen, hat man sie mit dem besonderen Namen „Milchgefässe" belegt. Zwischen den beiden Systemen findet sich dann noch eine dünne, meist grün gefärbte Zellschichte, das s. g. Cambium, welches eine hervorragende Rolle bei der Holzbildung spielt.

Durch die Gefässe und Faserzellen des Holzkörpers nämlich steigt der rohe, zur Assimilation noch nicht geeignete Saft in der Pflanze durch den Stengel, in die Aeste, Zweige und Blätter auf, wo er sich in dem Zellgewebe der letzteren Organe ausbreitet und mit der atmosphärischen Luft durch die s. g. Spalt-öffnungen in Wechselwirkung tritt. Er erleidet dadurch eine wesentliche, chemische Veränderung. Wie bekannt, nehmen hier die Pflanzen Kohlensäure aus der Luft auf, die sie denselben als Sauerstoff zurück-ersetzen. Durch die erlittene Veränderung zur Verwendung in der Pflanze fähig gemacht, steigt dann der Saft durch den Bast und die bezeichneten Milchgefässe abwärts, um sich schlüsslich in das Cambium zu ergiessen und verbraucht zu werden. Dieses ist demnach der wichtige Ort, von wo die Bildung neuer, fester Zellsubstanz in dem Holzkörper ausgeht und welcher, wenn die Vegetation in der Winterkälte oder in gewissen Intervallen bei den tropischen Gewächsen ruht, als Aufbewahrungsort des zubereiteten Saftes dient.

Der Saft nämlich, von einer vorhergehenden Vegetationsperiode herrührend, wird beim Beginne einer neuen (bei unseren Waldbäumen im Frühjahre) wie bemerkt zur Bildung von Gefässen und Faser-zellen verwandt, von welch' ersteren sich ein Theil als concentrischer Kreis an die Gefässbündel des ersteren Jahres anlegt und eine zweite Holzschichte bildet. Der andere Theil schliesst sich an den Bast an und bildet eine neue Bastschichte, während stets zwischen beiden eine neue Schichte von Cambium übrig bleibt. Da in dieser Schichte in der nächsten Vegetationsperiode oder einem Jahre der nämliche Prozess sich wieder-holt, so vermögen wir aus der Anzahl der angelegten Holz- und Bastschichten, die bei einem Durchschnitte des Stammes als Jahresringe hervortreten, das Alter des betreffenden Baumes zu erkennen. — Die Mark-strahlen werden durch diesen Vorgang natürlich auf eine sehr geringe Dicke beschränkt, sie bleiben jedoch stets vorhanden und vermitteln die Verbindung zwischen dem Marke einerseits und dem Rindenzellgewebe andrerseits. Während jedoch die nach und nach abgesonderten Bastschichten immer nur verhältnissmässig sehr dünn sind, sind die Holzschichten meist dicker und haben eine unregelmässige Anordnung der Gefässe und Zellen. Die Gefässe liegen meist in der Nähe der inneren Seite. Ihr Durchmesser ist meist beträcht-licher als der der Faserzellen; ihre Wände sind gewöhnlich von hellerer Farbe und sie bedingen hiermit eine mehr poröse Beschaffenheit der Theile des Stammes, in welchem sie vorkommen. Die Faserzellen dagegen, in welchen die Verdickung ihrer Wände oder die s. g. Incrustation vorzugsweise vor sich geht, die darum enger sind und dichter an einander liegen, besitzen in ihrer Gesammtheit meist eine grössere Dichte und eine intensivere, dunklere Farbe. Bei der Betrachtung des Querschnitts eines Stammes können wir desshalb die Jahresringe leichter unterscheiden, die übrigens nicht bei allen baumartigen Gewächsen gleich gut entwickelt und selbst bei Individuen ein und derselben Species je nach dem Standort etc. ver-schieden deutlich ausgebildet sind.

Die Ablagerung der incrustirenden Materie in den einzelnen Faserzellen geht übrigens nur nach und nach von Statten und mit ihr hält die grössere oder geringere Verholzung eines Stammes gleichen Schritt. Verschiedene Pflanzen haben hierin einen Vorsprung vor anderen, so ferne bei diesen die eigent-liche Holzbildung schneller eintritt als bei den anderen. Die meisten Holzarten erlangen erst in höherem Alter den höchsten Grad von Dichte und Festigkeit des Holzes. In jedem Falle aber ist immer in dem Inneren der Stämme die Verholzung weiter vorangeschritten und bleibt, wie erörtert, in den dem Cambium zunächst liegenden Schichten zurück. Man bezeichnet desshalb die innere Schichte mit dem Namen „Kern-holz" zum Unterschiede von dem dem Cambium zunächstliegenden Theile, der den Namen „Splint" führt.

Der Rindenkörper, der, wie wir sahen, stets durch die Bildung des neuen Holzes nach Aussen gerückt wird, erleidet an seiner Oberfläche eine beständige Veränderung. Die Oberhaut oder Epidermis desselben wird zerklüftet, theilsweise abgelöst und unter dem Einflusse der Luft zerstört. Unter derselben finden sich noch 2 Zellschichten. Die eine, „Korkschichte" genannt (nach einem besonderen ausgezeichneten Vorkommen bei der Korkeiche so genannt), besteht nur aus einer, seltner mehrerer Reihen Zellen. Immer sind aber dieselben farblos. Die zweite „Zellschichte" oder „eigenthümliche Rindensubstanz" genannt, unter-scheidet sich nur durch die Form der Zellen und das Vorkommen von Blattgrün in diesem Organe von der Korkschichte. Der letzte und wichtigste Theil der Rinde ist der „Bast" oder die „Rindenfasern". Sie bilden, durch eine zum Cambium gehörende Zellschichte getrennt, den Holzbüscheln gegenüberliegende

Bündel und zeichnen sich durch sehr lange und sehr zähe Fasern aus. Die Anordnung dieser Bastfasern ist namentlich für viele Pflanzen charakteristisch und sie bilden verschiedenartig gestaltete Gewebe, die wir aber hier nicht näher betrachten können.

Den Vorgang der Verholzung, dessem Verlaufe wir bis jetzt gefolgt sind, finden wir hauptsächlich bei unseren Waldbäumen. Er ist wie für diese, so auch für eine sehr grosse Anzahl von Pflanzen charakteristisch und bildet ein wesentliches unterscheidendes Merkmal. Alle Pflanzen, die in der bezeichneten Art wachsen, nennt der Botaniker Dicotyledonen, die eine Hauptabtheilung in dem gesammten Pflanzenreiche bilden.

Eine andere, aber nicht unbeträchtliche Abtheilung der Pflanzen, die s. g. monocotyledonischen Pflanzen, namentlich zahlreich unter den Tropen vertreten (wohin z. B. Palmen, Pandanen etc. gehören), zeigen aber eine obwohl ähnliche, aber dennoch sehr verschiedene Bildung ihres Stammes.

Was uns zunächst bei der Betrachtung desselben auffällt, ist die fast vollkommen cylindrische Form, die derselbe besitzt und die nirgends durch Abzweigung von Aesten oder Zweigen gestört wird. Nur an der Spitze solcher Stämme finden wir die Blätter. In seinem Innern zeigt ein solcher Stamm die Gefässbündel besonders nach der Peripherie hin gedrängt, während sie gegen den Mittelpunct fehlen. Von einer Rinde, wie wir so eben beschrieben, finden wir Nichts. Die Peripherie des Stammes ist nur mit einer Zellschichte bedeckt und zwischen dieser und im Innern kommt noch manchmal ein Gürtel von Gefässen vor, die lose vereinigt und nicht gefärbt oft für einen Bastgürtel gehalten worden sind.

Wir sehen desshalb einen durchgreifenden Unterschied zwischen dicotyledonischen und monocotyledonischen Pflanzen in ihrer Stammbildung. Die ersteren zeigen, wie wir sahen, deutlich concentrische Ringe, deren Festigkeit von dem Mittelpuncte nach der Peripherie hin abnimmt und das Mark verläuft sowohl in einem der Länge nach gehenden Strange, wie es sich in divergirenden Strahlen durch die Holzsubstanz durchsetzt. Die monocotyledonischen Pflanzen haben keine deutlichen concentrische Schichten, deren Festigkeit nach der Mitte hin zunimmt, und das Mark liegt zwischen den Gefässbündeln ohne Verlängerung und divergirende Strahlen.

Die Betrachtung der acotyledonischen Stämme endlich — die der letzten Unterabtheilung des Pflanzenreichs angehören, können wir hier füglich übergehen und wollen nur noch bemerken, dass ihr Bau dem der monocotyledonischen Pflanzen sehr ähnlich ist.

Die verschiedene Entstehungsart der Hölzer und die beträchtlich grosse Anzahl derselben, die wir kennen, lässt es erwarten, dass die Holzarten je nach ihrer Abstammung in ihren physicalischen Eigenschaften auch wesentlich verschieden sein mögen. Das ist auch in der That der Fall. Aber nicht allein in ihrem Aeusseren sind — unter sich verglichen — die verschiedenen Holzarten mit abweichenden Eigenschaften begabt, sondern auch Hölzer von Stämmen ein und derselben botanischen Species zeigen auffallende, nicht unbedeutende Verschiedenheiten, die durch wechselnde Einflüsse der Standorte, des Clima's, des Alters der Pflanze hervorgerufen werden.

Was zunächst die Farbe der verschiedenen Holzarten betrifft, so ist diese, wie bekannt, auch sehr verschieden. In ein und derselben Holzmasse selbst sind die färbenden Stoffe ungleich abgelagert, so dass meist bei der Bearbeitung der Hölzer die mehr oder minder grosse Anhäufung der färbenden Materien hervortritt. Die s. g. Masern, die Wolken, Streifen etc. sind solch entwickelte Farbstoffanhäufungen.

Im Allgemeinen ist die Farbe unserer vaterländischen oder europäischen Hölzer meist heller, von dem Weisslichen bis in das Bräunliche spielend. Die aussereuropäischen Holzarten sind meist dunkler gefärbt. Das Ebenholz z. B. ist vollkommen schwarz. Andere Holzarten, z. B. die s. g. Farbhölzer, zeichnen sich durch gewisse rothe, gelbe etc. Farben aus. Ganz allgemein wird man jedoch finden, dass die Farbe des Holzes im Alter dunkler wird, als sie in der Jugend war. Ebenso wird einige Zeit nach der Fällung des Stammes die Farbe dunkler als sie es ursprünglich war; man sagt: das Holz dunkelt nach.

Auch die Härte der verschiedenen Holzarten zeigt bemerkenswerthe Unterschiede. Es ist bekannt, dass wir im gewöhnlichen Leben „harte", „halbharte" und „weiche" Hölzer zu unterscheiden pflegen. Zu den ersteren gehören: Eiche, Buche, Ulme, Buchsbaum, Kastanien; zu den halbharten rechnet man: Acacie, Ahorn, Birke, Lärche, Erle; zu den weichen: Tanne, Fichte, Linde, Pappel, Weide etc. Jedoch ist diese Eintheilung, obwohl überall gang und gäbe, eine rein willkürliche und ungenaue, da durchgreifende Unterscheidungsmerkmale für die einzelnen Classen fehlen.

Die mannigfaltige Verschiedenheit der Angaben über das specifische Gewicht der Holzarten, die wir aufgezeichnet finden und die auf den ersten Anblick paradox erscheint, beruht auf dem Umstande, dass die Bestimmung des specifischen Gewichts in Hinsicht auf gänzlich von einander abweichenden Principien ausgeführt werden kann.

Bei der einen nämlich wird das Gewicht der festen, aber von Luft und Feuchtigkeit ganz befreiten Holzmasse mit dem Gewichte eines gleich grossen Volumens Wasser als Einheit verglichen; bei der anderen wird die Bestimmung des specifischen Gewichts des Holzes, wie es sich findet, — sei es nun frisch geschlagen oder lufttrocken etc. — also immer mit Einschluss der die Poren erfüllenden Luft und die Feuchtigkeit bestimmt. Es liegt darum auch sehr nahe, dass diese Bestimmungen beträchtlich von den ersteren abweichen, dass die Resultate derselben wegen verschiedenartiger Einflüsse beträchtlich differirend ausfallen.

Wenden wir die erste der genannten Methoden an, so finden wir die bemerkenswerthe Thatsache, dass die feste, wasser- und luftleere Holzmasse verschiedener Holzarten ein unter sich nur um ein Geringes verschiedenes specifisches Gewicht besitzt.

So zeigt:

Eichen- und Buchenholz-Faser ein specifisches Gewicht = 1.53,
Birken- und Pappelholz- „ „ „ „ = 1.48,
Tannen- und Ahornholz- „ „ „ „ = 1.46,

also sehr nahe übereinstimmende Resultate. Aus denselben geht ferner noch hervor, dass die reine Holzfaser ein etwas um die Hälfte grösseres specifisches Gewicht als Wasser besitzt, in demselben also jedenfalls untersinken wird. Die Erfahrung hat es denn auch gezeigt, dass die Hölzer, wenn sie lange Zeit im Wasser liegen, darin untersinken. Es rührt dieser Umstand daher, dass erst in längerer Zeit die Luft vollständig aus dem Holze verdrängt wird. Wenn diess der Fall ist, sinkt das Holz im Wasser unter, weil es schwerer ist als dieses.

Bei der Befolgung der im Sinne der zweiten Betrachtungsweise des specifischen Gewichts der verschiedenen Hölzer ausgeführten Methode finden wir dasselbe, wie schon berührt, nicht allein bei den verschiedenen Holzarten ungleich ausfallend, sondern auch bei ein und derselben Holzart zeigen sich sehr beträchtliche Schwankungen. Die Resultate differiren im hohen Grade, je nachdem wir das Kernholz als das dichtere, oder den Splint als den weniger dichten Theil zur Bestimmung benützen. Der Einfluss des Standorts, des Alters etc. der Pflanze lässt sich auch bei Anstellung dieser Bestimmungen erkennen.

Darum lässt sich auch nur ganz im Allgemeinen sagen, dass die meisten Hölzer, wie sie sich finden, ein geringeres specifisches Gewicht als das Wasser besitzen, und dass nur die dichtesten (z. B. Ebenholz) darin zu Boden sinken. Die specifische Gewichtsbestimmung eines Holzes fällt natürlich um so geringer aus, je geringer in einer gegebenen Holzart die feste Holzmasse und je grösser die Poren sind; sie werden also bei den weichen geringer als bei den harten Hölzern sein. Ferner tritt der nämliche Fall ein, je trockner eine betreffende Holzart ist, oder was dasselbe sagen will, je mehr die Poren mit Luft statt mit Wasser erfüllt sind. Da die Holzarten nie unter völlig gleichen Umständen gefunden werden, so lässt sich ein bestimmtes specifisches Gewicht für eine Holzart nicht angeben. Wir müssen uns darauf beschränken, die Maximal- und Minimalbestimmungen des specifischen Gewichts einer Holzart anzuführen, die oft ausserordentlich differiren, so zwar, dass das specifische Gewicht ein und derselben Holzart mehr bei einer Holzart abweicht, als dies bei zwei verschiedenen Holzarten stattfindet.

Einer Tabelle, in Kamarsch's Grundsrisse der mechanischen Technologie mitgetheilt, entnehmen wir folgende Gränzwerthsbestimmung des specifischen Gewichts verschiedener Hölzer:

Namen der Holzart.	Specifisches Gewicht				Gewicht von 1 c′, lufttrocken nach der Mittelzahl.
	im frischen (grünen) Zustande.		im lufttrocknen Zustande		
	Grenzen.	Mittelzahl.	Grenzen.	Mittelzahl.	
Ahorn	0.843—0.944	0.893	0.645—0.750	0.697	37*)
Birke	0.851—0.987	0.919	0.688—0.738	0.713	38
Buche (Fag. syst.) . . .	0.852—1.109	0.980	0.690—0.852	0.771	41
Ebenholz			1.187—1.331	1.259	67
Eiche	0.885—1.062	0.973	0.650—0.920	0.785	42
Erle	0.809—0.994	0.901	0.505—0.680	0.592	31
Fichte (P. Abies L.) . .	0.848—0.993	0.920	0.454—0.481	0.467	25
Tanne (P. sylvest.) . . .	0.811—1.005	0.908	0.763	0.613	41
Lärche	0.694—0.924	0.809	0.565	0.565	30
Linde	0.710—0.878	0.794	0.559—0.604	0.581	31
Pappel	0.758—0.956	0.857	0.383—0.591	0.487	26
Weisstanne (Abies excelsa)	0.894	0.894	0.498—0.746	0.622	33
Ulme	0.878—0.941	0.909	0.568—0.671	0.619	33
Weide	0.838—0.855	0.546	0.392—0.530	0.461	25
Weissbuche (Hainb.) . .	0.939—1.137	1.038	0.728—0.790	0.759	40

Die Bestimmung des specifischen Gewichts einer Holzart hat im Grunde kaum mehr als ein wissenschaftliches Interesse. Von dem practischen Gesichtspuncte aus betrachtet sei der Umstand jedoch noch erwähnt, dass mit dem specifischen Gewichte eines Holzes im Zusammenhange die Gewichtsmenge — das absolute Gewicht — desselben Holzes steht, die ein bestimmtes Cubicmaas ausfüllt, soferne die Gewichtsmenge und das Cubicmaass im metrischen Systeme bestimmt worden sind.

Bekanntlich ist bei diesem Systeme das Gewicht der Wassermenge, die einen Cubic-Centimeter bei + 4⁰ Cels. ausfüllt, als Einheit genommen. Dasselbe führt den Namen Gramme. 1 Cubic-Centimeter Wasser von + 4⁰ Cels. ist also = 1 Gramme. 1 Cubic-Meter Wasser wiegt demnach $100 \times 100 \times 100$ Grammen = 1000 Kilogramme.

Wenn wir nun das specifische Gewicht einer Holzart kennen, so wissen wir zugleich, wie viel mal ein Cubic-Meter des Holzes schwerer oder leichter ist als ein Cubic-Meter Wasser, der also 1000 Kilogrammen wiegt. Wir können in ähnlichen Verhältnissen immer leicht ausrechnen, was 1 Cubic-Decimeter, 1 Cubic-Centimeter Holz wiegt, wenn wir dessen specifisches Gewicht genau kennen. Bezeichnet V irgend ein Hohlmaas von Holz in Cubic-Metern ausgedrückt; S das specifische Gewicht desselben, so ist das absolute Gewicht desselben G in Kilogrammen ausgedrückt:

$$G = V. S. 1000$$

oder in Zollgewichtspfunden

$$G = V. S. 2000 \text{ Pfd.}$$

---

*) Hannov. Maas und Gewicht.

Diese Art der Rechnung setzt übrigens voraus, dass das berechnete Holz eine compacte Masse, also ohne Zwischenräume sei. Jedermann weiss aber, dass dies nicht der Fall ist. Eine jede Holzmasse hat bei ihrem Aufschlichten leere Zwischenräume. Nach den hierüber vom grossh. hessischen Gewerbe-Verein angestellten zahlreichen Messungen betragen diese bei gradem ·und glattem Scheitholze und guter Schlichtung zum Mindesten ein Fünftel des ganzen Inhalts. Man kann in ähnlichem Falle desshalb nur 80 Prozent solide Holzmasse annehmen. Im Allgemeinen aber, wo solche Verhältnisse nicht zutreffend sind, weil das Holz nicht mit so grosser Sorgfalt aufgesetzt wird, kann man annehmen, dass

ein beliebiges Maas von Scheitholz nur 70 Proz. solide Holzmasse,

„ „ „ „ Prügelholz „ 60 „ „ „ und

„ „ „ „ Stockholz „ 50 „ „ „

enthält. Bei Berechnung des Gewichtes eines Cubicmaases von Holz darf daher dieser Punct nicht ausser Acht gelassen werden.

Zur Vervollständigung des in Rede stehenden Themas sei beiläufig noch erwähnt, dass eine Holzmasse, die aus Scheitern besteht, nochmals gespalten wird, ehe sie zur Destillation in Anwendung kommt. In diesem Falle wird ihr Volum abermals vergrössert. Ich habe diese Vergrösserung mehrmals nachmessen lassen und habe gefunden, dass durch das Spalten des Holzes dessen Volum sich um 18—22 Proz. vergrössert. Wir können desshalb in runder Summe ein Fünftheil dafür in Anschlag bringen.

Von den übrigen physicalischen Eigenschaften, die die verschiedenen Hölzer besitzen, ist noch ihre „hygroscopische Eigenschaft" einer besonderen Berücksichtigung werth. Wir bezeichnen nämlich mit dem ebengenannten Worte die Eigenschaft der Hölzer, den in der Luft enthaltenen Wasserdampf aufzusaugen und sich dadurch mit flüssigem Wasser zu beladen. Diese hygroscopische Eigenschaft ist bei dem Holze in grossem Maasse vorhanden. Sie wird aber glücklicherweise dadurch beschränkt, dass die im Inneren eines Scheites oder Prügelholzes gelegene Masse diese ihre Eigenschaft nur in längeren Zwischenräumen geltend machen kann, da sie mit der Luft nicht unmittelbar in Berührung kommt.

Um sich eine Vorstellung über die ausgezeichnete hygroscopische Eigenschaft der Holzmasse bilden zu können, seien nachfolgende Versuche erwähnt, die ich zu diesem Zwecke angestellt habe. Ich zertheilte zu diesem Behufe das Holz in sehr feine Splitter und, nachdem es vollständig bei 110° Cels. vom Wasser befreit war, legte ich es an die Luft und beobachtete die Gewichtszunahme nach bestimmten Zwischenräumen. Ein solches Holz zog in den angegebenen Zeiträumen folgende Gewichtsmengen Wassers an:

In 15 Minuten == 2.5 Proz. Wasser

„ 30 „ = 2.75 „ „

„ 45 „ = 3.0 „ „

„ 1 Stunde = 3.7 „ „

„ 1½ „ = 4.1 „ „

„ 2 „ = 4.7 „ „

„ 3 „ = 5.1 „ „

„ 4 „ = 6.0 „ „

„ 5 „ = 6.6 „ „

„ 6 „ = 7.2 „ „

„ 18 „ = 9.8 „ „

„ 24 „ = 11.0 „ „

„ 48 „ = 11.2 „ „

Dem praktischen Betriebe entnommen, mögen hier noch folgende Notizen ihren Platz finden.

Ein Centner Holz, der der Trockenkammer entnommen wurde und noch 9.0 Proz. Wasser enthielt, zog in dem Retortenhause bei heller klarer Witterung

in der ersten Viertelstunde 3 Loth Wasser = (0.3 Proz.),

nach Umfluss einer Stunde 4½ „ „ = (0.4 Proz.) an.

2

Ein Centner eines anderen Holzes zog

in dem ersten Tage 1¼ Pfd. Wasser; nach

zwei Tagen 2¼ Pfd. Wasser an.

Wir ersehen daraus, dass es nicht räthlich ist, bei dem Betriebe das getrocknete Holz lange an die Luft zu bringen, weil dasselbe abermals wieder Feuchtigkeit anzieht.

Nicht ohne Interesse dürfte es sein, an dieser Stelle noch des Wärmeleitungsvermögens der Holzarten zu gedenken. Nachdem die bemerkenswerthen Unterschiede, welche hierin sich zeigen, schon von Despretz und später von De la Rive und De Candolle untersucht worden waren, hat in neuerer Zeit Herr Prof. Knoblauch diesen Gegenstand abermals in den Kreis seiner Untersuchung gezogen. Er bestätigte die Richtigkeit der Angaben, dass die Wärmeleitung der verschiedenen Hölzer verschieden ist, je nachdem dieselbe parallel oder rechtwincklich gegen die Fasern stattfindet. Die Leitung der Wärme, die längs der Faserrichtung geht, ist ungleich grösser als diejenige, die rechtwinklich auf diese Richtung stattfindet. Diese Verhältnisse treffen wir aber bei den Hölzern in sehr ungleicher Weise. Nach diesem Verhalten lassen sich dieselben in mehrere Gruppen scheiden. In der ersten, wohin z. B. die Acacie gehört, übertrifft die Fähigkeit des Holzes, die Wärme längs der Faserrichtung zu leiten, diejenige, die senkrecht darauf stattfindet, nur um ein Viertheil. In der dritten aber, wohin z. B. Pappel, Linde, Weide, Erle, Birke, Fichte, Kiefer gehören, übertrifft aber die Wärmeleitung längs der Faserrichtung diejenige, die senkrecht darauf hingeht, geradezu um das Doppelte. Im Uebrigen müssen wir auf das Original selbst verweisen*).

Nach der hiermit geschlossenen Besprechung der physicalischen Eigenschaften der Holzarten und den damit im Zusammenhange stehenden, practischen Mittheilungen wollen wir uns zur Betrachtung der chemischen Zusammensetzung derselben wenden.

Die Betrachtung einer jeden Holzmasse zeigt uns, dass, wess Ursprungs sie auch sei, dieselbe immer aus dem festen und starren Theile — der eigentlichen Holzmasse — besteht, der in mehr oder minderem Grade von Feuchtigkeit durchdrungen und von Lufträumen erfüllt ist. Der Hauptbestandtheil ist sonach die „Holzmasse"; der andere der s. g. „Saft". Die Luft, die kein eigentlicher Bestandtheil des Holzes ist, muss natürlich unberücksichtigt bleiben. Der Saft ist dann noch weiter zusammengesetzt. Sein vorwiegendster Bestandtheil ist das Wasser. Dieses enthält wiederum verschiedene Stoffe aufgelöst, die organischen oder unorganischen Ursprungs sind. Die ersteren sind für uns weniger von Interesse; die letzteren aber bleiben bei dem Verbrennen des Holzes als Asche zurück. Holzfaser, Wasser, Saft- und Aschenbestandtheile bilden demnach immer das eigentliche Holz.

Die feste Holzmasse, die, wie wir oben sahen, aus der ursprünglichen Zellwand, dann der incrustirenden Materie und wahrscheinlich noch verschiedener, aber in unbedeutender und nicht genauer bestimmter Menge vorkommender Stoffe, die sich in den beiden genannten Gebilden infiltrirt finden, besteht, ist in höchst merkwürdiger Weise bei allen Holzarten nur aus einem einzigen Stoffe gebildet.

Wir bezeichnen denselben mit den Namen: Holzfaser, Pflanzenfaser, Pflanzenzellstoff oder Cellulose.

Diese ist also das formbedingende Material nicht allein der ursprünglichen Zellwand, sondern aus diesem Stoffe bestehen auch — nach Schleiden's und der jetzt allgemein gültigen Ansicht — die späteren Ablagerungen, die wir unter dem Namen der incrustirenden Materie kennen.

Man hat früher — nach den Untersuchungen Payen's — die letztgenannte Materie unter dem Namen „Lignin" als von der eigentlichen Holzfaser verschieden betrachtet und es ist wohl nicht in Abrede zu stellen, dass ein solcher Stoff mit etwas abweichenden Eigenschaften von der Cellulose besteht. Gleichwohl sind die Unterscheidungsmerkmale in chemischer Beziehung nur gering.

Wenn wir die Holzmasse (nach dem Vorgange von Schleiden) mit Kalilösung kochen und die gekochte Masse unter dem Microscope betrachten, so erscheint die ursprüngliche Zellwand unverändert; die

---

*) Poggendorf. Annalen Bd. 105, Seite 624.

s. g. incrustirende Materie ist in eine gelatinöse Masse aufgelöst. Neutralisirt man das Kali durch Essigsäure oder irgend eine andere Säure und bringt dann Jod zur Masse, so bleibt die Zellwandung farblos, die incrustirende Materie nimmt aber eine orange oder blaue Farbe an.

Diese geringen Unterschiede sind die einzigen, die auf eine Verschiedenheit zwischen Cellulose und incrustirender Materie hinweisen. Die quantitativen Analysen von Cellulose einerseits und Lignin andrerseits geben keine bestimmtere Anhaltspuncte. Die Methode, die Payen zur Trennung beider anwandte und als Criterium zur Unterscheidung benützte, ist nicht ohne Fehlerquellen. Es ist sonach noch zweifelhaft und wenig wahrscheinlich, dass das Lignin einen etwas grösseren Kohlenstoffgehalt als die Zellmembran besitze, wie der genannte Forscher nachgewiesen zu haben glaubte. Ohne dass man Cellulose und incrustirende Materie als identisch betrachtet, nimmt man jetzt allgemein an, dass die letztere nur eine Modification des ersteren Stoffes sei.

Die Cellulose selbst ist in reinem Zustande farb-, geruch- und geschmacklos, seidenartig glänzend, sehr biegsam, je nach ihrem Ursprung verschiedenartig geformt. Sie zieht mit Begierde die Feuchtigkeit aus der Luft an. Ihr specifisches Gewicht beträgt $= 1.525$.

Die reine Cellulose besteht lediglich aus Kohlenstoff, Wasserstoff und Sauerstoff. Die Formel der reinen Substanz wird durch

$$C_{12} H_{10} O_{10} \text{ ausgedrückt.}$$

Die procentische Zusammensetzung, die dieser Formel entspricht, gibt für 100 Gewichtstheile Cellulose
44.44 Kohlenstoff (C),
6.17 Wasserstoff (H),
49.39 Sauerstoff (O).

Die mitgetheilten Analysen der als „rein" betrachteten Cellulose zeigen aber fast ohne Ausnahme einen grösseren Kohlenstoffgehalt, als der eben mitgetheilte.

Es sei darum beispielsweise erwähnt, dass Payen die aus Eichen-, Buchen- und Pappelholz nach einem hier nicht näher zu betrachtenden Verfahren dargestellte reine Cellulose zusammengesetzt fand aus:

	Eichenholz	Buchenholz	Pappelholz
Kohlenstoff	49.68	49.40	48.05
Wasserstoff	6.02	6.13	6.40
Sauerstoff	44.30	44.47	45.55

Der Unterschied zwischen der gefundenen und theoretisch berechneten Zusammensetzung ist daher nicht unerheblich.

Nach einem anderen Verfahren dargestellt, erhielt Payen eine für rein gehaltene Cellulose folgende Werthe, die einen etwas zu niedrigen Kohlenstoffgehalt angeben. Er fand folgende prozentische Zusammensetzung:

Kohlenstoff	43.86
Wasserstoff	5.86
Sauerstoff	50.28
	100.00

Nach allem Diesem könnte es zweifelhaft sein, ob die Zusammensetzung der reinen Holzfaser immer ein und dieselbe sei oder ob nicht vielleicht wirkliche, specifische Verschiedenheiten in der Zusammensetzung der Holzfasern verschiedener Pflanzen vorkommen? Diese Fragen werden indess von den Chemikern entschieden verneint. Das übrige chemische Verhalten der verschiedensten Holzfaserarten bestätigt es zweifellos, dass nur eine Holzfaser existirt, deren eben mitgetheilte Zusammensetzung allein richtig ist. Die untersuchten, für rein gehaltenen Substanzen scheinen es demnach nicht vollständig gewesen zu sein.

Was die anderen in der festen Holzmasse oft noch abgelagert sich findende Stoffe betrifft, so sind dieselben wenig bekannt. Nachgewiesen ist z. B. das Vorkommen von Stärkmehl im Holze, das sich in grösster Menge während des Winters in den Poren der Zellen und Gefässe findet, so dass es fast $^1/_4$ — $^1/_5$ vom Gewichte ausmacht. (Hartig.) Von Wichtigkeit für die Gasfabrikation ist namentlich auch das Vorhandensein von harzigen Stoffen in den Nadelhölzern. Auch ist es gewiss, dass Kalk, Kieselsäure etc. etc. in der Zellsubstanz selbst vorkommen. Ueber die Mengen dieser Körper fehlen jedoch gänzlich genauere Angaben und in deren Ermangelung müssen wir dieselben später bei der Betrachtung der Aschenbestandtheile, in die sie beim Verbrennen übergehen, betrachten.

Unter den im Safte enthaltenen Bestandtheilen ist der Wassergehalt der der Menge nach vorwiegendste und von besonderer Wichtigkeit für die Gasfabrikation, wie die technische Verwendung insgesammt.

Derselbe ist in sehr weitgesteckten Grenzen schwankend. Unter den zahlreichen Arten von Hölzern herrscht darin eine beträchtliche Verschiedenheit. Es ist derselbe zunächst je nach ihrer Abstammung verschieden. Es ist bekannt, dass er bei weichen Hölzern gewöhnlich grösser ist, als bei harten. Wir haben ferner schon darauf hingewiesen, dass er bei ein und demselben Holze je nach dem Alter des Stammes und je nach der Dichtigkeit der Theile desselben, denen er seinen Ursprung verdankt, bedeutend variirt. Im Zusammenhange damit steht dann, dass das Kernholz weniger Wasser enthält als der Splint; dass das ältere Stammholz weniger Wasser enthält als das jüngere. Auch ist die Saftmenge in verschiedenen Theilen der Pflanze selbst verschieden und damit der Wassergehalt grösser oder geringer. So enthalten namentlich die Zweige und Blätter mehr Saft, wie der Stamm, wie die Wurzeln. Auch je nach der Jahreszeit, in der das Holz geschlagen wurde, ist die Saftmenge eine wechselnde. Ich darf nur daran erinnern, dass beim Erwachen einer neuen Vegetationsperiode (bei uns also im Frühlinge) die Bäume am saftreichsten sind; dass die Menge des Saftes mit der Entwicklung der Blätter abnimmt, dass sie noch geringer wird, wenn dieselben abgefallen sind, und dass im Winter der Saft in geringster Menge vorhanden ist. Ein prägnantes Beispiel der Art liefert das Tannenholz. Man fand bei diesem z. B. Ende Januar 52.7 Proz. Wassergehalt; Anfangs April schon 61.0 Proz. — also einen sehr merklichen Unterschied.

Es wird nach der flüchtigen Erörterung der vielen, beeinflussenden Momente wohl nicht uninteressant sein, einen Blick auf den von verschiedenen Forschern ermittelten Wassergehalt derjenigen Holzarten zu werfen, die zur Leuchtgasfabrication benützt sind. Nach einer Zusammenstellung von Schübler und Hartig enthielten bei frischer Fällung:

Hainbuche (Carpinus betulus)	18.6 Proz. Wasser	
Birke (Betula alba)	30.8 ,,	,,
Trauben-Eiche (Quercus Robur L.)	34.7 ,,	,,
Stiel-Eiche (Quercus pedunculata)	35.4 ,,	,,
Weiss-Tanne (Pinus Abies dur.?)	37.1 ,,	,,
Kiefer (Pin. sylvestr.)	37.7 ,,	,,
Buche (Fagus sylvat.)	39.7 ,,	,,
Erle (Betulus Alnus)	41.6 ,,	,,
Espe (Populus tremula)	43.7 ,,	,,
Ulme (Ulmus campestris)	44.5 ,,	,,
Rothtanne (Pinus Picea dur)	45.2 ,,	,,
Linde (Tilia europaea)	41.1 ,,	,,
Ital. Pappel (Populus dilatata)	48.2 ,,	,,
Lärche (Pinus Larix)	48.6 ,,	,,
Weisspappel (Populus alba)	50.6 ,,	,,
Schwarzpappel (Populus nigra)	51.8 ,,	,,

Man ersieht daraus, wie sehr beträchtlich der Wassergehalt der frischgefällten Hölzer, namentlich der s. g. weichen ist, so zwar, dass derselbe bis zur Hälfte des Gewichts der Holzmasse betragen kann.

Glücklicherweisse verdunstet, wenn das Holz, der unmittelbaren Einwirkung von Regen und der Nässe entzogen, unter einem Schuppen aufbewahrt wird, ein grosser Theil dieses Wassers. Vollständig entfernt sich derselbe bei Luftwärme niemals. Wir wissen, dass die Holzmasse selbst eine grosse Fähigkeit hat, Wasserdampf aus der Luft aufzunehmen. Unter diesen Umständen tritt dann ein Zeitpunkt ein, bei welchem kein Wasser mehr verdunstet und die geringen Schwankungen der Trockenheit der Luft keine wesentliche Veränderung in dem Wassergehalt des Holzes verursachen. Man sagt dann, das Holz sei „lufttrocken."

In diesem Zustande enthält z. B.:

Eichenholz noch	16--18 Proz. Wasser
Buchenholz	18—20 „ „
Lindenholz	18—19 „ „
Pappelholz	18—20 „ „

Ueber den Wassergehalt des lufttrocknen Fichtenholzes (Pinus Abies) habe ich selbst folgende Untersuchungen angestellt, die ich hier mittheile, weil sie eine für die Gasfabrication wichtige Holzart betreffen, und nicht ohne Interesse sein dürften.

Zur Untersuchung verwandte ich ein Holz. das circa 1½ Jahren geschlagen, seit etwa 9 Monaten unter einem Schuppen aufbewahrt, mithin vollkommen lufttrocken war. Um ein möglichst genaues Resultat zu erzielen, wurde von je einem Klafter von jedem Centner: eine Probe von der Oberfläche eines Scheites nebst Rinde; eine Probe aus dem Inneren eines Scheites und eine dritte von dem Theil des Scheites genommen, der dem Kernholz entspricht. Zu gleicher Zeit wurden diese Proben möglichst gleich gross genommen. Sie wurden dann sorgfältig gewogen, bei 110—115° Cels. getrocknet, und in einem durch Chlorcalcium wasserfrei erhaltenen Raume erkalten lassen und gewogen.

Fünf Versuche gaben als Mittel:

22.2 Proz. Wasser;   18.1 Proz. Wasser;
18.2 „   „   17.0 „   „
16.7 „   „

im Durchschnitt von allen also = 18.4 Proz. Wasser.

Der mittlere Wassergehalt der lufttrocknen Hölzer scheint sonach durchschnittlich etwa 20 Proz. zu betragen.

Was die Bestandtheile anorganischer Natur betrifft, die entweder im Safte gelöst sind oder in fester Form in der Holzmasse abgelagert sich finden, so kennen wir dieselben hauptsächlich nur in dem Zustande, in welchem diese Stoffe bei dem Einäschern oder Verbrennen des Holzes zurückbleiben. Man fasst sie desshalb gewöhnlich unter dem Namen „Aschenbestandtheile" zusammen.

Unter diesen Stoffen, die von dem Boden herrührend, von der Pflanze assimilirt werden, finden wir:

Kali . . . . . . (K O);	Natron . . . (Na O)
Kalk . . . . . (Ca O);	Magnesia . (Mg O)
Eisenoxyd . (Fe₂ O₃);	Thonerde . (Al₂ O₃)
Manganoxydul (Mn O);	Kieselsäure (Si O₂)
Schwefelsäure (S O₃);	Phosphorsäure (Ph O₅).
Chlor . . . . . . (Cl);	

Im Ganzen betragen jedoch die Aschenbestandtheile höchstens bis 5 Prozent des Gewichts des verbrannten Holzes. In der Regel beläuft sich aber dieser Betrag nur bis 2 Prozent. Es hat hierin, wie kaum zu erwähnen, das Holz einen bedeutenden Vorsprung vor den aschenreicheren Steinkohlen und dem Torfe.

Die Schwankungen hinsichtlich der Grösse des Aschengehaltes bei verschiedenen Hölzer sind in ganz ähnlicher Weise wechselnd, wie wir es seither so oft als für die Holzarten characteristisch kennen gelernt haben. Es ist öfter der Fall, dass bei verschiedenen Pflanzenarten, die Holz liefern, der Aschen-

gehalt weniger wechselt als bei Stämmen ein und derselben Art, die an verschiedenen Standorten aufge-
wachsen sind, die ein mehr oder minder hohes Alter besitzen.

Abermals müssen wir uns desshalb damit begnügen, nur annäherungsweise Angaben über den
Aschengehalt verschiedener Hölzer in folgender Tabelle zu bringen:

Asche in 100 Theilen Holz.

	Berthier.	Karsten.		Chevandier.		
		Junges Holz.	Altes Holz.	Stammholz.	Holz d. Aeste.	Reissholz.
Rothtanne (Pin. pic.) .	0.83	0.15	0.15	—	—	—
Birke	1.00	0.25	0.30	0.57	1.00	0.48
Kiefer (P. sylv.) . .	1.24	0.12	0.15	—	—	—
Eiche	2.50	0.15	0.11	1.94	1.49	1.32
Linde	5.00	0.40	—	—	—	—
Weisstanne (P. Abies)	—	0.23	0.25	—	—	—
Hainbuche	—	0.32	0.35	0.73	1.54	0.72
Erle	—	0.35	0.40	—	—	—
Espe	—	—	—	1.49	2.38	—
Weide . .	—	—	—	2.94	3.66	—

Wir haben bereits erwähnt, dass in ein und derselben Pflanze die Menge der Aschenbestandtheile
nach den einzelnen Organen derselben verschieden sei. Es dürfte desshalb nicht uninteressant sein, eine
solche Bestimmung zum Belege dafür, hier anzugeben.

Nach Saussure's Bestimmungen gab ein Eichenbaum in seinen einzelnen Theilen folgende Aschen-
mengen:

1000 Thl. geschälter junger Zweige . . . . lieferten 4 Thl. Asche.
1000 „ ihrer Rinde . . . . „ 60 „ „
1000 „ eines Eichstammes von 56′ Durchmesser „ 2 „ „
1000 „ seiner Rinde . . . . „ 60 „ „

Es geht daraus zur Genüge hervor, dass die bei der Entwicklung der Pflanze vorzugsweise bethä-
tigten saftreichen Theile, wie die Zweige etc. am meisten Asche liefern, wogegen das Stammholz viel
weniger ergiebig ist.

Der Vervollständigung der in Rede stehenden Betrachtung wegen, wollen wir hier auch noch die
Zusammensetzung der Asche mehrerer Hölzer etc. anführen:

	Bestandtheile der Asche von					
	Buchenholz nach Souchay.	Buchenholz	Buchenrinde	Tannenholz	Tannenrinde	Tannennadeln
		nach Hertwig.				
Kohlensaures Kali . . .	14.80	11.72		11.30		
Kohlensaures Natron . .	3.02	12.37	3.02	7.42	2.95	29.09
Kieselsaures Kali . . .		3.49				
Chlornatrium.	0.13					
Kohlensaurer Kalk . . .	68.75	49.54	64.76	50.94	64.98	15.41
Magnesia	7.16	7.74	16.90	5.60	0.93	3.89
Schwefelsaurer Kalk . .	1.47					
Phosphorsaurer Kalk . .	2.55	3.32	2.71	4.43	5.03	
Phosphorsaure Magnesia .		2.92	0.66	2.90	4.18	
Phosphorsaures Eisenoxyd	1.18	0.76	0.46	1.04	1.04	38.36
Phosphorsaure Thonerde .		1.51	0.84	1.75	2.42	
Phosphors. Manganoxydul		1.59				
Kieselsäure	0.94	2.46	9.04	13.37	17.28	12.36

Mit den Aschenbestandtheilen haben wir die Reihe der einzelnen Bestandtheile beschlossen, deren Verein die Holzmasse constituirt. Es liegen über die Zusammensetzung der Holzarten, die dasselbe als organische Masse umfassen, so vielfältige Untersuchungen vor und dieselben haben ein so grosses practisches Interesse, dass wir nicht schliessen dürfen, ohne dieselben wenigstens berührt zu haben.

Zunächst wollen wir die Mittheilung der Ergebnisse der verschiedenen Untersuchungen folgen lassen, die mit einem (durch künstliche Wärme bewirkten) vollständig ausgetrockneten Holze angestellt worden sind.

Art des Holzes.	Bestandtheile in 100 Theilen			Beobachter.
	Kohlenstoff.	Wasserstoff.	Sauerstoff.	
Birke (Betula alba L.)	48.60	6.37	45.02	Schödler & Petersen.
Buche (Fagus sylvatica L.)	48.53	6.30	45.17	,, ,,
,,	51.45	5.82	42.73	Gay-Lussac & Thenard.
,,	54.35	6.25	39.50	Payen.
Eiche (Quercus Robur L.)	49.43	6.07	44.50	Schödler & Petersen.
,,	52.54	5.69	41.78	Gay-Lussac & Thenard.
,,	54.44	6.24	39.32	Payen.
Esche (Fraxinus excelsior L.) . . .	49.36	6.07	44.57	Schödler & Petersen.
Fichte (Pinus sylvestris L.)	49.94	6.25	43.81	,, ,,
Kiefer (Pinus picea L.)	49.59	6.38	44.02	,, ,,
Lärche (Pinus Larix L.)	50.11	6.31	43.58	,, ,,
Linde (Tilio europaea L.)	49.41	6.86	43.73	,, ,,
Pappel (Populus nigra L.)	49.70	6.31	43.99	,, ,,
Tanne (Pinus Abies DR.)	49.95	6.41	43.65	,, ,,
Ulme (Ulmus campestris L.) . . .	50.19	6.43	43.39	,, ,,
Weide (Salix fragilis L.)	48.44	6.36	44.80	,, ,,
	50.00	5.55	44.40	Proust.

In diesen eben mitgetheilten Analysen ist auf den Aschengehalt der verschiedenen Holzarten keine Rücksicht genommen. Auch die Bestimmung des Stickstoffs, von den in dem Safte enthaltenen stickstoffhaltigen Körpern herrührend, ist vernachlässigt worden. Wir wollen desshalb noch die genaueren von Chevandier mitgetheilten Analysen verschiedener Holzarten folgen lassen, bei welchen diese Puncte berücksichtigt sind:

I. Elementarzusammensetzung verschiedener Sorten Stammhölzer nach Abzug der Asche.

Namen der Hölzer.	Kohlenstoff.	Wasserstoff.	Sauerstoff.	Stickstoff.
Buche	49.89	6.07	43.11	0.93
Eiche	50.64	6.03	42.05	1.28
Birke	50.61	6.23	42.04	1.12
Espe	50.31	6.32	42.39	0.98
Weide	51.75	6.19	41.08	0.98

II. Elementarzusammensetzung verschiedener Sorten von Zweighölzern nach Abzug der Asche.

Namen der Hölzer.	Kohlenstoff.	Wasserstoff.	Sauerstoff.	Stickstoff.
Buche	50.08	6.23	41.61	1.08
Eiche	50.89	6.16	41.94	1.01
Birke	51.93	6.31	40.69	1.07
Espe	51.02	6.28	41.65	1.05
Weide	54.03	6.56	37.93	1.48

Bei der Betrachtung der von verschiedenen Forschern und mit den verschiedenartigsten Hölzern angestellten quantitativen Analysen kann es uns nicht entgehen, dass dieselben sehr nahe die nämliche prozentische Zusammensetzung von Kohlenstoff, Wasserstoff, Sauerstoff und Stickstoff haben, so grosse Unterschiede in der chemischen Zusammensetzung der einzelnen Bestandtheile verschiedener Hölzer, ja selbst des Holzes ein und derselben Art wir auch gefunden haben.

Noch auffallender und eine höchst bemerkenswerthe Beobachtung ist es ferner, dass auch die Zusammensetzung aller Hölzer sich sehr derjenigen nähert, die wir für die Holzfaser in reinem Zustande kennen gelernt haben: dass mithin das Holz als Ganzes sich als eine fast reine Cellulose betrachten lässt. Beachtenswerth bleibt es jedoch, dass immer ein wenig mehr Wasserstoff vorhanden ist, als der Formel der reinen Cellulose entspricht; dass namentlich die sogenannten weichen Hölzer eine etwas grössere Menge Wasserstoffs noch enthalten, als die harten. Ob dadurch die grössere Ausbeute an Gas bedingt ist, die die ersteren, wie aus den practischen Erfahrungen hervorzugehen scheint, liefern, wollen wir aber bei aller Wahrscheinlichkeit für's Erste noch dahin gestellt sein lassen; so lange wenigstens bis uns ein noch genaueres Studium des Destillationsprozesses des Holzes genügendere und sichere Aufschlüsse ertheilt hat.

Eine Eintheilung der Holzarten je nach ihrem relativen Werthe zur Gasbeleuchtung gibt es, strenge genommen, nicht. Genauere Untersuchungen über diesen Gegenstand, die bei ausschliesslichem Betriebe einer Anstalt mit ein und demselben Holze und während längerer Zeit erhalten worden wären, liegen nicht vor. Die Betriebsresultate der Fabriken, welche veröffentlicht worden sind, basiren immer nur auf den Betrieb mit Tannen- oder mit Fichtenholz, und nur selten und zwischen durch kommen auch andere Hölzer zur Vergasung, deren specielle Ausbeute nicht besonders berücksichtigt ist.

Die Ergebnisse der Untersuchungen, die bei Versuchen im Kleinen erhalten worden sind, können natürlich den Werth nicht beanspruchen, den die Resultate betriebsmässiger Fabrication besitzen. Sie sind — falls sie nicht in gar zu kleinen Mengen angestellt sind, wobei man ganz unsichere, unzuverlässige Resultate erzielt — doch immer nur als Näherungswerthe zu betrachten. Die Ausbeute an den Producten der Destillation fällt dabei in der Regel zu hoch aus. Dies hat zunächst seinen Grund darin, dass bei kleinen Versuchen ein vollständigeres Austrocknen des Destillationsmaterials ermöglicht ist, das man bei dem Betriebe im Grossen nie einhalten oder erreichen kann. Ist das Holz dann sehr trocken, so enthält dann eine bestimmte Gewichtsmenge des Destillationsmaterials mehr Holzmasse, als ein weniger trocknes, und die Resultate werden dann in demselben Maase relativ besser ausfallen, je grössere Mengen absolut trocknen Holzes vorhanden sind. Sollte in Eisenretorten bei solchen Versuchen destillirt werden, so erfordert dieser Umstand keine weitere Berücksichtigung, soferne man nur die Hitze nicht höher treibt, als sie bei den Retorten der Fabrik gegeben wird. Geschieht aber die Darstellung des Gases im Grossen mit Thonretorten, so ist es einleuchtend, dass die mit kleinen, eisernen Retorten erzielte Resultate nicht massgebend sein können, weil die Temperatur, die man den Thonretorten ertheilt, in der Regel höher ist, als bei den eisernen und dieselben undichter sind, als bei den erstgenannten.

Eine Untersuchung, bei welcher mindestens zehn Centner Holz zur Vergasung kommen, welche schon zwischen 5- und 6000 c′ Gas liefern, kann meines Erachtens genügende Anhaltspuncte bieten, wenn namentlich dabei die Trockenräume einer Anstalt und die übrigen Apparate derselben benützt worden sind.

Zwar fallen die unvermeidlichen und oft erheblichen Verluste hier weg, die im Betriebe entstehen, (wohin z. B. die Undichtheiten der Retorten, die hie und da vorkommenden Nachlässigkeiten der Arbeiter, das Ausblasen der Reiniger, das Entleeren der Apparate beim Reinigen derselben u. s. w. weg); doch sind dieselben nicht so gross, dass eine sichere Beurtheilung der gewonnenen Resultate dadurch erschwert ist.

Auch die Ergebnisse, die grössere Anstalten in ihrem Betriebe liefern, sind nicht absolut genaue, und dürfen nicht ohne nähere Prüfung als massgebend angesehen werden. Zunächst kommt hierbei die Güte des Destillationsmaterials in Betracht, dessen Beurtheilung eben nur annäherungsweise geschehen kann, da wir dasselbe nur abzuschätzen vermögen. Mehr als dies fällt der schon angedeutete Umstand ins Gewicht, dass die Holzmassen, welche zur Destillation kommen, nicht in allen Fabriken gleich gut getrocknet sind. Hierin ist wohl die Hauptursache zu suchen, warum die Ausbeute bei verschiedenen Hölzern verschieden ausfällt.

Strenge genommen kann natürlich nur das wirkliche Gewicht einer Holzmasse in Anschlag gebracht werden, das zur Vergasung kommt.

Wird nun z. B. ein Holz destillirt, das zehn Procent Wasser enthält, so haben wir als Resultat factisch nur die Ausbeute von 90 ℔ Holz vor uns. Destilliren wir dann die nämliche Holzart, wenn sie lufttrocken ist, also 20 Prozent Wasser enthält, so haben wir hier nur das Ergebniss von 80 ℔ Holz vor uns.

Die Resultate differiren denn nun auch nicht um 10 Proc. — dem Unterschiede im Wassergehalte der beiden Hölzer — sondern um ein anderes, aber leicht zu findendes Verhältniss, das in unserem Falle schon 11.2 Proc. beträgt.

Die Temperatur der Oefen ist, neben dem Feuchtigkeitsgehalte des Holzes, von bedeutendem Einflusse auf die Gasausbeute. Es darf desshalb bei einer vergleichenden Prüfung nicht ausser Acht gelassen werden, bis zu welcher Hitze die Temperatur der Retorten einer **Anstalt** gelange, um darnach seine Beurtheilung richten zu können. Auch die Ausführung des Reinigens des Gases bedarf einer Controlle. Je besser dieselbe stattfindet, um so geringer wird die Ausbeute an Gas, und einige Procente Kohlensäure mehr im Gase können schon eine viel höhere Gasausbeute veranlassen. Nach den Mittheilungen der Durchschnittsergebnisse einer Anstalt ist dieser Punct schon schwierig zu ersehen, und es finden hierin in der That grössere Differenzen statt.

Vielfach gibt man sich auch einer Täuschung hinsichtlich der wahren Gasausbeute hin, die man aus einer gegebenen Holzmasse erhält, weil man nicht immer den mehr oder minder hohen Grad der Wärme berücksichtigt, bei welchem das Gas die Uhr passirt. Fasst man nur die äussersten Grenzen in's Auge, innerhalb welchen sich die Temperatur bewegt und die zwischen 15^0 und 45^0 Cels. liegen, so wird man sich sagen müssen, dass die scheinbar höhere Gasausbeute schon $^{30}/_{273} = ^1/_9$ des ganzen Betrags ausmachen kann.

Alle die bis jetzt namhaft gemachten Puncte sind gewöhnlich nicht näher in den Betriebsresultaten der Holzgasanstalten aufgeführt. Will man daher das absolute Maass ihrer Ausbeute kennen lernen, so versäume man nicht über diese Puncte sich genaue Auskunft zu verschaffen.

Nach der chemischen Zusammensetzung, die die Holzarten besitzen, und welche, wie wir uns erinnern, fasst ganz genau die gleiche ist, sollte man schliessen, dass diese, in gleichem Zustande der Trockenheit und bei annähernd gleichem Verfahren bei der Destillation und Reinigung, die nämlichen oder nur höchst wenig verschiedenen Mengen von Gas geben müssten. Die Erfahrungen der Praxis stimmen aber bis jetzt nicht mit dieser theoretischen Voraussetzung.

Die Betriebsresultate, welche als Durchschnittszahlen eines einjährigen Betriebes genommen sind, als Tannenholz ausschliesslich zur Destillation verwandt wurde, und welche ich sorgfältigst gesammelt habe, gaben folgende Ergebnisse.

Aus einem Centner Tannenholz wurden erhalten:

575 c′ engl.	(Production der Anstalt	12	Mill.)
615 c′	,,	,,	,,	,,	3	,,
620 c′	,,	,,	,,	,,	3	,,
635 c′	,,	,,	,,	,,	2 ½	,,
641 c′	,,	,,	,,	,,	5	,,
662 c′	,,	,,	,,	,,	17	,,
675 c′	,,	,,	,,	,,	5	,,

Aus einem Centner Fichtenholz wurden erhalten:

572 c′ engl.	(Production der Anstalt	3	Mill.)
575 c′	,,	,,	,,	,,	3 ½ ,,

Die Versuche, die ich vergleichsweise mit anderen Holzarten angestellt habe, bei welchen mindestens 10 Centner Holz zur Destillation verwandt und die Gase in fabrikmässigem Betriebe dargestellt wurden, ergaben für folgende Holzarten folgende Ausbeute pro 1 Centner Destillationsmaterial:

Eichen	. . . .	600 c′ engl.
Buchen	. . . . . .	590 c′ ,,
Birken	. . . . . .	620 c′ ,,
Pappel	. . . . . .	640 c′ ,,
Aspen	. . . . . .	592 c′ ,,
Linden	. . . . . .	630 c′ ,,
Weiden	. . . . . .	660 c′ ,,
Lärchen	. . . . . .	550 c′ ,,

Die quantitative Ausbeute an Gas, welche man aus einer gegebenen Menge Holzes erzielt, ist indessen bei Beurtheilung des relativen Werthes eines Holzes zur Destillation nicht entscheidend. Vornemlich muss hierbei noch der qualitative Werth des destillirten Gases in Anschlag gebracht werden.

Es ist in dem Handbuche von Schilling Seite 30 in ausführlicher Weise erörtert worden, dass die Güte oder die Leuchtkraft eines Gases vornemlich durch den Gehalt an schweren Kohlenwasserstoffen bedingt wird, deren Zerlegung in der brennenden Gasflamme das Licht seine Entstehung verdankt. Wir können nun diese Stoffe nicht anders als durch eine chemische Untersuchung genau ermitteln. Die quantitative Analyse eines Leuchtgases würde daher der sicherste Weg sein, die Menge dieser Körper in einem Gase festzustellen. Aber wie wir schon bei der Steinkohlengasbereitung erfahren haben, ist das Studium der dahin gehörigen Körper noch nicht dahin gelangt, dieselben ihren quantitativen Verhältnissen nach zu ermitteln, in welchen sie in dem Leuchtgase vorkommen.

Man begnügt sich desshalb damit den Kohlenstoffgehalt dieser Körper summarisch festzustellen. Diese Bestimmungen werden durch Verbrennungsanalysen des Gases mittelst des eudiometrischen Verfahrens ausgeführt, das von Bunsen angegeben worden, und Schilling Seite 31 des Näheren beschrieben worden ist. Zur Vergleichung der bei solchen Operationen erhaltenen Werthe, die einen nicht unwichtigen Anhaltspunct zur Beurtheilung der Güte des Gases und dadurch des Werthes eines Holzes zur Gasbereitung bieten, müssen wir auf das folgende Capitel Seite 29 verweisen, wo die bis jetzt veröffentlichten Gasanalysen mitgetheilt sind.

Die von vielen Technikern beliebte Prüfung des specifischen Gewichtes eines Gases, durch welche man einen Schluss auf die Güte desselben ziehen will, ist nur in sehr wenigen Fällen statthaft und kann unter Umständen die grössten Fehler veranlassen.

Wir wissen, dass das specifische Gewicht einer Gasart uns nichts anderes sagt, als wie viel mal schwerer ein Volumen des Gases, als ein gleich grosses Volumen Luft ist, wenn beide bei gleicher Temperatur und gleichem Drucke gemessen sind. Die Schlussfolge, durch welche man dahin gelangt, dem Gase von höherem specifischen Gewichte einen Vorzug vor einem leichteren einzuräumen, geht willkührlich, weil nicht immer zutreffend, dahin, dass die zu vergleichenden Gase eine nahezu gleiche Zusammensetzung der nicht leuchtenden Bestandtheile haben, und, weil diese relativ specifisch leicht sind, der mehr oder minder grosse Gehalt an schweren Kohlenwasserstoffen, die sämmtlich ein beträchtliches specifisches Gewicht besitzten, den Ausschlag gibt, soferne bei einem grösseren Gehalte an diesen Körpern das Gas schwerer, in umgekehrtem Falle leichter wird. Ist der Fall zutreffend, dass die nicht-lichtgebenden Körper, also Wasserstoffgas, leichtes Kohlenwasserstoffgas und Kohlenoxydgas in nahezu gleichen Mengen in den zur Vergleichung kommenden Gasen vorhanden sind, so kann die Bestimmung des specifischen Gewichts der Gase Aufschluss über deren Zusammensetzung und Gehalt an schweren Kohlenwasserstoffen ertheilen. Man muss aber dabei nicht vergessen, wie sehr auch ein Gehalt an Kohlensäure im Gase, (wenn er bei den zu prüfenden Gasen möglich ist) in die Wagschale fällt. Die Kohlensäure besitzt ein sehr hohes specifisches Gewicht = 1.502 und es ist einleuchtend, dass ein mehr oder minder grosser Gehalt an diesem Gase die Bestimmung des specifischen Gewichts bedeutend modificiren kann.

Die Fälle von annähernd gleicher Zusammensetzung und gleich guter Reinigung sind schon bei Steinkohlengas selten; wie die folgenden Analysen (Seite 29) zeigen, ist dies auch bei Holzgas, so weit unsere Erfahrungen reichen, der Fall.

Die Hauptverschiedenheit der Gase zeigt sich namentlich in einem mehr oder minder grossen Gehalte an Kohlenoxydgas. Ein solcher scheint durch Anwendung eines relativ nassen Holzes vorzüglich grösser zu werden; sicher ist, dass wenn die Kohlensäure, die in den letzten Stadien der Zersetzung des Holzes auftritt, mit den vorhandenen glühenden Kohlen in Berührung tritt, Kohlenoxydgas gebildet wird. Wie aber auch dem sei, so ist es aus den folgenden Analysen ersichtlich, dass Gas von ein und

3 *

derselben Holzart wie z. B. Tannenholzgas von 32 — 60 Proc. Kohlenoxydgas enthält. Das specifische Gewicht dieser Gasart ist nun dem der Luft nahezu gleich, es beträgt = 0.96741.

Es ist demnach einleuchtend, dass ein Gas, welches so bedeutende Mengen Kohlenoxydgas zeigt, specifisch schwerer sein muss, als dasjenige, welches geringere Mengen dieses Körpers enthält. Da Kohlenoxydgas an und für sich gar nichts zur Leuchtkraft beiträgt, so würden wir dann nach obiger Schlussfolge bedeutende Fehler begehen, wenn wir dem schwereren Gase einen Vorzug vor dem leichteren vindiciren würden. Bei der Unsicherheit, die selbst dann nicht vollständig ausgeschlossen ist, wenn wir gleiches Holz unter möglichst gleichen Umständen destilliren und in Berücksichtigung des Umstandes, dass die Bestimmung des specifischen Gewichts durch eine Kohlensäurebestimmung controlirt sein muss, wenn sie einigen Anhalt bieten soll, wird man diese Methode, weil nicht genau und zeitraubend, wohl besser nicht zur Ausführung bringen. Hoffentlich wird eine in kürzerer Zeit auszuführende, gasanalystische Methode, die, wie ich hoffe, bald veröffentlicht werden wird, die Anwendung der Bestimmung des specifischen Gewichtes ganz in Wegfall bringen. Dass man sie übrigens ausführen will, nach den in Schilling Seite 35 besprochenen Methoden verfährt, brauche ich wohl kaum zu erwähnen.

Folgende verschiedene Holzgase zeigten die beistehenden specifischen Gewichte:

Eichenholzgas	0.580 — 0.725
Buchenholzgas	0.723
Birkenholzgas	0.692
Pappelholzgas	0.587
Tannenholzgas	0.600 — 0.720
Fichtenholzgas	0.650 — 0.720
Aspenholzgas	0.608
Lindenholzgas	0.575 — 0.590
Lärchenholzgas	0.652
Weidenholzgas	0.645.

Bei der Schwierigkeit, die eine chemische Untersuchung bietet und der zweifelhaften Andeutung, die aus einer Bestimmung des specifischen Gewichtes hervorgeht, ist der einfachste Weg die Güte eines Gases zu bestimmen die photometrische Messung.

Das Princip dieser Methode; die Apparate, die hiezu angewendet werden, die Vorsichtsmassregeln, die man bei ihrer Anwendung gebrauchen muss, sind in Schilling Seite 36 u. s. f. ausführlich geschildert. Die Hauptschwierigkeit — die Herstellung einer unveränderlichen Normalflamme, — bleibt immer noch fortbestehen; sie wird aber in Kürze von competentester Seite vorgeschlagen, und damit einem dringendsten Bedürfnisse abgeholfen werden. Ich kann daher vorerst an dieser Stelle weiter Nichts zufügen und muss diesen Gegenstand hier fallen lassen.

Nächst der Ausbeute und Güte des Gases, die eine bestimmte Holzart liefert, hängt der Werth derselben zur Gasbereitung hauptsächlich noch von der Menge und besonders von der Güte der gewonnen werdenden Kohlen ab. Bei Holzgasbereitung treffen wir jedoch hierin einfachere Verhältnisse, als bei Steinkohlengas. Zunächst kommt bei den Holzkohlen die Menge der Asche nicht in Betracht, die bei allen nahezu gleich und im Allgemeinen verschwindend klein ist, weil der Aschengehalt der Hölzer nur sehr gering ist.

Einen wesentlicheren Factor bildet bei der Werthbestimmung eines Holzes zur Gasbereitung die relative Grösse und Dichte der Kohlen. Die Erfahrung hat gezeigt, dass manche Holzarten eine relativ grössere und dichtere Kohle geben, als andre. Wir werden später darauf zurückkommen; doch sei so viel an dieser Stelle erwähnt, dass z. B. Tannen-, Fichten-, Eichen-, Buchen- und Birkenholz eine grössere und weniger zerreibliche Kohle geben als die weichen, harzfreien Hölzer wie: Linde, Pappel und Weide.

Dass die Dichtigkeit des ursprünglichen Destillationsmaterials auf die Dichte der Kohlen influirt, lässt sich nicht in Abrede stellen. Am dichtesten sind immer die Kohlen des Prügel- und theilweise des Stockholzes; weniger dicht sind die Kohlen aus den Scheitern gewonnen und bei s. g. gestocktem Holze ist die Kohle kaum zu gebrauchen. Denn der Absatz der Kohlen ist nur gesichert, wenn sie ein schönes Aussehen besitzen (es sei denn, dass sie zur Entfuselung des Weingeistes u. s. w. dienen sollen) und der Bruch vermehrt sich bei kleineren Kohlen auch mehr, als bei harten und grossen.

Ob bei guten Kohlen verschiedener Hölzer der Brennwerth wirklich verschieden sein sollte, ist nicht wohl anzunehmen, aber noch nicht untersucht. Die Grösse und Dichtigkeit der Kohlen ist darnach das einzige gebräuchliche Criterium für ihre Güte, und man muss dieselbe, je nach den verschiedenen Zwecken, zu welchen die Kohlen dienen sollen, nicht ausser Acht lassen.

Die Nebenproducte der Holzgasfabrication, die in Theer und Holzessig bestehen, geben bei Beurtheilung des Werthes einer Holzart zur Gasbereitung keinen wesentlichen Ausschlag, soferne auch sie bei allen Holzarten als nahezu gleich anzunehmen sind. Auf eine mehr oder minder reichliche Bildung hat vornemlich die Temperatur der Retorte und der Feuchtigkeitsgehalt des Materiales Einfluss. Doch richtet sich die Menge des Essigs, die erhalten wird, auch theilweise nach der Art des Holzes. Die s. g. harten Hölzer geben mehr und stärkeren Essig als die weichen, wie wir später noch sehen werden. Da jedoch die Verwerthung des Essigs nur in grösseren Fabriken lohnend ist und die Ausbeute des Theers nicht so verschieden ausfällt, um einen wesentlichen Ausschlag zu geben, so sind beide genannten Nebenproducte bei verschiedenen Hölzern als gleich anzunehmen und können unberücksichtigt bleiben.

Zweites Capitel.

Die Bereitung und Reinigung des Gases.

Der Prozess der Holzgasbereitung ist eine trockne Destillation. Theoretische Erläuterung dieses Vorgangs. Die Abhängigkeit desselben von der Temperatur, bei welcher dieselbe stattfindet, und von anderen Einflüssen. Betrachtung des Vorgangs des Destillationsprozesses bei Holzgasbereitung. Versuche von Pettenkofer. Zusammenstellung der sämmtlichen Destillationsproducte und deren Eintheilung. Das erhaltene Gasgemenge, welches wir mit dem Namen „Holzgas" bezeichnen, enthält ausser den leuchtenden Bestandtheilen auch noch andere, die es theils verdünnen, theils verunreinigen. Aufzählung der Bestandtheile der ersten Gruppe von Bestandtheilen. Das Acetylen. Wahrscheinlich sind in der ersten Gruppe noch Acetone enthalten. Zusammenstellung der bis jetzt veröffentlichten Gasanalysen, die uns ein Bild von der in den Gasen enthaltene Mengen schwerer Kohlenwasserstoffe und der verdünnenden Bestandtheile geben sollen. Entwicklung der Mengen schwerer Kohlenwasserstoffe in verschiedenen Zeiträumen der Destillation. Verdünnende Bestandtheile des Holzgases. Grosser Kohlenoxydgehalt desselben. Verunreinigende Bestandtheile im Holzgase. Einfluss des Feuchtigkeitsgehaltes des Holzes bei der Destillation. Theoretische Entwicklung dieses Einflusses. Derselbe kann in mechanischer und chemischer Beziehung dabei einwirken. In ersterer Beziehung bewirkt er eine Temperaturabnahme der Retorte und verhindert die Zersetzung der Holzdämpfe zu Gas. Unter Einwirkungen in chemischer Beziehung sind: die Einwirkung einer niederen Temperatur durch den Wassergehalt des Holzes; die Umwandlung des Wassers in Kohlensäure, Kohlenoxyd und Wasserstoff; die der Kohlensäure in Kohlenoxyd; des Theers in permanente Gasarten zu beachten. Practische Erfahrungen hierüber. Vergleichende Versuche über den Einfluss des Wassergehaltes eines Holzes bei einer Destillation in Bezug auf die Bildung von Kohlensäure. Dauer der Destillation. Nachweis über die Mengen von Gas, die in verschiedenen Zeiträumen der Destillation gebildet werden. Die sauren und theerigen Producte werden in der Vorlage „Hydraulik" genannt, verdichtet. Der zweckmässigste Grad der Kühlung. Schwierigkeit dieselbe nach den mitgetheilten Principien zu regeln. Nachtheile daraus. Verbesserung des Kühlers durch den Wascher. Versuche über die Aufnahme von Kohlensäure in diesen Apparaten. Ueber Exhaustoren. Die chemische Reinigung mittelst Kalk. Nachweisung der Kohlensäure im Gase mittelst Kalkwasser. Gehalt an Kohlensäure in den verschiedenen, ungereinigten Holzgasen. Reinigung mittelst Kalk auf nassem und trocknem Wege. Das Löschen des Kalkes. Das beste Verfahren hierzu. Die Quantitäten von Kalk, die man zur Reinigung einer bestimmten Gasmenge bedarf, sind verschieden. Abhängigkeit derselben von der Reinheit des Kalkes. Bestandtheile des gebrannten Kalkes und Verunreinigungen desselben. Theoretische Berechnung der Wirkung einer bestimmten Kalkmenge bei einem verschiedenen Kohlensäuregehalt der unreinen Gase. Regeneration des gebrauchten Kalkes. Andere Stoffe, die zur Reinigung dienen könnten. Entfernung der Dämpfe von Essigsäure und Kreosot aus dem Gase.

Die Bereitung des Gases aus Holz wird nach der gleichen Weise wie die Darstellung des Gases aus Steinkohlen ausgeführt, indem man die beiden genannten Stoffe einer höheren Temperatur aussetzt.

Wenn wir eine solche Operation ausführen, so zwar, dass die auftretenden Producte sich entfernen können, aber ohne dass die Luft dabei Zutritt zu dem erhizten Materiale hat, oder wenn wir — um in wissenschaftlicher Ausdrucksweise das Nämliche zu sagen — das Holz der s. g. „trocknen Destillation" unterwerfen, so bemerken wir, dass dasselbe eine vollständige Veränderung, eine durchgreifende Zersetzung erfährt. Wir erhalten dann theils wässrige und saure, theils ölige oder theerige Producte, und auch Gase von verschiedener Natur und von verschiedener Leuchtkraft treten auf. In jedem Falle, und wie wir auch verfahren mögen, bleibt eine Kohle in der Retorte zurück, die meist noch die Form des angewendeten Holzes hat.

Woher rührt nun diese Veränderung? Wie kommt es, dass wie hier aus einem festen und starren Körper sich Stoffe entwickeln sehen, die so ganz verschiedene Eigenschaften von dem ursprünglichen Materiale besitzen? Oder sollten denn vielleicht diese Stoffe schon in dem Holze enthalten sein und die angewendete Hitze dieselben nur verflüchtigt und ausgetrieben haben?

Wir haben bereits in dem vorigen Capitel angeführt, dass das Holz die unwesentlichen Bestandtheile: als Aschenbestandtheile, die Feuchtigkeit und die in den Poren befindliche Luft abgerechnet, nur aus Kohlenstoff, aus Wasserstoff und aus Sauerstoff besteht. Der Kohlenstoff ist, wie wir wissen, ein fester und starrer Körper; Wasserstoff und Sauerstoff sind Gasarten und zwar solche, die, für sich allein, weder in eine flüssige noch in eine feste Form bis jetzt übergeführt werden konnten. Die Chemie lehrt uns nun Stoffe in grosser Zahl kennen, die — auch uns bekannt — Kohlenstoff enthalten, ohne fest zu sein (so z. B. das gasförmige Elayl (ölbildende Gas); die Wasserstoff enthalten, ohne gasförmige zu sein (so das flüssige Wasser, das sogar nur aus zwei Gasarten besteht) und die Zahl der Körper, die Sauerstoff enthalten, ohne gasförmig zu sein (so das Eisenoxyd, der Kalk etc. etc.) ist ausserordentlich gross.

Die Chemie benennt solche Stroffe, die aus zwei, drei u. s. w., nicht weiter zu zerlegenden Stoffen, — den chemischen Elementen — bestehen, mit dem Namen „Verbindungen"; es ist damit als characteristisches Merkmal verknüpft, dass eine Verbindung nicht etwa die Eigenschaften derjenigen Körper erkennen lässt, aus welchen sie besteht, sondern dass sie eben Eigenschaften besitzt, die von denen ihrer Grundstoffe gänzlich verschieden sind.

So hat z. B. die Kohlensäure die wir aus dem Sauerstoff der Luft und unseren schwarzen Kohlen entstehen sehen, die wir bei der Destillation des Holzes erhalten, nicht etwa die Farbe und Undurchsichtigkeit des letztern Körpers, sondern ist durchsichtig; sie ist auch nicht flüssig, wie man sich denken möchte, wenn ein starrer und gasförmiger Körper zusammentritt, sondern sie ist gasförmig; wir sehen also, dass ihre physicalischen Eigenschaften von denen ihrer Bestandtheile beträchtlich abweichen, dass sie eine wirkliche chemische Verbindung mit ganz neuen Eigenschaften bildet.

Die Ursache eines solches Verhaltens erklärt die Chemie, wie wir hier noch anfügen müssen, durch die Annahme einer besonderen Kraft. Sie führt den Namen der „chemischen Anziehungskraft" „Affinität".

Wie uns bekannt, äussert sich dieselbe nur in den unmessbar kleinsten Entfernungen — also bei unmittelbarer Berührung der Körper, und ihr Erfolg findet in der Bildung eines durch und durch ganz gleichartigen Ganzen seinen Abschluss, indem die Stoffe sich in innigster Weise gegenseitig durchdringen und eine mit neuen Eigenschaften begabte chemische Verbindung darstellen.

Es kann nach dem Gesagten nichts Auffallendes mehr sein, dass die Verbindungen, die wir bei der trocknen Destillation des Holzes entstehen sehen: Verbindungen die der Kohlenstoff mit dem Wasserstoff einerseits, der Kohlenstoff mit dem Sauerstoff andrerseits oder die Verbindungen, die er mit den beiden eben genannten Körpern zusammen eingeht, theils gasförmig, theils flüssig, theils fest sind.

Da bei der Erhitzung des Holzes die Mitwirkung fremder Körper (die geringe Menge von Luft abgerechnet) ausgeschlossen ist, so kann das Auftreten dieser Verbindungen oder der eigentliche Grund der Zersetzung nur in der Einwirkung der Hitze liegen.

So lange das Holz bei irgend einer Temperatur unverändert bleibt, befinden sich die Anziehungskräfte seiner nächsten Bestandtheile des Kohlenstoffs, des Wasserstoffs und des Sauerstoffs unter sich in vollständigem Gleichgewichte. Wir können uns desshalb die Einwirkung einer höheren Temperatur nur darin erklären, dass dieselbe die Anziehungskraft der Elemente, aus welchen die kleinsten Holzfasertheilchen bestehen, derart verändert, dass die Elemente dieser nun einer anderen, in veränderter Weise auftretenden Anziehungskraft Folge leisten. Die Resultate dieser veränderten Anziehungskraft erkennen wir dann an den auftretenden Producten, die als neu gebildete Verbindungen erscheinen.

Diese Art der Zersetzung lehrt uns die Chemie auch in vielen Beispielen kennen. Erhitzen wir z. B. den kohlensauren Kalk, der aus Calciummetall, aus Kohlenstoff und aus Sauerstoff besteht, so tritt eine Verbindung des Kohlenstoffs mit einem Theile des Sauerstoffs als „Kohlensäure" auf und das Calcium verbunden mit einem anderen Theile des Sauerstoffs bleibt als „Aetzkalk", „Calciumoxyd" zurück. Die höhere Temqeratur hat also auch hier eine Zerlegung bewirkt; nur dass hier ihre Wirkungsweise um so viel leichter zu verstehen ist, als wir gewohnt sind, in dem kohlensauren Kalke die Kohlensäure und den Aetzkalk uns fertig gebildet zu denken, von denen der erstere Körper dann durch die Hitze ausgetrieben würde.

Wir können aber nicht in diesem Sinne in dem Holze die Stoffe als fertig gebildet vorhanden uns denken, die bei der trocknen Destillation auftreten. Die Gründe, warum dies nicht der Fall ist, sind folgende.

Vor allem ist es noch nie gelungen die Producte der trocknen Destillation aus dem Holze bei irgend einer andern chemischen Behandlungsweise (indem wir die verschiedenartigsten Körper auf dasselbe wirken lassen) darzustellen, zu isoliren. So tritt z. B. die Essigsäure immer bei der trocknen Destillation des Holzes auf. Diese Säure löst sich mit grösster Leichtigkeit in Wasser. Wäre sie also im Holze enthalten, so müsste Wasser, wenn es mit diesem zusammen gebracht würde, dieselbe aufnehmen. Wir mögen aber Holz noch so lange mit Wasser in Berührung lassen, mit Wasser kochen — nie wird eine Spur Essigsäure im Wasser enthalten sein. Die Essigsäure kann desshalb nicht fertig gebildet im Holze existiren. In gleicher Weise lässt sich dieses für alle anderen bei der trocknen Destillation auftretenden Producte nachweisen. Wir schliessen desshalb folgerecht, dass sie nicht als fertig gebildete Producte in der Holzmasse vorhanden sind.

Wenn es eines ferneren Beweises noch bedürfen würde, so ·liesse sich derselbe auch dadurch unwiederleglich führen, dass, wenn wir das Holz verschiedenen Temperaturen aussetzen, dasselbe gewisse Producte entweder gar nicht, oder nur in ganz verschiedenen, quantitativen Verhältnissen liefert.

Wir können sonach nicht im Geringsten zweifelhaft sein, dass die Producte, die wir bei der troknen Destillation erhalten, nicht als bereits fertige Stoffe im Holze enthalten sein können.

Nehmen wir die Erhitzung des Holzes von der Luftwärme an vor, indem wir nach und nach damit steigen, so sehen wir, dass kaum einige Grade über 100° Cels. sich Wasser entbindet, das als hygroscopisches Wasser in dem Materiale zur Destillation enthalten war. Bald zeigen sich schon brenzliche Producte in der Form von Rauch in der Vorlage, Kohlensäure wird entbunden; wir erhalten zugleich ein gelblich gefärbtes, essigsäurehaltendes Wasser und, indem der Rauch bei steigender Temperatur nachlässt, erscheinen mehr dickflüssige, ölige oder theerartige Producte. Diese werden im Verlaufe der Operation dickflüssiger und neben der Kohlensäure treten nun grössere Mengen leuchtender Gase auf, wie z. B. ölbildendes Gas etc. etc. Schliesslich vermindern sich die theerartigen Producte ganz; sie erscheinen nur noch als zähe, pechartige Masse in der Vorlage. Als Schluss der Zersetzung treten noch Gase auf, die aus Kohlenoxydgas, Wasserstoff, leichtem Kohlenwasserstoffe und Stickstoff bestehen. Wie schon erwähnt, bleibt als Rückstand eine Kohle zurück.

Wenn wir mit den nämlichen Apparaten und den nämlichen Vorsichtsmassregeln die Ausführung der eben beschriebenen Operation dahin abändern, dass wir z. B. das Holz in die Apparate eintragen, wenn dieselben eine Temperatur von 800° Cels. haben, so werden wir augenblicklich bemerken, dass wir nun Producte erhalten, die sowohl in qualitativer, wie in quantitativer Weise von denjenigen verschieden sind, die wir bei der Ausführung der ersteren Operation erhielten.

Haben wir dort schlecht leuchtende Gase und nur in geringer Quantität erhalten, so treten jetzt gut leuchtende Gase und in reichlicher Menge auf. War früher die Theerproduction grösser, so ist sie nun geringer geworden, wie die Menge der essigsäurehaltenden Flüssigkeit und auch die rückständige Kohle erhalten wir nur in verminderter Quantität.

Da wir bei der Ausführung dieser beiden Operationen stets gleichmässig verfahren, die nämliche Menge der gleichen Holzart angewandt, die nämlichen Apparte etc. benützt haben u. s. w. — alle Umstände bei der Destillation sonach als gleich anzunehmen sind mit Ausnahme der Hitze, die wir anwandten, so kann nur diese und zwar nur ihrer Intensität nach die Ursache sein, dass wir gänzlich verschiedene Zersetzungsproducte erhielten, der Verlauf der Destillationen demnach wesentlich verschieden war. In der That hat das genaue Studium des Vorgangs der trocknen Destillation es zur Evidenz erwiesen, dass die Zersetzung, die der nämliche Körper in höherer Temperatur erleidet, verschieden ist, je nach der Temperatur, bei welcher dieselbe statt hat; dass in niederer Temperatur andere Producte entstehen als in höherer und umgekehrt. Die Hitze hat demnach — die Identität der zu zersetzenden Stoffe vorausgesetzt — den vorwiegendsten Einfluss auf die Art der Zersetzung, die sich in der Bildung neuer Stoffe äussert.

Es bleibt eine merkwürdige, durch die Chemie bei allen Gelegenheiten constatirte Thatsache, dass, wenn wir sauerstoffartige Körper erhitzen, sich zuerst die grössere Verwandtschaft des Sauerstoffs zum Wasserstoffe geltend macht und Wasser gebildet wird. Dann erst folgt die Verwandtschaft des Sauerstoffs zum Kohlenstoffe, die wir an der gebildeten Kohlensäure erkennen, und später erst werden durch die Verbindung des Kohlenstoffs mit dem Wasserstoff, Kohlenwasserstoffverbindungen und diejenigen Verbindungen erzeugt, die neben diesen Körpern noch Sauerstoff enthalten.

Dieses ist im Umrisse der Vorgang bei jeder trocknen Destillation eines sauerstoffhaltigen Körpers. Wir finden das gleiche Verhalten bei der Steinkohlengasfabrication wie es dort schon ausgeführt ist; wir beobachten es bei der Gasbereitung mit Holz. Indessen ist, wenn wir auch bis jetzt die Einwirkung der Hitze auf die ursprünglichen Substanzen betrachtet haben, damit noch keineswegs die Beobachtung des Vorganges der trocknen Destillation vollständig.

Es liegt in der Natur der Sache, dass die Erhitzung eines Körpers nicht absolut gleichmässig auf denselben einwirken kann, sondern dass nothwendigerweise die bei irgend einer, gleichviel welcher Temperatur entstandenen Zerlegungsproducte bei ihrem Weggange aus dem Apparate noch einer anderen Temperatur ausgesetzt werden, sei es nun an der glühenden Retortenwand oder indem sie über das erhitzte Material streichen. Bei diesem Processe, der neben dem ersteren verläuft, ereignet es sich nun, dass die entstandnen Zersetzungsproducte meist nochmals zerlegt werden.

Diese secundäre Zersetzung ist nämlich abhängig von der chemischen Natur, aus welcher die entstandenen Körper bestehen; sie ist ferner abhängig von der Temperatur, der sie ausgesetzt werden. Ausserdem aber ist es ein Erforderniss, dass sich die entstandenen Zersetzungsproducte nicht durch zu grosse Flüchtigkeit der Einwirkung der Hitze entziehen, so dass dieselbe nur eine theilweise oder fast keine Zerlegung hervorzubringen vermag.

Alle diese Umstände erfordern eine vielfache Berücksichtigung. Denn die Zersetzungsproducte, die bei irgend einem Hitzgrade gebildet sind, bleiben zwar bei dieser Temperatur unzersetzt und wir kennen selbst viele, die, wenn sie einmal gebildet sind, eine bei weitem höhere Temperatur aushalten können, ohne zerlegt zu werden. In den meisten Fällen geschieht dies jedoch nicht. Um an bestimmte Beispiele für unsere Zwecke anzuknüpfen, genügt es, nur daran zu erinnern, dass zu den Körpern, die in höherer Temperatur unzerlegt bleiben, die Kohlensäure gehört — ein Gas, das schon bei 150° Cels. aus Holz entbunden wird, aber einmal gebildet, für sich allein, durch keine Glühhitze in seine Bestandtheile zu zerlegen ist.

Anderes ist dies der Fall mit den meisten Zerlegungsproducten, die bei der nämlichen Temperatur aus Holz erzeugt werden, und aus Kohlenstoff und Wasserstoff, oder Kohlenstoff, Wasserstoff und Sauerstoff bestehen. Setzen wir die Verbindung der ersteren Art einer hohen Temperatur aus, so zerfallen sie in ölbildendes Gas oder demselben ähnliche Körper und Wasserstoff. Die letzteren Körper, worunter z. B. die Essigsäure gehört, werden durch die Rothglühhitze in Körper zerlegt, die zur Beleuchtung vorzüglich geeignet sind. So hat Berthelot nachgewiesen, dass die Essigsäure, wenn sie durch eine glühende Röhre geleitet wird in Aceton, Elayl, Benzol und Naphtalin zerlegt wird; dass sie also Körper liefert, die, wie wir von der Steinkohlengasfabrication wissen, ein sehr beträchtliches Vermögen Licht zu entwickeln besitzen.

Neben den bis jetzt geschilderten Momenten kommt bei der trocknen Destillation des Holzes noch in Betracht, dass die Zersetzungsproducte, die durch die Hitze entstanden sind, auch, indem sie unter einander in Berührung treten, zerlegend auf einander einwirken können.

So wird z. B. die Kohlensäure, wenn sie mit den glühenden Kohlen zusammentrifft, die während der Destillation gebildet sind, zu Kohlenoxydgas reducirt. So bildet z. B. Wasserdampf, wenn er mit glühenden Kohlen in Contact tritt: Kohlensäure, Wasserstoff und Kohlenoxyd. So wirkt z. B. Elaylgas auf Kohlensäure reducirend ein, indem Kohlenoxyd gebildet wird u. s. w.

Im Allgemeinen jedoch ist das Studium der hierhergehörenden Zerlegungserscheinungen noch sehr mangelhaft; namentlich aus dem Grunde, weil viele Zersetzungsproducte, die bei höherer Temperatur aus dem Holze entstehen, nicht genau gekannt sind.

Von dem theoretischen Gebiete wenden wir uns zur Praxis. Es war eine folgenreiche Entdeckung des Herrn Prof. Pettenkofer in München die Beobachtung zu machen, dass die bei niederer Temperatur entstehenden Dämpfe aus Holz in höherer Temperatur zerlegt werden und dabei Gasgemische liefern, die eine vorzügliche Leuchtkraft besitzen. Es ist diese Beobachtung die wichtigste Grundlage für den Gasbereitungsprozess aus Holz geworden. Obwohl wir die Umrisse bereits festgestellt haben, müssen wir dieselbe ihrer Wichtigkeit wegen, hier nochmals genauer betrachten.

Wie erwähnt, entwickeln sich bei 150° Cels. schon Destillationsproducte aus Holz. Werden diese abgekühlt, so bestehen dieselben nach den Untersuchungen Pettenkofer's aus Gasen und Kohlenwasserstoffverbindungen.

Die ersteren sind einer mitgetheilten Analyse zu Folge in 100 Theilen zusammengesetzt aus:

54.5 Kohlensäure
33.8 Kohlenoxydgas
6.6 leichtes Kohlenwasserstoffgas

mit Einschluss von etwa 6 Proc. atmosphärischer Luft.

Die letzteren Körper, deren chemische Natur nicht näher mitgetheilt worden ist, haben einen Siedepunct von 200—250° Cels. Sie bleiben also bei dieser Temperatur unzersetzt. In ihnen ruht aber die Leuchtkraft; denn sie werden in höherer Temperatur zu kohlenstoffreichen Kohlenwasserstoffverbindungen, die gasförmig sind, zerlegt. Das Gasgemisch, das wir auf diese Weise erhalten, zeigt darum eine hohe Leuchtkraft, wenn die dabei zugleich auftretende Kohlensäure entfernt worden ist, die wie bekannt, die Leuchtkraft einer Flamme so wesentlich beeinträchtigt. Neben dieser Zersetzung scheint auch die Zerlegung der Essigsäure in höherer Temperatur eine nicht unwesentliche Rolle zu spielen, die sich, wie besprochen in Aceton, Elayl etc. spaltet; desshalb auch jedenfalls zur Leuchtkraft eines Gasgemisches beitragen kann. Leider aber ist das Studium der Destillation des Holzes in dieser Beziehung noch mangelhaft zu nennen, so lange nicht genauere und sichere Angaben in dieser Beziehung vorliegen.

Nachdem wir nun das eigentliche Wesen des Verfahrens aus Holz Leuchtgas darzustellen festgestellt haben, wird es uns auch nicht schwer fallen, die Ausführung einer solchen Operation, den theoretischen Anforderungen entsprechend, auszuführen. Ohne in das technische Detail an dieser Stelle einzugehen, werden wir doch mit Gewissheit sagen können, dass es nöthig ist, das Holz derart zu zersetzen, dass die Körper entstehen, deren nochmaligen Zersetzung das leuchtfähige Gemisch liefert, und dass wir die letztere

Zersetzung dann durch stärkeres Erhitzen auch wirklich hervorrufen. Wir anticipiren die einfachste Form, unter welcher man diese Prozesse vornehmen kann — eine einfache Retorte, die wir aber nur bis zum dritten Theile mit Holz füllen. Durch diese relativ bedeutende Grösse einer solchen Retorte wird, da das Holz nur am Boden unmittelbar erhitzt und zu dem übrigen Materiale nur die strahlende Wärme gelangen kann, eine Zersetzung desselben in niederer Temperatur eingeleitet. Die grosse Fläche der glühenden Retortenwand verhindert es, dass die sich entwickelnden Holzdämpfe unzersetzt der Retorte entweichen, also ohne ein leuchtfähiges Gas zu liefern.

Wenn wir — unter dem Vorbehalte der Einhaltung der eben besprochenen Verhältnisse — das Holz bei Rothglühhitze destilliren, so erhalten wir folgende Producte:

1) Leuchtgas.
2) Flüssige Producte:
   a. Essig.
   b. Theer.
3) Holzkohle.

Folgendes ist die Zusammenstellung der entstehenden Producte:

Holzmasse.

Holzmasse.
: Kohlenstoff, Wasserstoff, Sauerstoff, Stickstoff

Hydroscop. Wasser.
: Wasserstoff, Sauerstoff

Leuchtgas.

Lichtgebende Bestandtheile:
: Acetylen, Elayl (Aethylen), Propylen, Ditetryl (Butylen), Benzol, Toluol, Xylol, Aceton?, Naphtalin

Verdünnende Bestandtheile:
: Kohlenoxydgas, Wasserstoffgas, Leichtes Kohlenwasserstoffgas

Verunreinigende Bestandtheile:
: Kohlensäure, Essigsäure, Kreosot

Theer.

Neutrale Kohlenwasserstoffe.:
: Benzol, Toluol, Cumol, Retinyl?, Xylol, Retinol?, Naphtalin, Paranaphtalin, Paraffin, Retén, Chrysen, Pyren

Indifferente Körper.:
: Mesit, Mesityloxyd, Methol, Eupion, Kapnomor, Pittacall, Picamar, Cedriret

Säuren.:
: Phenyloxydhydrat (Carbolsäure), Cresyloxydhydrat, Oxyphensäure } Kreosot

4*

Holzmasse.

- **Holzmasse**
  - Kohlenstoff
  - Wasserstoff
  - Sauerstoff
  - Stickstoff

    → **Essig.**
    - **Säuren.**
      - Essigsäure
      - Oxyphensäure
      - Metacetonsäure?
    - **Basen.**
      - Ammoniak
      - Methylamin?
      - Propylamin?
    - **Indifferente Körper.**
      - Aceton
      - Holzgeist
      - Lignon
    - **Kohle.**
      - Kohlenstoff
      - Alkalien: Kali, Natron, Thonerde etc.
      - Säuren: Kohlensäure, Kieselsäure, Schwefelsäure, Phosphorsäure etc.

- **Hygroscop. Wasser.**
  - Wasserstoff
  - Sauerstoff

Das Gasgemische, welches wir mit dem Namen Leuchtgas in vorstehendem Schema bezeichnet haben, zeigt in Bezug auf die darin vorkommenden Körper eine sehr grosse Aehnlichkeit mit dem Gase, welches aus Steinkohlen dargestellt worden ist. Wie bei diesem lässt sich unter seinen Bestandtheilen, welche analoge Eigenschaften besitzen eine Eintheilung in Gruppen, in der nämlichen Weise wie bei Kohlengas durchführen, und wir haben hier dieselben als:

1) Lichtgebende,
2) Verdünnende und
3) Verunreinigende Bestandtheile zu unterscheiden.

Die erste Gruppe umfasst, wie bekannt, die s. g. schweren Kohlenwasserstoffe. Unter den gasförmigen Körpern dieser Reihe sind nur das Elayl (Aethylen), das Propylen, das Ditetryl (Butylen) bereits in ihren Eigenschaften bei der Steinkohlengasfabrication vorgeführt worden. In neuerer Zeit ist noch ein neuer dahin gehöriger Körper von Berthelot aufgefunden worden, der den Namen Acetylen führt.

Das Acetylen ist aus 1 Vol. C und 1 Vol. H verdichtet. Es ist ein farbloses, in Wasser ziemliches lösliches Gas, von unangenehmen und eigenthümlichen Geruche. Berthelot behauptet, dass es, obwohl es nur zu $1/10000$ im Gase enthalten sei, doch demselben neben Benzol und Naphtalin seinen Geruch ertheile. Sein specifisches Gewicht beträgt 0.92. Durch Druck und Kälte konnte es bis jetzt nicht fest oder flüssig erhalten werden. Das Acetylen ist jedoch nicht unwichtig. Es ist wahrscheinlich, dass der explosive Körper, welcher sich beim Durchleiten des Gases durch Kupferröhren bildet, eine Verbindung von Kupferoxydul-Acetylen ist. Diese Verbindung konnte bis jetzt nicht sauerstofffrei erhalten werden; nur die Gegenwart des Sauerstoff's erklärt es, warum dieser Körper heftig detonirt, welche Fälle schon öfter vorgekommen sind.

Von den übrigen in diese Gruppe gehörenden Körpern können wir die Dämpfe der flüssigen schweren Kohlenwasserstoffe übergehen, da wir hier gar keinen neuen Stoffen begegnen, die wir nicht schon bei Steinkohlengas kennen gelernt haben. Es ist wahrscheinlich, aber noch nicht mit Sicherheit ermittelt, dass unter den lichtgebenden Bestandtheilen im Holzgase auch noch Dämpfe sauerstoffhaltiger Körper Aceton- oder Aldehydverbindungen vorkommen. Da Berthelot schon nachgewiesen hat, dass sich beim Durchleiten von Essigsäure-Dämpfen durch rothglühende Röhren Aceton neben Benzol u. s. w. bildet, so ist das Vorkommen dieser Körper im Gase wohl nicht zu bezweifeln, wenn auch nur geringe Mengen dieser Körper dabei gebildet werden sollten.

Es ist schon erwähnt, dass über die Mengenverhältnisse der einzelnen Körper, die zu den lichtgebenden zählen, keine weiteren Bestimmungen vorliegen.

Die Gesammtmenge der schweren Kohlenwasserstoffverbindungen im geringsten Holzgase schwankt zwischen 5—10 Proc.

Folgendes ist eine:

Zusammenstellung
der
bis jetzt veröffentlichten Analysen verschiedener Holzgase in gereinigtem Zustande:

	Gas aus Tannenholz.		Gas aus Fichtenholz.			Gas aus Eichenholz.	
	I.	II.	I.	II.	III.	I.	II.
Schwere Kohlenwasserstoffe	8.45	7.46	7.70	10.57	6.63	6.46	7.33
Wasserstoffgas	30.90	33.12	18.43	32.71	25.40	30.44	26.58
Leichtes Kohlenwasserstoffgas . . .	22.40	26.89	9.45	21.50	32.17	33.12	23.11
Kohlenoxydgas	38.25	32.53	61.79	27.11	35.80	26.11	42.99
Stickstoff			0.42	1.21		3.39	
Kohlensäure			2.21	4.90		0.48	
	100.00	100.00	100.00	100.00	100.00	100.00	100.00

	Gas aus Buchenholz.	Gas aus Birkenholz.	Gas aus Pappelholz.	Gas aus Aspenholz.	Gas aus Lindenholz.	Gas aus Lärchenholz.	Gas aus Weidenholz.
Schwere Kohlenwasserstoffe	6.50	8.08	6.62	7.24	7.86	9.00	7.34
Wasserstoffgas	24.27	33.29	33.25	31.84	48.67	29.76	29.60
Leichtes Kohlenwasserstoffgas . . .	27.29	22.64	20.31	35.30	21.17	20.96	24.02
Kohlenoxydgas	41.94	35.99	39.82	25.62	22.30	40.28	39.04
	100.00	100.00	100.00	100.00	100.00	100.00	100.00

Zur besseren Würdigung dieser Zahlen sei erwähnt, dass die Menge der Kohlensäure in den Analysen die ich angestellt habe, nicht aufgeführt ist, weil sich dieser Körper durch genügende Reinigung vollständig entfernen lässt und seine kleinere oder grössere Menge im Gase, das zur Verbrennung kommt, immer nur von Ausführung dieses Prozesses abhängt. Der Stickstoff und Sauerstoff, der gefunden wird, zählt ebenfalls nicht zu dem Gase. Er rührt von der Luft her, die bei dem Ausblasen der Reiniger nicht vollständig ausgetrieben worden ist oder bei dem Schliessen der Retortendeckel mit eingeschlossen wurde. Die Menge dieser Körper wurden daher auch nicht erwähnt. Die Gase, wie sie im fabrikmässigen Betriebe gewonnen werden, enthalten mindestens $\frac{1}{2}$, gewöhnlich aber $1\frac{1}{2}$ Proc. Kohlensäure. Die eingeschlossene Luft oder bloss Stickstoff beträgt von 1 bis zu 5 Procenten.

Es darf auch hier nicht unerwähnt bleiben, dass die schweren Kohlenwasserstoffe, deren Leuchtkraft verschieden ist, nicht besonders bestimmt sind. Im Allgemeinen enthält 1 Volumen der schweren Kohlenwasserstoffe im Holzgase 2.75 — 3.2 Volumien Kohlenstoffdampf. Diejenigen, welche am Meisten Kohlenstoffdampf enthalten, sind natürlich zur Lichtentwicklung am geeignetsten.

Die Entwicklung der schweren Kohlenwasserstoffverbindungen geschieht während des Verlaufes der Destillation in ungleichen Verhältnissen. Sie ist am stärksten bei Anfang der Destillation; sie nimmt nach und nach ab, und unter den letzten Antheilen von Gas, die entwickelt werden, finden sich nur sehr geringe Mengen dieser Körper.

Bei einem mit grösster Genauigkeit angestellten Versuche, den ich zur Ermittlung dieser Verhältnisse anstellte, erhielt ich folgende Zahlen.

Es wurden aus 100 Pfunden Holz von 10 % Feuchtigkeitsgehalt in folgenden Zeiträumen folgende Mengen schwerer Kolenwasserstoffe entwickelt:

In   1—5   Minuten = 83.4 c' mit 6.7 Proc. schweren Kohlenwasserstoffen;
„   5—10   „   = 67.6 „   „ 6.7 „   „   „   „   ;
„   10—15   „   = 64.1 „   „ 6.6 „   „   „   „   ;
„   15—20   „   = 68.5 „   „ 6.7 „   „   „   „   ;
„   20—25   „   = 65.0 „   „ 6.4 „   „   „   „   ;
„   25—30   „   = 58.0 „   „ 5.5 „   „   „   „   ;
„   30—35   „   = 48.3 „   „ 4.2 „   „   „   „   ;
„   35—40   „   = 43.9 „   „ 3.6 „   „   „   „   ;
„   40—45   „   = 38.6 „   „ 3.5 „:   „   „   „   ;
„   45—50   „   = 24.6 „   „ 2.0 „   „   „   „   ;
„   50—60   „   = 18.8 „   „ 1.4 „   „   „   „   ;
„   60—75   „   = 17.6 „   „ 0.7 „   „   „   „   .

Die s. g. verdünnenden Bestandtheile des Holzgases, die dazu dienen, sich mit den Dämpfen flüchtiger Kohlenwasserstoffsverbindungen zu beladen, sind wie bei Steinkohlengas:

Wasserstoffgas,

Leichtes Kohlenwasserstoffgas und

Kohlenoxydgas.

Ich habe über dieselben, da sie von Schilling schon in allen ihren Beziehungen geschildert sind, nichts Näheres beizufügen. Die vorstehenden Analysen werden auch ihr zu Beurtheilung ihrer quantitativen Verhältnisse, in welchen sie im Holzgase enthalten sind, weitere Erörterungen überflüssig machen, da man aus denselben sofort auf die Grösse des Kohlenoxydgehalts, auf die geringeren Mengen von Wasserstoff und die noch kleineren Mengen leichten Kohlenwasserstoffs, aufmerksam wird.

Die verunreinigenden Bestandtheile des rohen Holzgases, die unsere Beachtung im hohem Grade verdienen, wollen wir vorerst noch ausser Acht lassen, da wir später in ausführlicher Weise noch auf dieselben zurückkommen.

Ueber den Einfluss, den das im Holze enthaltene Wasser bei dessen Destillation ausübt und über die Mitwirkung, die es bei diesem Prozesse in Folge seiner chemischen Zusammensetzung ausüben kann, liegen keine speciellen, wissenschaftlichen Untersuchungen vor. Was wir darüber sagen können, beruht mehr auf Schlüssen, die man nach Analogie ähnlicher Destillationsvorgänge von Holz zu ziehen berechtigt ist, die insoferne vom Werthe sind, als bei der practischen Ausführung der Gasbereitung keine Beweise der Gegentheile sich auffinden lassen.

Wenden wir unsere Betrachtung dem in Rede stehenden Vorgange zu, so steht es zunächst fest, dass wenn das Wasser das in dem zur Destillation verwendeten Holze enthalten ist, verdampft wird, die Retorte jedenfalls die dazu nöthige Wärmemenge liefern muss. Es ist klar, dass wenn durch die fortdauernde Verdampfung dieses Wassers eine stetige Temperaturabnahme der Retorte erfolgt, ein Punct eintreten wird, wo die Retortenwand ungeeignet wird, ihren Zweck zu erfüllen, der darin besteht, die primitiv entstehenden Dämpfe aus Holz zu zerlegen oder mit anderen Worten, dass sie weniger Gas zu erzeugen vermag. Diese Temperaturabnahme kann und wird um so eher stattfinden, als das Wasser bekanntlich mit Leichtigkeit die Wärme aufnimmt, um sich in Dampfform zu verwandeln, und dass hierzu namentlich eine relativ sehr grosse Wärmemenge nöthig ist. Tritt der Zeitpunkt nicht ein, bei welchem die Retorte weniger oder ungeeignet zur Gaserzeugung ist, so kann man es nur einer vermehrten Wärmezufuhr durch eine stärkere Feuerung des Ofens zuschreiben.

Aber ausser diesem bezeichneten Uebelstande macht sich namentlich der Umstand fühlbar — und hierauf ist jedenfalls das grössere Gewicht zu legen — dass die Wasserdämpfe diejenigen Körper unzersetzt der Retorte entführen, deren Zerlegung das Gas darstellen soll. Dieser Uebelstand wird um so mehr empfunden, da das Wasser vornemlich im Anfange der Destillation verflüchtigt wird, also gerade in demjenigen Zeitpunkte, wo die Entwicklung der Theerdämpfe am reichlichsten ist, wo es desshalb hauptsächlich erfordert wird, dass die zur Zerlegung derselben nothwendigen Hitze auch auf sie einwirken können.

Wiederholt habe ich Gelegenheit gehabt zu beobachten, — wenn ich dem Gasbereitungsprozess in seinen einzelnen Stadien folgte — dass die Theerproduction jedesmal in dem Maase sank, als die Menge Wassers sich verminderte, die denselben begleitete. Gewöhnlich erscheint nach der ersten Hälfte der Destillationszeit kein Theer mehr in der Vorlage und nur sehr geringe Mengen Wasser. Es scheint sonach die Entwicklung des Theers von der Entwicklung des Wasserdampfes wesentlich beinflusst zu sein. In welch' näherer Beziehung aber dieses Verhalten steht, konnte ich noch nicht näher untersuchen, und will daher von einem blos theoretischen Falle abstrahiren.

Ausser diesen namhaft gemachten mechanischen Einflüssen kann der Wassergehalt noch vermöge seiner chemischen Natur auf die Entstehung der Producte der Destillation wirken, indem er dabei zersetzend influiren oder zu neuen Verbindungen Veranlassung geben kann.

Das Wasser, das, wie bekannt, aus Wasserstoff und Sauerstoff besteht, kann, wenn es in höherer Temperatur mit verschiedenen Körpern zusammentrifft, zerlegt werden. Es geschieht dies gewöhnlich in der Weise, dass sich der Sauerstoff mit den Körpern verbindet — dass also der Wasserdampf eine wirkliche Verbrennung hervorruft — und der Wasserstoff in Freiheit gesetzt wird; oder dass in seltneren Fällen Wasserstoff und Sauerstoff neue Verbindungen mit dem Körper eingehen. Trifft z. B., nur an bekannte Beobachtungen für unsere Zwecke zu erinnern, Wasserdampf mit Kohle in der Glühhitze zusammen, so bildet sich — wie Bunsen nachgewiesen hat — Verbindungen zwischen dem Sauerstoff des Wassers und Kohle, die wir als Kohlensäure (CO_2) und Kohlenoxyd (CO) kennen; der Wasserstoff wird in Freiheit gesetzt. Die nämliche Zersetzung tritt auch in den letzten Stadien des Gasbereitungsprozesses aus Holz ein. Wenn die letzten Antheile Wassers verdampft werden, die sich im Innern der Holzmasse befinden, oder wenn das Wasser, das aus den Bestandtheilen des Holzes entsteht, in jenem Zeitpuncte auftritt, so muss es nothwendigerweise mit einer grösseren Menge glühender Kohlen in Berührung treten, die aus der Destillation herrühren. Die Folge davon ist, dass die Wasserdämpfe dadurch in Wasserstoff, Kohlenoxyd- gas und Kohlensäure zerlegt worden, die also die Gasausbeute vergrössern, umsomehr als auch die entstandene Kohlensäure mit Kohlen in glühendem Zustande zusammentrifft und dadurch in Kohlenoxydgas übergeführt wird. Die analytischen Resultate und die Beobachtungen bei dem Betriebe zeigen auch, dass in den letzten Stadien der Destillation sehr beträchtliche Mengen Kohlenoxydgases und mehr als in früheren Perioden auftreten.

Es ist ferner bekannt, dass Theerdämpfe, wenn sie mit Wasserdampf in höherer Glühhitze zusammentreffen, in Gase umgewandelt werden. In welcher Weise diese letztere Art der Zersetzung vor sich geht, ist noch nicht näher ermittelt. Es scheint mir, dass sie bei der Temperatur, die wir den eisernen Retorten zu geben vermögen, nicht stattfindet; ob aber nicht, wenn Thonretorten zur Anwendung kommen, muss dahingestellt bleiben.

Die Wirkungsweise des Wasserdampfs auf die Producte der trocknen Destillation des Holzes in höherer Temperatur ist daher auch keine einzige bestimmte, weder mechanische noch chemische Action:

Ob und in welchem Umfange die bezeichneten Vorgänge aber in unserer Gasbereitung auftreten oder nicht, ist bei dem Mangel specieller Untersuchung nicht festzustellen.

Es kommt aber, wie es kaum wohl nöthig ist zu sagen, bei dem Eingreifen des Wasserdampfs auf die Zersetzungsproducte selbst noch namentlich auf die mehr oder minder grosse Menge dieses Körpers an, die bei der Destillation zugegen ist.

Ausserdem müssen wir noch besonders berücksichtigen, dass die Temperatur, bei welchem die Zersetzung des Holzes verläuft, einen sehr erheblichen Einfluss auf die Wirkung des Wasserdampfs auf die Zersetzungsproducte des Holzes äussert. Wenn gewisse Zersetzungen oder Verbindungen eintreten sollen, müssen, wie wir erst kurz erörtert, bestimmte Temperaturgrade erreicht werden. Die Temperatur hingegen, die erreicht werden kann, ist aber wiederum abhängig von dem mehr oder minder grossen Wassergehalt des Holzes und wie die Temperatur die Wirkung des Wasserdampfs beeinflusst, so auch umgekehrt die Grösse des Wassergehalts des Holzes die Temperatur, bei welcher die Destillation verläuft.

Nachdem wir die allgemeinen, chemischen Gesichtspuncte hervorgehoben haben, die bei der Destillation ihren Einfluss äussern können, wollen wir die practischen Erfahrungen noch zu Rathe ziehen, die bis jetzt über den Einfluss des Wassergehaltes des Holzes, sei er nun grösser oder geringer, vorliegen, wobei natürlich vorausgesetzt ist, dass die Temperatur in den Oefen nicht wesentlich verschieden sei.

Alle Erfahrungen stimmen nun darin überein, dass die Gasausbeute um so geringer ausfällt, je mehr Wasser das Holz enthält, das wir destilliren. Es versteht sich, dass dabei die Gewichtsmenge absolut trocknen Holzes in Anschlag gebracht wird, die in den verschiedenen Hölzern enthalten ist.

Auch die Güte des Gases leidet noth, wenn wir sehr wasserhaltiges Holz destilliren. Es kommt vor, dass man bei besonders nassem Holze ein kaum zur Beleuchtung geeignetes, Kohlenoxydgas in grösseren Mengen enthaltendes Gas erhält. Dass man bei nassem Holze mehr Feuerung verbraucht, als bei trocknem ist wohl selbstverständlich. Es kann sogar bei sehr nassem Holze vorkommen, dass die Retorten so weit zurückgehen, dass sie zur Gasbereitung untauglich werden.

Diesen Erfahrungen schliesst sich noch die Beobachtung an, dass bei nassem Holze mehr Kohlensäure im Gase gefunden wird, als bei trocknerem, und dass zugleich die Menge Theers und die Menge von Essigsäure in dem Maase sich vergrössert, je mehr Feuchtigkeit das Destillationsmaterial enthält.

Die Versuche, die ich angestellt habe, um einige Aufschlüsse über die Mitwirkung des Wasserdampfs bei der Holzdestillation zu erhalten, gingen namentlich in practischer Beziehung dahin, darzuthun, dass bei relativ nässerem Holze mehr Kohlensäure und eine geringere Ausbeute an Gas erhalten wird, als bei besser getrocknetem. Ich musste mich vorerst, bei der Schwierigkeit alle Vorgänge zugleich auf analystischem Wege zu verfolgen, damit begnügen, diesen besonders wichtigen Gegenstand zu untersuchen.

Um das Holz vollständig zu trocknen, benützte ich einen abstrebenden Dreierofen, dessen innerer Raum eine Temperatur von $150-160^{\circ}$ Cels. hatte. In den Retorten trocknete ich das zu den Versuchen dienende Holz, während eine gleiche Menge des nämlichen Holzes aus der Trockenkammer genommen, dessen Wassergehalt bestimmt und unmittelbar nach dem möglichst getrockneten Holze und bei möglichster Einhaltung gleicher Temperatur vergast wurde.

Die Cautelen, die ich anwandte, um bei der Kohlensäurebestimmung keine Fehler zu veranlassen, die aus mitgeführter Essigsäure etc. herrühren könnten, übergehe ich, ihrer Weitläufigkeit wegen, hier; ich kann nur anfügen, dass diese Untersuchungen mit möglichster Genauigkeit angestellt wurden.

Versuch I. A.

100 ℔ Holz, das aus der Trockenkammer genommen, 8.0 Proc. Wasser enthielt, wurde in der bezeichneten Weise so scharf wie möglich getrocknet. Nach dem zweiten Trocknen wog es nur noch 85 ℔.

Aus dieser Menge wurden in folgenden Zeiträumen folgende Gasmengen gewonnen:

Zeit.	Quantitäten des gereinigten Gases.	Kohlensäuregehalt des unreinen Gases in Proc.		Kohlensäuremenge in c′ ausgedrückt.
1—5 Min.	144 c′	13.1 Proc.	=	21.7 c′
5—10 ,,	118.5 ,,	14.2 ,,	=	19.6 ,,
10—15 ,,	109.5 ,,	15.7 ,,	=	20.1 ,,
15—20 ,,	94 ,,	14.3 ,,	=	15.6 ,,
20—25 ,,	57 ,,	14.3 ,,	=	9.5 ,,
25—30 ,,	35 ,,	10.8 ,,	=	4.2 ,,
30—35 ,,	15 ,,	6.0 ,,	=	1.0 ,,
35—40 ,,	5 ,,	5.1 ,,	=	0.3 ,,
40—60 ,,	2 ,,	5.0 ,,	=	0.1 ,,

Total 580.0 c′ Gas   + Kohlensäure 92.1 c′

= 672 c′ ungereinigtes Gas, das 13.7 Proc. Kohlensäure enthielt.

B. Gegenversuch.

100 ℔ des gleichen Holzes mit 8 Proc. Wassergehalt gaben folgende Mengen Gas in folgenden Zeiträumen:

Zeit.	Quantitäten des erhaltenen gereinigten Gases.	Kohlensäuregehalt des unreinen Gases in Procenten.		Kohlensäuremenge in c′ ausgedrückt.
1—5 Min.	75 c′	17.0 Proc.	=	15.4 c′
5—10 ,,	73 ,,	18.9 ,,	=	16.9 ,,
10—15 ,,	68 ,,	19.5 ,,	=	16.4 ,,
15—20 ,,	70 ,,	20.0 ,,	=	17.5 ,,
20—25 ,,	66 ,,	19.4 ,,	=	15.9 ,,
25—30 ,,	57 ,,	18.1 ,,	=	12.6 ,,
30—35 ,,	46 ,,	18.0 ,,	=	10.1 ,,
35—40 ,,	38 ,,	17.9 ,,	=	8.3 ,,
40—45 ,,	26 ,,	16.1 ,,	=	5.0 ,,
45—50 ,,	18 ,,	14.0 ,,	=	3.0 ,,
50—55 ,,	8 ,,	10.1 ,,	=	0.8 ,,
55—60 ,,	4 ,,	6.8 ,,	=	0.3 ,,
60—75 ,,	3 ,,	7.1 ,,	=	0.2 ,,

Total 552 c′ Gas   + Kohlensäure 122.4 c′

= 674 c′ ungereinigtes Gas, das 18.1 Proc. Kohlensäure enthielt.

Versuch II. A.

100 ℔ Holz mit 11 Proc. Wassergehalt aus der Tockenkammer genommen wurden in der bezeichneten Weise sehr scharf getrocknet. Nach dem zweiten Austrocknen wog es 88³/₄ ℔.*)

Diese Gewichtsmenge gab in folgenden Zeiträumen folgende Mengen an Gasen:

Zeit.	Quantität des erhaltenen gereinigten Gases.	Kohlensäuregehalt des unreinen Gases in Proc.		Kohlensäuremenge in c′ ausgedrückt.
1—5 Min.	83 c′	14.6 Proc.	=	14.2 c′
5—10 ,,	75 ,,	17.6 ,,	=	16.0 ,,
10—15 ,,	70 ,,	17.3 ,,	=	14.6 ,,

---

*) Bei diesem Versuche entstand im Anfange der Destillation ein kleiner Gasverlust, da der Deckel nicht schnelle genug vorgelegt werden konnte.

Zeit.	Quantität des erhaltenen gereinigten Gases.	Kohlensäuregehalt des unreinen Gases in Proc.		Kohlensäuremenge in c′ ausgedrückt.
15—20 Min.	70 c′	17.5 Proc.	=	14.8 c′
20—25 „	61 „	16.7 „	=	12.2 „
25—30 „	53 „	15.2 „	=	9.5 „
30—35 „	40 „	15.0 „	=	7.0 „
35—40 „	41 „	10.2 „	=	4.7 „
40—50 „	16 „	7.8 „	=	1.3 „
50—60 „	9 „	5.9 „	=	1.0 „
60—75 „	0 „	0 „	=	0.0 „
	Total 518 c′ Gas		+ Kohlensäure	95.3 c′

= 613 c′ ungereinigtes Gas, das 15.5 Proc. Kohlensäure enthält.

B. Gegenversuch.

100 ℔ des gleichen Holzes mit 11 Proc. Wassergehalt gaben in folgenden Zeiträumen folgende Mengen an Gasen:

Zeit.	Quantitäten des erhaltenen gereinigten Gases.	Kohlensäuregehalt des unreinen Gases in Proc.		Kohlensäuremenge in c′ ausgedrückt.
1—5 Min.	70 c′	21.7 Proc.	=	19.4 c′
5—10 „	70 „	18.6 „	=	16.0 „
10—15 „	61 „	18.5 „	=	13.8 „
15—20 „	57 „	18.3 „	=	12.8 „
20—25 „	57 „	18.5 „	=	12.9 „
25—30 „	57 „	17.9 „	=	12.4 „
30—45 „	114 „	13.2 „	=	17.4 „
45—60 „	22 „	8.9 „	=	2.1 „
60—75 „	5 „	5.1 „	=	0.3 „
	Total 513 c′ Gas		+ Kohlensäure	107.1 c′

= 620 c′ ungereinigtes Gas mit 17.3 Proc. Kohlensäure.

Obwohl mit der Anstellung zweier derartiger Versuche, eine erschöpfende Behandlung des Gegenstandes nicht erwartet werden kann, so genügt es doch einstweilen, um die Thatsache festzustellen, dass bei schärfer getrocknetem Holze mehr brauchbares Gas und weniger Kohlensäure gebildet werden, als bei nassem. Die weitere Ausführung analytischer Versuche verspricht weitere interessante Aufschlüsse.

Die zweckmässigste Dauer der Destillationszeit bei Holz lässt sich zwar im Allgemeinen nicht genau feststellen, weil der Feuchtigkeitsgehalt des Holzes einen bedeutenden Einfluss hierin äussert; doch sind die Schwankungen in der Länge der Destillationszeit, die gebräuchlich ist, nicht erheblich. Bei gleich gut getrocknetem Holze ist die Ladung um so schneller ausgegast, je höher die Temperatur und je kleiner dieselbe ist; es geht dies um so langsamer von Statten, je weniger warm die Retorte und je grösser die Ladung genommen worden ist. Im Allgemeinen gast eine Ladung bis zu 100 ℔ Holz (in einer entsprechenden Retorte), wenn dies gut getrocknet, in 75 Minuten, sogar öfter schon mit 60 Minuten aus (wie dies aus den folgenden Beobachtungen hervorgeht); es ist aber, um die Retorte immerwährend in gleich guter Hitze zu erhalten, besser 1½ stündige Ladzeit zu nehmen. Diese wird meistens innegehalten; obwohl es wenige Fabriken gibt, die 1¼ stündige Ladzeit vorziehen und im Betriebe aushalten können. In 2 Stunden ist in jedem Falle eine Ladung von 100 ℔ ausgegast und eine längere Destillationszeit wird wohl nirgends angewendet werden.

Es ist schon erwähnt worden, dass die Entwicklung des Gases bei Holz im Anfange sehr rasch vor sich geht; dass in den ersten 15' nahezu die Hälfte der Production entsteht. Folgende Zahlen mögen einen Nachweis dazu liefern.

100 ℔ Holz lieferten in folgenden Zeiträumen folgende Mengen an gereinigtem Gase:

	a. Tannenholz.	b. Fichtenholz.
1—5 Min.	110 c'	80 c'
5—10 „	90 „	68 „
10—15 „	81 „	64 „
15—20 „	76 „	65 „
20—25 „	71 „	61 „
25—30 „	63 „	58 „
30—35 „	54 „	52 „
35—40 „	41 „	40 „
40—45 „	30 „	30 „
45—50 „	18 „	20 „
50—55 „	9 „	12 „
55—60 „	3 „	7 „
60—65 „	2 „	2.5 „
65—70 „	— „	2.0 „
70—75 „	— „	1.5 „
75—80 „	— „	1.0 „
80—85 „	— „	0.2 „
85—90 „	— „	0.0 „
	648 c'	564 c'

Das ungereinigte Leuchtgas, wie es die Retorte verlässt, führt die in Vorerwähntem aufgeführten gasförmigen Körper und zugleich Wasserdampf, Essigsäure, Theeröle und Theer mit sich.

Um eine Abscheidung der flüssigen von den gasförmigen Producten zu bewirken, dient die Vorlage; bei Holzgasanstalten mit Vorliebe Hydraulik genannt. Da bei der Holzgasfabrication in kurzer Zeit eine verhältnissmässig bei Weitem grössere Production von Gas und condensirbaren Flüssigkeiten pro Retorte stattfindet und der in grosser Menge erscheinende Wasserdampf eine beträchtliche Wärmemenge der Retorte entführt, so genügt es nicht — oder nur unvollständig — eine einfache Vorlage zum Aufsammeln und Verdichten des Essigs und Theers anzuwenden. Man legt dieselbe desshalb stets in einen aus gusseisernen Platten zusammengefügte Kasten. Durch einen beständigen Zufluss kalten Wassers wird die Abküklung bewirkt. Das heisse Wasser wird durch einen Ablauf, gewöhnlich in die Gasometersbassins, geführt, wobei man im Winter den Vortheil erzielt, deren Gefrieren zu verhindern.

Wie weit man die Kühlung auf der Hydraulick treiben solle, kann man mit Bestimmtheit schwer angeben. Es würde zwar zweckmässig sein, soviel wie möglich das Gas schon auf der Hydraulik abzukühlen, um zu verhindern, dass nicht reichliche Mengen von Theer und Essigsäure fortgerissen würden, aber bis jetzt ist dieser Punct noch nicht näher bestimmt worden. Im Betriebe hat das Innehalten einer fest bestimmten Grenze ohnehin seine unüberwindlichen Schwierigkeiten, so ferne die Fabrication einigermassen von Belang ist. Man müsste ausserordentlich grosse Kühlvorrichtungen anlegen und über eine sehr grosse Wassermasse disponiren können, wenn man die Kühlung bis auf 20—30° Cels. treiben wollte. Meine Messungen der Temperatur des abfliessenden Kühlwassers, die ich an gebräuchlichen Kühlvorrichtungen mehrerer grösserer Anstalten vornahm, zeigten, dass dasselbe meistens eine Temperatur von 40—50° Cels. hatte. Im Winter und bei starker Production stieg dieselbe oft sogar bis 60° Cels. Die Temperatur im Innern ist zwar niedriger, doch sind die Unterschiede nur sehr gering. Ist aber die Temperatur des

Kühlwassers so bedeutend, so geschieht es meist, dass der Theer seiner flüchtigsten Bestandtheile beraubt wird. Er bildet dann am Boden eine dichte, pechartige Masse. Wird er nicht immer zeitig entfernt, was übrigens ziemlich schwierig ist, so gibt er zu Verstopfungen leicht Veranlassung. Es ist daher geboten die Abkühlung besser zu bewirken. Um dieselbe vortheilhaft eintreten zu lassen, ist es nöthig, das zur Kühlung gebraucht werdende Wasser an der tiefsten Stelle der Kühlvorrichtung einzuleiten. Im anderen Falle vermischt sich das bereits warme und das kühlere Wasser und das letztere wird, ehe es seinen Zweck erfüllt, durch das nachfliessende Wasser verdrängt werden.

Eine vollständige Abscheidung der im ungereinigten Gase enthaltenen Dämpfe und suspendirten Flüssigkeiten ist nicht mit alleiniger Hilfe der Hydraulik zu erzielen, selbst wenn sie gut construirt und mit genügendem kaltem Wasser versehen wird. Man leitet desshalb das Gas durch eine Condensationsvorrichtung, deren Einrichtung den bei Steinkohlengasfabrication gebräuchlichen entliehen ist. Man kühlt das Gas auch hier so viel wie möglich. Aus den bei der Steinkohlengasbereitung in Schillings Handbuche Seite 55 erörterten Gründen, sollte man immer und bei allen Gasarten die Kühlung bis zur Bodentemperatur d. i. 10—12° Cels. treiben. Eine solche Abkühlung würde dem Holzgase in Bezug auf seine Leuchtkraft nicht das Mindeste schaden, wie mir meine Erfahrungen darüber zeigten. Andernfalls geht aber noch eine ziemliche Menge theerartiger Körper und Essig bis zu den Reinigungsapparaten.

Die schnelle Entbindung des Gases aus Holz; die grössere Menge Wärme, die es von der Hydraulik schon mitbringt, lassen es aber bei nur einigermassen erheblichem Betriebe sehr schwierig oder unthunlich erscheinen, das Gas bis auf diesen Grad abzukühlen. Es ist daher ein dringenderes Bedürfniss, wie bei der Gasfabrication mit Steinkohlen, die Wirkung des Condensors durch Anwendung von Waschern oder Scrubbern zu verbessern. Die Einrichtung dieser Apparate ist genau dieselbe, wie wir sie schon bei der Steinkohlengasfabrication kennen gelernt haben.

Man führt in einem grösseren Behälter von Schmied- oder Gusseisen das Gas einem Strome von Wasser entgegen, der über Coaks oder Dornen herabrinnt. Das Wasser muss möglichst kühl gehalten sein. Die Geschwindigkeit, mit der es durch den Apparat geht, sei eine möglichst geringe. In diesem Falle wird dann das Gass, indem die Dämpfe von Theer, Essigsäure, Kreosot und flüchtigen Kohlenwasserstoffen etc. noch nachträglich condensirt werden, von diesen Körpern befreit, die sich in flüssiger Form ausscheiden, und wenn sie sich nicht in Wasser lösen, doch durch dasselbe entfernt werden. Die Zahl der Apparate, die man anwendet, ist verschieden. Sie richtet sich nach ihrer Grösse. In jedem Falle aber sollten dieselben möglichst gross genommen, oder wenn dies nicht angeht, die Zahl dieser Apparate lieber vermehrt werden.

Die Wirkung, die das Waschen des Gases in Bezug auf die Absorption der Kohlensäure aus dem ungereinigten Gase ausübt, habe ich durch folgende Versuche ermittelt.

I. Versuch.

Durch den Wascher gingen in 5 Minuten . 780 c′ Wasser von + 4 Cels.
In derselben Zeit gingen durch den Wascher 18.2 c′ Gas.
Das Gas vor dem Wascher enthielt*) . = 20.7 Proc. Kohlensäure
Das Gas nach dem Wascher enthielt . = 20.2 „   „
Es enthielten also 18.2 c′ Gas
            vor dem Wascher 3767 c″ Kohlensäure
            nach dem Wascher 3676 c″   „
        Folglich wurden absorbirt   91 c″ Kohlensäure.

Diese gefundene Menge der durch das Wasser absorbirten Kohlensäure ist geringer, als diejenige, welche man zufolge des von Bunsen festgestellten Absorptionsgesetzes erwarten kann.

---

*) Nach Bunsen's Methode über Quecksilber bestimmt.

Nehmen wir, um die Sache möglichst einfach darzustellen, an, dass die Kohlensäure von dem sie begleitenden Gasgemische getrennt, allein mit dem absorbirenden Wasser zusammengetreten, und der Druck, unter welchem sie allein im Gasgemische stand, vorhanden gewesen sei, so wäre nach den Bunsen'schen Gesetzen*), wenn wir mit

g die zu findende Kohlensäuremenge, die absorbirt worden;

a der Absorptionscoefficient für Kohlensäure in Wasser bei + 4⁰ Cels.;

h die Wassermenge, die zur Absorption gedient;

P den Druck bezeichnen, unter welchem die Kohlensäure, während der Absorption sich befand:

$$g = \frac{a\ h\ P.}{0.76}$$

Der Absorptionscoefficient für Kohlensäure in Wasser ist bei + 4⁰ Cels. = 1.5126. — Der Druck, unter welchem das unreine Gas im Wascher sich befand, war 65 Millimeter höher als der atmosphärische Druck. Der partiare Druck für die Kohlensäure allein beträgt daher:

$$\frac{20.7}{100} \times (0.760 + 0.065) = 0.1708.$$

Rechnen wir nur die Kohlensäuremenge g aus, die unter den näher bezeichneten Umständen hätte absorbirt werden müssen, so finden wir dieselbe

$$g = \frac{1.5126 \times 780 \times 0.1708}{0.76}$$

$$g = 264\ c''.$$

Die Wirkung des Waschers in Bezug auf die Wegnahme der Kohlensäure beträgt daher in unserem Falle nur

0.29 der theoretisch berechneten Grösse.

Dies Verhalten findet darin seine Erklärung, dass neben Kohlensäure sich im Wasser während des Waschens noch reichlich, ölbildendes Gas und andre schwere Kohlenwasserstoffe, ferner Essigsäuredämpfe, die Dämpfe von Kreosot u. s. w. lösen, und dass von dem mit diesem Körper geschwängerten Wasser, die Kohlensäure schwieriger aufgenommen wird, als von reinem, kalten Wasser.

Ein zweiter Versuch, zu einer späteren Zeit angestellt, gab genau das nämliche Resultat.

Durch den Wascher gingen in 5 Minuten 780 c″ Wasser von + 4 Cels.

In derselben Zeit wiederum genau . . 18.2 c′ Gas.

Das Gas vor dem Wascher enthielt . . 20.9 Proc. Kohlensäure:

Das Gas nach dem Wascher enthielt . 20.4 „   „

Es enthielten also 18.2 c′ Gas

vor dem Wascher . 3804 c″ Kohlensäure;

nach dem Wascher 3713 c″   „

Folglich wurden absorbirt =   91 c″ Kohlensäure.

Es wurden desshalb wiederum in Bezug auf die Absorption der Kohlensäure im Wasser nur 0.27 der theoretisch berechneten Absorptionsgrösse erhalten.

Wie bei Steinkohlengasfabrication folgen auch bei der Bereitung des Holzgases nach der Condensation und den Waschern die Exhaustoren. Ihr Zweck ist wie bekannt der, das Gas aus den Retorten durch Wegsaugen zu entfernen.

Ueber die Zweckmässigkeit dieser Apparate für Holzgas herrschen verschiedene Ansichten. Ein

---

*) Man vergleiche: Bunsen, Gasometrische Methode, Seite 137 u. s. w.

im Gasjournale, Jahrg. 1861 Seite 238, mitgetheiltes Gutachten darüber — das einzige was über die beregte Frage ausgesprochen ist — besagt Folgendes:

Ein Hinderniss für Exhaustoren bei Holzgas ist auch die in den ersten 15 Minuten sehr rasche bis 25 c′ engl. pro Minute und pro 1 Centner Holz steigende Gasentwicklung, die schon nach 40 Minuten auf 1 à 2 c′ pro Minute fällt. Um aus diesem Umstande entsprechende Missstände zu beseitigen, müssten Einrichtungen getroffen werden, die so complicirt und kostspielig wären, dass sie sich bei kleinen Fabriken nie rentiren. Bei einer Production von über 50000 c′ pro 24 Stunden, wobei 4 à 5 Retorten im Gange sein können und ein ziemlich gleichmässiger Strom von circa 40 c′ pro Minute leicht erzielt werden kann, wird ein Exhaustor nur vortheilhaft sein.

Es fehlt leider zur sicheren Entscheidung dieser Frage noch an Untersuchungen, die auf einer vorurtheilsfreien genauen Prüfung beruhen. Daher kommt es, dass einige Techniker dieselben geradezu verwerfen, andere sie nur bei grösseren Anstalten gelten lassen wollen, und noch andere ihnen überall einen entschiedenen Vorzug vindiciren.

Wenn wir berücksichtigen, dass das Holzgas zu seiner geeigneten Entstehung die Berührung der glühenden Retortenwand nöthig hat, und die Geschwindigkeit beobachten, mit welcher das Gas ohne Anwendung der Exhaustoren die Retorten verlässt; wenn wir ferner erwägen, dass bei der Bereitung des Holzgases, die Gefahr das erzeugt werdende Gas durch Anwendung stärkerer Hitze zu zerlegen, entweder gar nicht oder höchstens in geringem Maase vorhanden ist, so dürfte freilich die erstere Annahme der Unzweckmässigkeit der Exhaustoren als die wahrscheinlichste bezeichnet werden. Auf der anderen Seite lässt sich annehmen, dass die Anwendung der Exhaustoren soferne nützlich sein kann, als sie das in den letzten Destillationsperioden entstehende Gas evacuiren und dadurch möglicherweise einer Zerlegung der schweren Kohlenwasserstoffe vorbeugen. Aber dieser Vortheil wird sicher dadurch paralysirt, dass durch die grössere Geschwindigkeit des Gasabflusses aus der Retorte in der ersten Destillationszeit Theerdämpfe unzersetzt der Retorte entweichen.

Wenn es ferner geltend gemacht wird, dass sie den Gaszufluss zu den Reinigern regeln sollen, so können wir hierin keinen besonderen Vortheil erblicken. Wo man mit wenigstens 3 Retorten arbeitet, lässt sich durch geeignete Vertheilung der Ladzeit eine ganz gleichmässige Production herstellen, wenigstens eine ebenso regelmässige Erzeugung, als dies mit Exhaustor sein kann, der ja nicht die gleichmässige Erzeugung des Gases hervorruft, sondern dies nur aus den Retorten in gleichmässiger Weise entfernt. In kleinen Fabriken, die nur mit 1 oder 2 Retorten arbeiten, können Exhaustoren überhaupt nicht angewendet werden, weil die Production immer in sehr ungleicher Weise vor sich gehen muss, und dieser sich dem Exhaustor in seiner Wirkungsweise unmöglich ganz gleichmässig anschliessen kann.

Einen alleinigen, aber einen hauptsächlichen Vortheil bietet die Anwendung der Exhaustoren im Betriebe dadurch, dass kein Gas durch die während eines Betriebes unvermeidlich entstehenden Risse oder Sprünge, oder durch wieder schadhaft gewordene Dichtung in den Retorten entweichen kann. Dies wird ohne Exhaustoren immer der Fall sein. Die Verluste sind um so beträchtlicher, je grösser oft der Druck auf den Retorten ist, der bei ungenügender Einrichtung sogar oft bis 6″ und 8″ betragen kann.

Auch darin mögen die Exhaustoren günstig wirken, dass sie das Gas in den Reinigungsapparaten unter einem grösseren Drucke in Berührung mit dem Kalke bringen: die Aufnahme der Kohlensäure also erleichtern. Damit dürften aber auch die Vorzüge, die man den Exhaustoren zuschreibt, erschöpft sein. Dass sie, wenn sie, wie gewöhnlich, nach Grafton'schem Principe construirt sind, eine gute Wirkung darin thun, dass das Wasser in denselben reichlich sich mit theerigen und öligen Stoffen imprägnirt, die durch eine fehlerhafte Condensation und Waschung bis hierher gelangen, soll nicht in Abrede gestellt werden. Es ist aber diese nachträgliche Absorption schädlicher Stoffe nur eine Eigenschaft von zweifelhaftem Werthe da dies gewiss nicht die Function der Exhaustoren ist.

Unter den verunreinigenden Bestandtheilen des Holzgases spielt die Kohlensäure die hervorragendste Rolle. Sie ist in so grosser Menge im ungereinigten Gase enthalten, dass sie fast den vierten Theil sämmtlicher Production ausmacht. Ihre Entfernung ist darum sehr lästig und kostspielig. Es ist ohne Zweifel der grösste Uebelstand bei der Holzgasbereitung, dass dieser Körper in so reichlicher Menge auftritt.

Die chemischen und physicalischen Eigenschaften der Kohlensäure sind in Schilling's Handbuche Seite 52 in ausführlicher Weise geschildert, und was für uns besonders wichtig, ihre schädliche Wirkung auf die Leuchtkraft eines Gases erörtert worden, so dass ich hier der Mühe überhoben bin, nochmals darauf zurückzukommen.

Was die Nachweisung der Kohlensäure im Gase betrifft, so geschieht diese, wie natürlich, mit den nämlichen Apparaten, die von Schilling a. a. O., durch Zeichnungen erläutert, beschrieben worden. Die Vorsichtsmassregeln, die man bei Anstellung dieser Versuche beobachten muss, sind ebenfalls nicht zu unterlassen.

Bei dem Betriebe einer Anstalt ist es aber oft nur wünschenswerth zu wissen, ob das gereinigte Gas Kohlensäure führe oder nicht, um darnach zur Anstellung eines neuen Reinigers zu schreiten. Wir besitzen in dem Kalkwasser — einer Auflösung von gebranntem, ätzenden Kalke in Wasser — ein ausgezeichnetes Mittel die Gegenwart der Kohlensäure zu erkennen. Man bereitet sich dasselbe am Einfachsten, indem man frisch gelöschten Kalk in einen Topf bringt, das Gefäss mit Wasser anfüllt, öfter umrührt und nun das Ganze der Ruhe überlässt. Da 1 Theil gebrannten Kalks sich in 729 Thl. Wasser nach Wittstein oder in 788 Thl. Wasser nach Dalton bei gewöhnlicher Temperatur löst, so vermeide man einen zu grossen, ganz unnöthigen Ueberschuss dieses Materials. Hat der ungelöste Kalk sich nach einiger Zeit ganz zu Boden gesenkt, so schöpft man die klare Flüssigkeit auf einen Trichter und filtrirt dieselbe am besten in eine Flasche, die man alsbald, wenn sie gefüllt ist, wohl verstopft. Denn selbst die geringe Menge von Kohlensäure in der atmosphärischen Luft, deren Gehalt daran kaum 1/2 pro Mille beträgt, verursacht nach kurzer Zeit eine Trübung der Flüssigkeit, indem sich kohlensaurer Kalk als weisses Pulver in derselben ausscheidet. Es ist desshalb auch überhaupt nicht anzurathen, viel Kalkwasser auf Einmal zu bereiten, da man sich sonst öfter der Mühe unterziehen muss, dasselbe von Neuem zu filtriren.

Will man zur Prüfung des Gases schreiten, so giesst man von gut bereitetem, klaren Kalkwasser in ein kleines Wasser- oder Stengelglas und leitet mittelst eines Kautschukschlauchs das zu prüfende Gas in die Flüssigkeit. Das Ende des Kautschukschlauchs muss rein sein; oder man schiebt in denselben eine Glasspitze, die man leichter rein halten kann, wenn man die Prüfung vornimmt. Entsteht keine Trübung bei'm Durchleiten des Gases, so ist dasselbe ganz kohlensäurefrei; entsteht sie nach kurzem Durchlassen (von etwa 10—12 Blasen), so ist Kohlensäure noch in geringer Menge vorhanden; tritt sie augenblicklich ein, so ist das Gas sehr kohlensäurehaltig. Die öftere Uebung lässt selbst bei dieser Probe erkennen, ob die Quantität der Kohlensäure im Gase so gross sei, dass ein neuer Reiniger angestellt werden muss oder nicht. Gewöhnlich beträgt der Kohlensäuregehalt — um einen speciellen Fall anzuführen — 3—5 Procent, wenn 10—12 Gasblasen das Wasser nicht merklich trübten, und man die Krystalle des kohlensauren Kalkes noch vereinzelt in der Flüssigkeit schwimmen sehen konnte. Waren weniger Blasen erforderlich, eine milchige Trübung hervorzubringen, so war der Kohlensäuregehalt bedeutend grösser und das Anstellen eines neuen Reinigers unumgänglich nothwendig.

Die Menge von Kohlensäure, die das ungereinigte Gas mit sich führt, ist wohl weniger verschieden für verschiedene Holzarten, als sie es bei ein und demselben Holze ist, je nach dem Feuchtigkeitsgehalte des Destillationsmaterials und der Temperatur der Retorten. Bei meinen Untersuchungen über diesen Gegenstand, bei welchen ich mich bemühte, die eben genannten beeinflussenden Momente, möglichst gleich zu halten, erhielt ich folgende Resultate.

Folgende ungereinigte Gasarten enthielten an Kohlensäure:

Eichenholzgas . . . . 24.5   Proc.
Buchenholzgas . . . . 24.0   ,,
Birkenholzgas . . . . 22.5   ,,
Pappelholzgas . . . . 23.5   ,,
Tannenholzgas . . . . 22.0—25.0   ,,
Fichtenholzgas . . . . 22.0—25.0   ,,
Aspenholzgas . . . . 19.5   ,,
Lindenholzgas . . . . 19.5   ,,
Lärchenholzgas . . . . 21.5   ,,
Weidenholzgas . . . . 22.5   ,,

Um die Kohlensäure aus dem Gase zu entfernen benützen wir die besonders grosse Fähigkeit des gebrannten oder Aetzkalks dieselbe aufzunehmen. Die Kohlensäure wird dadurch in eine feste Form übergeführt, da wir die Vereinigung beider Körper als ein weisses, trocknes Pulver, — den bekannten kohlensauren Kalk erhalten.

Es ist aber um diesen Vorgang einzuleiten nothwendig, dass der gebrannte Kalk vorher mit Wasser verbunden — wie wir nur gewöhnlich ausdrücken abgelöscht sei. Der Aetzkalk bildet nämlich auch mit Wasser eine chemische Verbindung, die nicht halbflüssig oder breiförmig ist, wie man sich denken könnte, wenn man einen festen und flüssigen Körper zusammenbringt, sondern gleichfalls fest. Diese Verbindung ist an und für sich trocken. Sie enthält auf 28 Theile Kalk 9 Theile Wasser. Sie wird von den Chemikern als Kalkhydrat bezeichnet. Dieses Kalkhydrat oder diese chemische Verbindung aber kann dann noch weiter Wasser aufnehmen, um ein halbtrockenes Pulver zu bilden. Solches Kalkhydrat ist es, welches wir in den Reinigungsapparaten anwenden. Absolut trockner Kalk und absolut trockne Kohlensäure gehen merkwürdigerweise keine Vereinigung ein. Die Verbindung geht nur vor sich, wenn Kalk mit Wasser verbunden ist; wenn wir „Kalkhydrat" anwenden. Sie geht dann um so leichter von Statten, da der gelöschte Kalk sich in dem Zustande ausserordentlich feiner Vertheilung befindet und die Kohlensäure daher leichten Zugang zu allen Theilen hat.

Noch mehr wird die Vereinigung des Kalkes und der Kohlensäure gefördert, wenn das Kalkhydrat in Wasser suspendirt ist — wenn wir Kohlensäure und Kalkmilch zusammen bringen. Die Kohlensäure ist nämlich in Wasser leicht löslich. Sie wird desshalb in das Wasser eintreten, aber sofort durch das Kalkhydrat weggenommen werden, so dass abermals eine´ Aufnahme der Kohlensäure im Wasser erfolgen, eine abermalige Wegnahme derselben stattfinden kann. Bei Anwendung halb trocknen Pulvers geht dieser Vorgang weit langsamer. Die Vertheilung des Kalkhydrates in der s. g. Kalkmilch ist ausserdem noch weit grösser, als bei dem bloss gelöschten Kalke; die Absorption der Kohlensäure wird auch schon aus diesem Grunde eine weit schnellere, und wie wir zufügen müssen, vollständigere sein. Es liegt in der Natur der Sache, dass das Pulver des gelöschten Kalkes hie und da Vereinigungen mehrerer Theilchen zu einem Ganzen, d. h. also Knollen oder Knöllchen zeigt. Diese bedecken sich, wenn sie mit Kohlensäure in Berührung treten, ausserhalb mit kohlensaurem Kalke. Dieser Körper ist fest und crystallinisch; er erlaubt also der Kohlensäure keinen Zutritt zu dem im Innern befindlichen, noch unbenützten Kalk. In einer Flüssigkeit suspendirt, können sich keine Knöllchen von Kalk bilden; die Absorption der Kohlensäure kann gleichmässig durch die ganze Masse geschehen und damit auch aller Kalk — soferne die mechanischen Vorrichtungen nicht mangelhaft sind — ausgenützt werden. Die Erfahrung hat dann auch gezeigt, dass die Kalkmilch kräftiger wirkt, als der blos gelöschte Kalk. Wenn trotzdem ihre Anwendung in der Holzgasbereitung seltner vorkommt, so liegt dies allein an dem Umstande, dass es für die Fabriken kaum auszuführen ist, die zur Reinigung benützten Massen, die sehr übel riechen, ohne Belästigung zu entfernen.

In den meisten Fällen wird desshalb die trockene Reinigung mittelst Kalk in Anwendung gebracht, indem man schwach befeuchtetes Kalkhydrat dem Strome des ungereinigten Gases in den Reinigern aussetzt.

Die Bereitung des eben genannten Pulvers ist von grosser Wichtigkeit, so einfach sie auch scheinen mag, da, je nach der Art des Löschens, der Kalk mehr oder minder geeignet wird, seinem Zwecke zu entsprechen.

Wenn wir nämlich Kalk und Wasser zusammenbringen, so entsteht, indem sich Kalkhydrat bildet, eine starke Erhitzung. Dieselbe tritt im Allgemeinen um so rascher ein, und ist um so grösser je reiner das angewandte Material war. Wenn man Kalk mit nur so viel Wasser zusammenbringt, als derselbe aufzusaugen vermag, so nimmt die Erhitzung desselben so bedeutend zu, dass der Kalk, wie wir uns ausdrücken „verbrannt" oder „mager" geworden ist. Die Temperaturzunahme hat dann nämlich eine grob-crystallinische Form des Kalkhydrats erzeugt, die die Kohlensäure nur schwierig aufnimmt. Neben diesem Körper enthält der in der bezeichneten Weise gelöschte Kalk auch vielen Aetzkalk, der kein Wasser aufgenommen hat, folglich auch nicht zur Absorption der Kohlensäure tauglich ist. Es ist daher von Wichtigkeit die Temperaturzunahme, die bei dem Löschen entsteht, durch reichlichen Wasserzusatz nie zu hoch werden zu lassen. Man breite — wie Schilling auch bei der Beschreibung des Vorgangs schon angeführt — den frischen Kalk nicht in zu hohen Lagen aus und gebe sehr viel Wasser zu, indem der Kalk fleissig durcheinander geschaufelt wird, bis Alles in einen nicht zu nassen Brei verwandelt ist. Man schaufele die heisse Masse nicht zu schnelle auf grössere Haufen, da dies schädlich ist, und lasse dieselbe, wenn dies geschehen ist, so lange liegen, bis dieselbe abgetrocknet ist. Man sehe dann sorgfältig darauf alle Knollen möglichst zu beseitigen.

Die Masse wirft man zu diesem Behufe am Besten durch ein geneigt gestelltes Sieb, in ähnlicher Weise wie die Maurer den Sand sieben. Die Maschen desselben dürfen aber nicht zu weit sein, und die abrollenden Klümpchen werden mit der Schaufel zerdrückt. Man fährt so lange fort bis Alles durchgeworfen ist. Wenn die Masse ganz und gar kalt geworden ist, kann das Eintragen auf die Reste stattfinden; dies muss mit Behutsamkeit geschehen, damit nicht zu viel durchfällt. Die Lagen müssen möglichst gleich hoch gemacht werden, um dem Gase nicht Gelegenheit zu geben, dass es vorzugsweise an den dünneren Stellen, und damit leichter ungereinigt durchgehe. Hat man eine Krahnenvorrichtung und einzelne grosse Horden, so kann man dieselben ausserhalb des Reinigers füllen, mit einer Latte die Lage gleich machen, indem man den überschüssigen Kalk abstreicht, und dann in den Reiniger verbringen. Dass der Raum zwischen Reinigerwand und Horde mit schon gebrauchtem Kalke dicht angefüllt werden muss, um zu verhindern, dass das Gas nicht seitlich und ungereinigt passire, bedarf wohl kaum der Erwähnung.

Die Quantität von Kalk, die eine bestimmte Menge von Gas zu reinigen vermag, ist sehr verschieden.

Zunächst hängt dieselbe von der Güte des angewendeten Kalkes ab.

Der gebrannte Kalk, wie er von den Brennereien geliefert wird, enthält folgende Stoffe:

Magnesia, Kieselsäure, Thonerde, Eisenoxyd und, in höchst geringen Mengen, Spuren anderer Basen und Säuren. Von diesen Körpern ist nur der erstere — die Magnesia — zur Aufnahme von Kohlensäure geeignet. Die Magnesia zieht wie der Aetzkalk die Kohlensäure mit Begierde an sich, um sich in kohlensaure Magnesia umzuwandeln, die ein weisses voluminöses Pulver ist. Sie wirkt desshalb, wenn sie in einem Kalke enthalten ist, gerade so, wie wenn derselbe rein aus Kalk bestünde. Nach Wittstein befördert sogar die Gegenwart der Magnesia im Aetzkalke durch die feinere Vertheilung der reinen Magnesia, die ein äusserst lockeres Pulver ist, eine vollständigere Sättigung desselben mit Kohlensäure. Ein Vorkommen von Magnesia in gebrannten Kalksteinen kann daher für die Reinigung nur von Vortheil sein.

Die übrigen genannten Körper: die Kieselsäure, das Eisenoxyd, die Thonerde nehmen keine Kohlensäure auf; sie sind als die eigentlichen Verunreinigungen des Kalkes zu betrachten.

6

Die Wirkung einer bestimmten Sorte Kalkes wird nun um so stärker, und die Menge des anzuwendenden Kalkes um so geringer ausfallen, je weniger verunreinigende Bestandtheile das Material enthält. Sodann richtet sich die Menge Kalkes, die nothwendig ist, nach der Menge von Kohlensäure die das ungereinigte Gas führt. Wir haben es schon besprochen, dass dieser Betrag wechselnd sein kann, namentlich wenn das Holz, mehr oder weniger gut getrocknet, oder die Temperatur der Oefen nicht hoch genug ist. Ausserdem bedingt die Grösse und Construction, und — wenn diese richtig gewählt worden — vornemlich die Anordnung der Reinigungsapparate eine mehr oder minder grosse Quantität Kalks zur Reinigung. Der Kalk einer Horde ist noch nicht vollständig benützt, wenn das Gas schon mehrere Procente Kohlensäure zeigt. Man lässt desshalb stets das Gas durch zwei Reiniger gehen, um den ersten vollständig abzutreiben. Wo dies aber nicht stattfindet, wird jedenfalls eine grössere Quantität Kalk zur Reinigung erforderlich sein, wenn anders das Gas rein sein soll. In welcher bedeutender und nicht genug hervorzuhebender Weise die Grösse der Apparate einen entscheidenden Einfluss auf die zur Reinigung erforderliche Menge Kalks äussert, soll in dem technischen Theile noch näher erörtert werden. Es genügt hier darauf hinzuweisen.

Die Resultate, die sich in Bezug auf die Menge Kalkes ergeben, die zur Reinigung von 1000 c' Gas erforderlich sind, weichen ausserordentlich von einander ab. Es gibt Anstalten, in denen als Minimalbetrag 35 ℔ Kalk dazu erforderlich sind; die Mehrzahl bedarf zur Reinigung 60—66 ℔ Kalk.

Die Betriebsresultate einer grösseren Anstalt innerhalb eines Jahres gaben folgende monatliche Durchschnittszahlen des zur Reinigung pro Mille gebrauchten Reinigungskalks.

Es wurden verwandt:

Monat	Januar	. . . .	64.67 ℔ Kalk.
,,	Februar	. . . .	63.04 ,, ,,
,,	März	. . . .	63.20 ,, ,,
,,	April	. . . .	60.69 ,, ,,
,,	Mai	. . . .	68.46 ,, ,,
,,	Juni	. . . .	69.53 ,, ,,
,,	Juli	. . . .	77.05 ,, ,,
,,	August	. . . .	63.88 ,, ,,
,,	September	. . . .	69.31 ,, ,,
,,	October	. . . .	62.33 ,, ,,
,,	November	. . . .	69.56 ,, ,,
,,	Dezember	. . . . . .	66.93 ,, ,,

Im Mittel also 66.55 ℔ Kalk.*)

Die grosse Verschiedenheit der Angaben des Verbrauchs von Kalk zur Reinigung sind auffallend genug, um die Sache noch näher zu untersuchen.

Da der Reinigungsprozess ein chemischer Vorgang ist, und die Menge von Kalk, die eine bestimmte Menge Kohlensäure aufzunehmen vermag, eine unabänderliche Grösse ist, so wollen wir es zunächst versuchen aus einer theoretischen Berechnung die Menge von Kalk abzuleiten, die ein Gas bedarf, wenn es seine bestimmte Procentzahl Kohlensäuregehalts aufweist.

Wenn sich die Kohlensäure mit dem Aetzkalke verbindet, so nehmen stets 28 Gewichtstheile des letzteren 22 Gewichtstheile Kohlensäure auf.

---

*) Wenn die Sommermonate einen grösseren Verbrauch an Kalk ergeben, so rührt dies daher, dass der Kalk etwas schlechter war; vornemlich aber daher, dass im Winter das warme von dem Reiniger kommende Gas gemessen wurde, ohne dass sein Volum entsprechend der Wärme corrigirt worden wäre.

Angenommen z. B. ein ungereinigtes Holzgas führe 25 Proc. Kohlensäure (wie dies gewöhnlich der höchste Betrag ist) so sind zur Herstellung von 1000 c′ reinen Gases

$$75 \; : \; 100 \; = \; 1000 \; : \; x$$
$$x \; = \; 1333,$$

also 1333 c′ ungereinigtes Gas erforderlich, die 333 c′ Kohlensäure enthalten.

Nun wiegen 1000 CCentimeter Kohlensäure bei 0° und 760 MM. = 1.9664 Grammen.*)
1 Cub.-Meter = 35.32 c′ engl., sonach 1966.4 Grammen, oder
10 c′ engl... = 556 Grammen = 1.112 ℔.

Die eben angeführten 333 c′ engl. Kohlensäure wiegen demnach = 37.03 ℔ Zollgewicht.

Da nun stets 22 Gewichtstheile Kohlensäure sich mit 28 Gewichtstheilen Kalk vereinen, so werden
37.03 ℔ Kohlensäure = 47.13 ℔ Kalk

zur Wegnahme derselben erfordern.

In gleicher Weise lässt sich nach der Theorie berechnen, dass wenn ein Gas
18 Proc. Kohlensäure führt = 31.13 ℔ Kalk zur Reinigung von 1000 c′ erforderlich sind;
20 ,,   ,,   ,,   = 35.37 ,, ,, ,, ,, ,, 1000 c′   ,,   ,, ;
22 ,,   ,,   ,,   = 39.00 ,, ,, ,, ,, ,, 1000 c′   ,,   ,, .

Diese Zahlen differiren auffallend mit den Zahlen der Betriebsresultate.

Die Ursache einer Differenz kann zunächst darin liegen, dass die obige Rechnung ein chemisch reines Product voraussetzt. Obwohl Kalke von 98, sogar 99 Proc. reinem Aetzkalke vorkommen (so z. B. bei Ulm an einigen Orten, bei Oppenheim etc.) so ist dies doch sehr selten. Die gewöhnlichen Kalksorten enthalten, neben fremden Beimengungen, wie z. B. Steine etc. die bereits erwähnten Verunreinigungen in ihrer Masse, meist zum Betrage bis zu 10 Procenten.

Nehmen wir an, dass ein solcher Kalk (nach Abzug der Steine) auch 10 Proc. verunreinigende Bestandtheile in seiner Masse enthielte (obwohl auch schlechtere Kalksorten noch mehr davon enthalten), so würden nach oben angeführter Rechnung bei einem Procentgehalt von

18 % Kohlensäure . . . . . 32.2 ℔ Kalk;
20 ,,   ,, ... 38.9 ,, ,,
22 ,,   ,, ... 42.9 ,, ,,
25 ,,   ,, ... 51.8 ,, ,,

zur Reinigung von 1000 c′ Gas erforderlich sein. Es bleiben dann immer noch, wenn wir 66 ℔ Kalk pro Mille per Reinigung gebrauchen und das Gas stets 25 % Kohlensäure enthielte, 14 ℔ Kalks unbenützt, die einem Verluste von 25 Proc. entsprechen.

Es darf aber hier nicht unerwähnt bleiben, dass nie aller Kalk bei der trocknen Reinigung Kohlensäure aufnimmt. Je nach der Art des Löschens enthält der gelöschte Kalk verschiedene Mengen noch ungelöschten Kalkes. Diese nehmen durchaus keine Kohlensäure auf. Dieser Betrag lässt sich zwar durch gehöriges Löschen des Kalkes verringern, aber nie ganz vermeiden, weil jeder gelöschte Kalk ungelöschten Aetzkalk enthält. Die Folge davon ist, dass wir eine grössere Quantität Kalk zur Reinigung gebrauchen, als nöthig ist. Auch nimmt gelöschter Kalk Stoffe aus dem Gase auf, die ihn dann verhindern Kohlensäure zu absorbiren. Wenn wir den letzteren Vorgang, der unwesentlich ist, bei der Berechnung ausser Acht liesen, so geschehe dies darum, weil ja auch nicht alle Kohlensäure aus dem Gase entfernt wird, sondern meist 1—2 Procent dieses Körpers im gereinigten Gase verbleiben.

---

*) Bunsen's gasometrische Methoden Seite 304.

Eine grosse Anzahl von Reinigungskalken habe ich einer chemischen Analyse unterworfen, deren Resultate ich nicht in extenso mittheilen will. Eine Analyse, die mein Bruder Dr. Th. Reissig ausgeführt hat, gab für einen gebrauchten Reinigungskalk folgende Zusammensetzung:

Kohlensaurer Kalk	69.16	Proc.
Kohlensaure Magnesia	5.60	,,
Freien Aetzkalk ($C_a O$)	9.90	,,
Eisenoxyd und Thonerde . . .	3.82	,,
Kieselsäure	3.56	,,
Flüchtige organ. Substanzen . .	1.75	,,
Wasser	5.99	,,
	99.78	,,

Im Uebrigen mag die Mittheilung genügen, dass ich — als geringste Menge — in einem Reinigungskalke nur 42.1 Proc. wirklichen kohlensauren Kalk gefunden habe; in einem anderen 56.4 Proc.; in wieder anderen 68.0—72.7 Procente. Die analysirten Kalke enthielten — wie ich noch zufügen muss — nicht über 10 Proc. fremde Beimengungen. Im ersteren Falle beträgt der Verlust daher beinnahe 50 Proc., während er in letzterem bis auf 25 Proc. heruntersinkt. Ich glaube mich nicht zu irren, wenn ich anfüge, dass bei trockner Reinigung nur in seltnen Fällen eine bessere Ausnützung erfolgt.

Die Kostspieligkeit der Reinigung des Gases mit Kalk; die Beschwerlichkeiten beim Füllen und Entleeren so grosser Reiniger; die Uebelstände, die daraus hervorgehen, dass grosse Mengen gebrauchten Kalkes ohne weitere Verwendung als zur Trockenlegung von Wiesenflächen im Fabrikhofe lagern bleiben, und wegen ihres üblen Geruchs und des vielfachen Verstaubens für die Nachbarschaft belästigend sind — haben schon viele Bemühungen veranlasst zu einer anderen und besseren Reinigungsmethode des Gases zu gelangen.

Es wäre ohne Zweifel der wichtigste Dienst, der der Holzgasindustrie geleistet würde, wenn es gelänge eine Masse herzustellen, die einer fortdauernden Regeneration fähig wäre — in ähnlicher Weise wie wir sie in der Laming'schen Masse bei der Steinkohlengasbereitung besitzen — und die dabei nicht zu kostspielig wäre.

Die Bemühungen in diesem Sinne, den Kalk, der aus den Reinigern genommen worden, durch Brennen wieder tauglich zu machen, sind aber bis jetzt, weil erfolglos, wieder aufgegeben worden. In den meisten Fällen ist ein solcher Kalk nicht wieder brennbar; es scheint darum, weil er, ausser wirklichem kohlensaurem Kalke eine nicht unbeträchtliche Menge Aetzkalkes enthält, die bei dem Glühen mit kohlensaurem Kalke in den halb kohlensauren Kalk überzugehen scheint. Diese Verbindung, die uns unter dem Namen „todtgebrannter Kalk" bekannt ist, vermag sich weder zu löschen, noch Kohlensäure aufzunehmen. Allerdings gelingt es aber einen reinen kohlensauren Kalk, selbst in dem Zustande der feinen Vertheilung, in welcher er sich befindet, wieder zu brennen, namentlich wenn Wasserdampf oder Luft während des Glühens über denselben geleitet wird. Dies ist aber für die Gasanstalten eine umständliche und missliche Sache. Führt man das Brennen in den Retorten aus, so leiden diese sehr noth. Man überlässt es daher lieber den Kalkbrennern für frisches Material zu sorgen, als dass man den Reinigungskalk wieder zu brennen versuchte.

Von anderen Körpern, die technisch geeignet wären, Kohlensäure aufzunehmen, sind zwar Baryt ($B_a O$), Zinkoxyd ($Z_n O$) und Bleioxyd ($P_b O$) in der Praxis versucht worden. Sie sind aber zu theuer und darum ihre Anwendung unthunlich, weil beim Füllen und Entleeren der Reiniger stets ein Theil des Materials verloren geht. Es würde hier zu weit führen aller der Versuche zu gedenken, die noch unternommen worden sind, um eine billigere Reinigung zu erfinden. Ich kann nur zufügen, dass bei der verhältnissmässig grossen Billigkeit des Kalkes, der leichten Beschaffung dieses Materials u. s. w. jedem Falle eine andere Art der Reinigung nur wenig Aussicht auf Erfolg haben kann.

Neben der Kohlensäure finden sich im ungereinigten Holzgase noch andere Körper, deren hier Erwähnung geschehen muss. Es sind diess keine wirklichen Gasarten, sondern diese Stoffe bleiben durch die Mitwirkung permanenter Gase als Dämpfe im Gase enthalten. Die Menge derselben ist nicht unbedeutend; von Erheblichkeit kann aber allein des Vorkommens der Essigsäure und des Kreosots gedacht werden.

Die erstere kann, wenn Condensator, Wascher und Exhaustor in gutem Stande sind, kaum bis zu den Reinigungsapparaten gelangen. Dort wird sie jedenfalls, da sie sich leicht mit Aetzkalk vereinigt, zurückgehalten. Genaue Untersuchungen lassen darüber keinen Zweifel, dass sie nicht im gereinigten Gase vorkommt. Das Kreosot aber, welches eigentlich nicht schädlich zu nennen ist, da es die Leuchtkraft eines Gases bei seiner Verbrennung erhöht, lässt sich noch, freilich nur in sehr geringen Spuren nach den Reinigern nachweisen. Seine Verwandtschaft zu dem pulverförmigen Kalke, wie wir ihn in die Reiniger bringen, ist nicht gross; die Verbindung des Kreosots mit dem Kalke wird sogar wieder durch die schwache Kohlensäure zerlegt. Leider besitzen wir kein passendes Mittel das Vorkommen des Kreosots im ungereinigten Gase zu beseitigen. Es würde dies nicht unwichtig sein. Das Wasser aus den Waschern, das aus den Exhaustoren, und der Reinigungskalk haben einen unerträglichen, die Augen angreifenden Geruch, der für die Arbeiter nicht allein höchst lästig ist, sondern auch ihre Augen in Gefahr bringt. Das Kreosot scheint die Hauptursache dieser Uebelstände zu sein; es wäre daher sehr wünschenswerth dasselbe auf eine bessere, unschädliche Weise entfernen zu können.

Drittes Capitel.

Die Anwendung des Gases.

Die Bedingungen der Entstehung des Lichtes im Allgemeinen und speciell der Gasflamme. Chemische Vorgänge in einer brennenden Leuchtgasflamme. Die drei Theile einer solchen. Diese sind entsprechend der in denselben vorgehenden chemischen Veränderungen verschieden. Schilderung derselben. Die frühere herrschende Ansicht über die Natur des Leuchtens einer Flamme ist nach neueren Forschungen theilweise irrig. Der aus den schweren Kohlenwasserstoffen stammende Kohlenstoffgehalt des Gases verbrennt bei Zusammentritt mit Luft eher, als der aus dieser Zersetzung resultirende Wasserstoff. Die verdünnenden Bestandtheile, verglichen in Bezug auf die Temperaturerhöhung, die sie bei ihrer Verbrennung geben. Gründe, wesshalb wir die auf Erreichung der höchst möglichen Temperatur der Flamme berechnete Luftmenge nicht zuführen dürfen. Die Ausströmmungsöffnung muss bei den verschiedenen verdünnenden Bestandtheilen eines Leuchtgases verschieden sein, weil sie ungleiche Mengen von Luft verbrauchen. wie die Verbrennung des Gases auch stattfinden möge. Der Antheil der Verbrennungsproducte des Gases an dem Vorgange der Lichtentwicklung ist bis jetzt noch wenig berücksichtigt worden. Die Wirkung der hierbei gebildeten Kohlensäure und des Wasserdampfs ist der Wirkung der Luft gleich zu achten. Mechanische Factoren bei dem Verbrennungsprozesse des Gases. Relation zwischen Druck, specifisches Gewicht und Brenneröffnung bei gleicher Zusammensetzung der Gase. Anwendung des Erörterten auf Holzgas. Gründe, warum namentlich der Druck nicht verstärkt werden darf. Die Weite der Brenneröffnung muss bei Holzgas grösser sein. Angabe einer sehr zweckmässigen Weite einer solchen für Tannenholzgas von mittlerer Zusammensetzung. Verschiedene Brennersorten. Dieselben sind entsprechend den Steinkohlengasbrennern, und dienen zu ähnlichen Zwecken der Beleuchtung. Vergleichung der Lichthelle bei entsprechendem Consumo zwischen Holz- und Steinkohlengas nach Liebig und Steinheil. Die vortheilhafteste Benützung des Holzgases muss durch einen geeigneten Druck von der Anstalt aus gefördert werden. Dieser wird durch die Höhenlage des Rohrsystemes, durch die Veränderungen des Consumos modificirt. Begegnung dieser Verhältnisse durch eine gleiche Weise wie bei Steinkohlengas. Vorurtheile gegen die Holzgasbeleuchtung. Steigen der Holzpreise durch Einführung derselben findet nicht statt. Die Explosionsgefährlichkeit desselben. Wesen der Explosion. Massregeln zur Verhütung derselben. Schädlichkeit des Holzgases bei Entweichungen. Der vermeintliche schädliche Einfluss auf die Gesundheit solcher Personen, die sich in mit Holzgase erleuchteten Räumen aufhalten. Berechung der dabei entstehenden Kohlensäuremengen und Nachweis der Unschädlichkeit derselben. Holzgas enthält nie Schwefel oder schwefelhaltige Verbindungen. Die früher gerühmten desfallsigen Vorzüge vor Kohlengas sind zum grössten Theile illusorisch. Holzgas ist nicht kostspieliger, sondern billiger bei gleicher Lichthelle, als andere Leuchtmaterialien. Vergleichung der Leuchtkraft verschiedener Holzgase. Die Anwendung zum Heizen und Kochen geschieht nur sehr selten. Mittheilung kleiner Versuche über den Verbrauch von Gas zum Erhitzen des Wassers.

Die Entstehung des Lichtes ist, wie wir wissen, stets an die Gegenwart eines festen Körpers geknüpft, der durch eine hohe Temperatur zum Glühen gebracht wird. Die Gasarten, selbst wenn sie der grössten Hitze ausgesetzt sind, leuchten an und für sich nicht, weil ihre Dichtigkeit ausserordentlich gering ist.

Das Licht, welches uns eine Gasflamme spendet, rührt daher auch nicht unmittelbar von dem Glühen des Gasgemisches her. In einer brennenden Leuchtgasflamme ist, wie wir uns erinnern, derjenige Kohlenstoff der Träger des Lichtes, der sich in freiem und glühenden Zustande in deren Flammenkörper befindet.

Dieser Kohlenstoff stammt von der Zersetzung der s. g. schweren Kohlenwasserstoffe her. Das ölbildende Gas (Aethylen), das Propylen, das Butylen, das Benzol u. s. w. zerfallen, wenn sie einer hohen Temperatur ausgesetzt werden: in Kohlenstoff, der sich in fester Form ausscheidet, und in leichtes Kohlenwasserstoff- oder Grubengas. In Weissglühhitze wird auch das letztere Gas in Kohlenstoff und Wasserstoffgas zerlegt.

Die Menge des sich ausscheidenden Kohlenstoffs und, damit im Zusammenhange, die Lichtentwicklung einer Flamme, ist indessen nicht direct aus der Menge der schweren Kohlenwasserstoffe abzuleiten, die das zur Verbrennung kommende Gas enthält. Es scheiden zwar bestimmte Mengen gewisser schwerer Kohlenwasserstoffe immer eine constante Menge von Kohlenstoff in höherer Temperatur aus; wir können aber, je nach der Art und Weise wie wir die Verbrennung leiten, die Ausscheidung des Kohlenstoffs in vielen, veränderlichen Grössen stattfinden lassen; wir können sie sogar auch ganz und gar vernichten. Ohne die speciellen hierher gehörigen Thatsachen alle mitzutheilen, die wir, des Zusammenhanges wegen, erst später erörtern wollen, darf ich als einzigen Beleg anführen, dass, wenn wir z. B. irgend ein Gas aus einer engen Oeffnung unter einem sehr hohen Drucke in der Atmosphäre brennen lassen, dessen Leuchtkraft fast gänzlich aufgehoben wird.

Unser Bestreben geht aber nur dahin, aus einer gegebenen Gasmenge die grösst mögliche Lichtentwicklung zu erzielen. Wir müssen desshalb einen Augenblick dabei verweilen die Ursachen näher zu erforschen, die für eine möglichst reichliche Lichtentwicklung die günstigsten sind.

In dieser Beziehung haben wir ohne Zweifel zuerst die chemischen Vorgänge in einer brennenden Gasflamme zu erörtern. Da die Verbrennung ein rein chemischer Vorgang ist, der freilich unter Abhängigkeit von den Druckverhältnissen, unter welchen das Gas ausströmt, von der Weite der Brenneröffnung und dem specifischen Gewichte des Gases steht, so ist nothwendigerweise zuerst die chemische Seite dieser Vorgänge zu erörtern, damit wir dann die Einwirkung der genannten Momente würdigen können.

Wenn wir eine Gasflamme näher betrachten, so finden wir an derselben drei Theile. Der äussere Mantel, „der Schleier“ ist durchsichtig und von blassblauer Farbe. Hinter demselben befindet sich der mittlere, undurchsichtige, leuchtende Theil, dessen Farbe von blendendem Weiss nach Innen zu mehr und mehr in Roth übergeht. Den innersten und untersten Theil der Flamme bildet ein kurzer, durchsichtiger Kegel, dessen Temperatur so niedrig ist, dass sich selbst leichtentzündliche Körper wie z. B. Schiesspulver hinein halten lassen, ohne entzündet zu werden.

Diese drei Theile der Flamme sind entsprechend den in ihnen chemischen, stattfindenden Vorgängen verschieden.

Die Verbrennung des Gases geht durch den Sauerstoffgehalt der Luft vor sich, der in unmittelbarer Berührung mit dem Gasgemische, in dasselbe eintritt. Die Verbrennung ist daher am Intensivsten an der Oberfläche des Gastroms. Da der Sauerstoff aber dadurch zum grössten Theile weggenommen wird, so gelangt nur ein kleiner Theil zu dem dem Schleier zunächst liegenden leuchtenden Theile und im Inneren dieses kann keine Verbrennung mehr stattfinden. Die Hitze, die von der Verbrennungszone im Schleier herrührt, ruft indessen im Innern der Flamme eine andere uns bekannte Zersetzung der schweren Kohlenwasserstoffe in Kohlenstoff, der sich in unendlich feiner Vertheilung ausscheidet, und in leichtes Kohlenwasserstoffgas hervor. Der bei diesem Vorgange gebildete und glühende Kohlenstoff ist die Ursache der Lichtentwicklung; aber auch das dabei entstehende Grubengas wird in der Weissglühhitze in Kohlenstoff, der zur Lichtentwicklung beiträgt, und Wasserstoff zerlegt.

Man dachte sich desshalb früher den Vorgang bei der Verbrennung des Gases in der Weise, dass man annahm: die Hitze bewirke eine Zersetzung der schweren Kohlenwasserstoffe und des Grubengases vollständig in Kohlenstoff und Wasserstoff, und in dem aus der Zersetzung resultirenden Gasgemische gelange der Wasserstoff zuerst, und dann erst der Kohlenstoff zur Verbrennung. Die neueren Untersuchungen von Erdmann, Kersten*) u. s. w. haben dargethan, dass diess nicht der Fall ist. Vielmehr ist es nun erwiesen, dass der freie, durch die Hitze ausgeschiedene Kohlenstoff eher verbrennt als der Wasserstoff. Dann erst, indem er sich dem sauerstoffreichen Schleier nähert, verbrennt er zu Kohlenoxyd und hauptsächlich während dieser Verbrennung leuchtet er.

Dies Leuchten ist desto stärker, je lebhafter die Verbrennung ist, so wie Kohle, die in einem Luftstrome verbrennt, immer stärker leuchtet, je heftiger derselbe ist. In dem Schleier selbst verbrennen dann das aus dem Kohlenstoffgehalte der schweren Kohlenwasserstoffe gebildete Kohlenoxyd mit Wasserstoff zugleich. Dass dieser Schleier am untersten Theile der Flamme noch einen nicht leuchtenden Mantel bildet, ist sehr natürlich, weil da die ganze Masse des Gases noch zu kalt ist, als dass in einiger Entfernung von dem Feuersaume ein, wenn auch nur schmaler Ring, so weit erwärmt wird, dass ein Ausscheiden von Kohlenstoff aus den schweren Kohlenwasserstoffen erfolgen könnte. Die Temperatur der Flamme nimmt aber nach oben stark zu, und daher ist der leuchtende Theil, in welchem der Kohlenstoff durch die Hitze verschieden wird, unten eine ganz dünne Hülle des dunkeln Kegels, welcher aus noch ganz unzersetztem Gase besteht. Weiter oben aber, wird die Temperatur, bei der die Kohlenwasserstoffe in Kohlenstoff und Wasserstoff zerfallen, sich bis in die Mitte erstreckt, erfüllt er das ganze Innere, so dass man hier eine intensiv leuchtende Flamme hat.

Die Ausscheidung dieses Kohlenstoffs aus den schweren Kohlenwasserstoffen ist zunächst also eine Folge der hohen Temperatur, und je intensiver diese ist, um so stärker dies Leuchten der glühenden Kohlentheilchen. An dieser Temperaturzunahme haben aber die verdünnenden Bestandtheile des Gases: das leichte Kohlenwasserstoffgas, der Wasserstoff und Kohlenoxyd den grössten Antheil, da sie die Hauptmasse des Gases ausmachen.

Von den drei genannten Gasarten entwickeln, und wenn sie mit Luft verbrennen.**)

1 c′ Leichtes Kohlenwasserstoffgas eine Wärme, welche hinreicht 5 Pfund 14 Unzen Wasser
von 0⁰ auf 100⁰ Cels. zu erhitzen;

1 c′ Wasserstoffgas eine Wärme, welche hinreicht 1 Pfund 13 Unzen Wasser
von 0⁰ auf 100⁰ Cels. zu erhitzen;

1 c′ Kohlenoxydgas eine Wärme, welche hinreicht 1 Pfund 14 Unzen Wasser
von 0⁰ auf 100⁰ Cels. zu erhitzen.

Eine Vergleichung dieser Angaben zeigt, dass das leichte Kohlenwasserstoffgas einen mehr als dreimal so grossen absoluten Wärmeffect besitzt, als jedes der beiden anderen Gase. Der Wärmeffect dieser beiden ist ferner nahezu der gleiche. Um die Temperatur einer Flamme zu erhöhen, erscheint sonach der leichte Kohlenwasserstoff als der geeignetste Körper.

Die Erreichung der höchst möglichen Temperatur, die wir aus den verdünnenden Bestandtheilen erhalten wollen, setzt aber ferner voraus, dass nur eine gewisse, ganz genau bestimmte Menge von Luft zum Gase trete. Dieselbe darf nämlich nicht grösser oder kleiner sein, als gerade zur Verbrennung nothwendig ist. Eine geringere Menge wird den Nachtheil haben, die Verbrennung unvollständig zu

---

*) Journal für Gasbeleuchtung. März und Aprilheft 1862.
**) Annalen der Chemie und Pharmacie von Wöhler, Liebig und Kopp. Bd. 82 Seite 8.

machen; eine grössere wird eine Temperaturerniedrigung der Flamme herbeiführen, da die überflüssige und unverbrannt entweichende Luft eine Menge von Wärme aufnimmt und dieselbe unbenutzt entführt. Aber die Verbrennung des Gases dürfen wir nicht in dieser allein zur Erhöhung der Temperatur berechneten Weise stattfinden lassen. Wollten wir der Flamme die zur vollständigen Verbrennung dienende Luftmenge auf einmal zuführen, so würden wir dadurch die Leuchtkraft zerstören, weil, wie wir wissen, der Sauerstoff vornemlich an den ausgeschiedenen Kohlenstoff tritt. Wir müssen sie also dahin abändern, dass die zutretende Luft, in beschränktem Maase zugeführt, nur eben hinreicht, einen so grossen Theil der verdünnenden Bestandtheile zu verbrennen, dass durch die entstehende Wärme der höchst mögliche Betrag an Kohlenstoff aus den schweren Kohlenwasserstoffen ausgeschieden wird und längere Zeit in der Flamme schwebend bleibt. Schlüsslich muss aber die Verbrennung der nicht leuchtenden Gase, wie der lichtgebenden eine vollständige sein.

Die Luftmenge, welche zur vollständigen Verbrennung eines jeden der verdünnenden Bestandtheile nöthig ist, können wir leicht berechnen:

1 Volumen leichtes Kohlenwasserstoffgas ist verdichtet aus:

$\frac{1}{2}$ Volumen Kohlenstoffdampf $+$ 2 Volumen Wasserstoff.

Dem entsprechend sind:

2 Volumen Sauerstoff $=$ 10 Volumen Luft zur Verbrennung nöthig.

1 Volumen Wasserstoffgas hat:

$\frac{1}{2}$ Volumen Sauerstoff $= 2\frac{1}{2}$ Volumen Luft zur Verbrennung nöthig.

1 Volumen Kohlenoxydgas ist verdichtet aus:

$\frac{1}{2}$ Volumen Kohlenstoffdampf und $\frac{1}{2}$ Volumen Sauerstoff.

Dem entsprechend sind:

$\frac{1}{2}$ Volumen Sauerstoff $= 2\frac{1}{2}$ Volumen Luft zur Verbrennung nöthig.

Demnach gebraucht das leichte Kohlenwasserstoffgas am Meisten Luft zu seiner Verbrennung und zwar die vierfache Menge derjenigen Quantität, die zur Verbrennung von Wasserstoff oder Kohlenoxyd ausreichend sind.

Nehmen wir diese Verhältnisse im umgekehrten Sinne und damit an, dass nur eine bestimmte Menge von Luft zu jedem der unter völlig gleichen Umständen ausströmenden Gase treten könnte, so ist es wohl einleuchtend, dass die Oberfläche eines beliebigen Strahls von leichtem Kohlenwasserstoffe viermal kleiner und der Gasstrom entsprechend viel dünner sein muss, ehe er vollständig verbrennt, als ein ebenso grosser Strahl von Kohlenoxyd und Wasserstoffgas.

Dieses Verhältniss erklärt es auch (theilweise wenigstens) warum Holzgas weitere Brenner-öffnungen verlangt, als Steinkohlengas. Das letztere enthält beträchtlich mehr leichtes Kohlenwasserstoffgas als das erstere, in welchem statt diesem ein grosser Gehalt an Kohlenoxydgas gefunden wird. Ist ein Strahl von Holzgas so dünne wie ein Strahl von Steinkohlengas, so wird die Luft denselben rascher vollständig verbrennen, so zwar, dass dieselbe unmittelbar auch den ausgeschiedenen Kohlenstoff wegnehmen, und dadurch das Leuchtvermögen aufheben kann.

Wenn wir also, nach dem Gesagten, aus Holzgas die höchst mögliche Lichtentwicklung erzielen wollen, so müssen wir die Ausströmungsmenge des Gases entsprechend seiner chemischen Zusammensetzung reguliren, und daher die Anwendung zu dünner Gasströme vermeiden.

Es sei hier aber noch auf einen Umstand aufmerksam gemacht, der bis jetzt noch wenig berücksichtigt worden ist. Die Verbrennungsproducte, die wir aus den verdünnenden Bestandtheilen des Leuchtgases erhalten, bestehen aus Kohlensäure und Wasserdampf.

7

Es liefert nämlich:

1 Volumen leichtes Kohlenwasserstoff $=$ 1 Volumen Kohlensäure und 2 Volumen Wasserdampf;

1   ,,   Wasserstoffgas $=$ 1   ,,   ,,

1   ,,   Kohlenoxydgas $=$ 1 Volumen Kohlensäure.

Diese gebildeten Verbrennungsproducte, die in unmittelbarer Nähe desjenigen Kohlenstoffs entstehen, der frei in der Flamme schwebt, diffundiren wir nach der äusseren Luft, so auch nach dem Innern des Flammenkörpers, der den glühenden Kohlenstoff birgt. Tritt nun derselbe mit Kohlensäure oder auch mit Wasserdämpfe in Berührung, so ist die unmittelbare Folge die, dass er in Kohlensäure übergeführt wird, die nicht leuchtet. Die Ursache dieser Erscheinung liegt in dem Sauerstoffgehalte der beiden genannten Körper, der wie freier Sauerstoff wirkt. Wir wissen wie schädlich ein solcher für die Luftentwicklung einer Flamme ist. Keine Flamme leuchtet desshalb auf ihrer Oberfläche, im s. g. Mantel, denn hier ist so viel freier Sauerstoff vorhanden, dass der Kohlenstoff verbrennt, ehe er zum Erglühen gelangt. Vertheilt man eine gewisse Menge Sauerstoff in ganze Flammenkörper gleichmässig, z. B. dadurch, dass man das Gas vor seiner Entzündung mit Luft mengt, oder bläst man die erforderliche Luft in einen Flammenkörper, so verschwindet die Leuchtkraft vollständig, weil aller Kohlenstoff, der sonst durch die Hitze der Flamme in ihrem Innern weissglühend wird, und so lange er keinen Sauerstoff zu seiner Verbrennung findet, verbrennt, ehe er ausgeschieden und glühend werden kann.

Wie der Sauerstoff der atmosphärischen Luft, wirkt auch der Sauerstoff der Kohlensäure; denn Kohlensäure mit einem dunkelroth glühenden Kohlenstoff in Berührung wird zu Kohlenoxyd, indem sie die Hälfte ihrer Sauerstoffe aus der Kohle abgibt, und diese gleichfalls zu Kohlenoxyd umwandelt. Die Schädlichkeit eines Kohlensäuregehalts für die Leuchtkraft der Gase erklärt sich hieraus, und hat sich dieser Einfluss beim Holzgase als den kohlensäurereichsten auch am Meisten bemerklich gemacht.

In ganz gleicher Weise, wie die Kohlensäure, wirkt auch der im Wasser gebundene Sauerstoff. Kommt derselbe mit glühendem Kohlenstoff in Berührung, so führt er denselben in Kohlenoxyd über und Wasserstoff wird frei. Beide Gase zeigen, wie bekannt, nur eine äusserst schwache Leuchtkraft.

Wir haben bisher nur die chemischen Vorgänge in einer Flamme betrachtet, die, wie wir sahen, zunächst von der chemischen Zusammensetzung des zur Verbrennung gelangenden Gases abhängen. Es lassen sich dieselben zwar wohl namhaft machen, jedoch nicht unter einem mathematischen Gesichtspunct zusammenfassen, so lange speciell dieser Gegenstand für Holzgas keine genaueren Untersuchungen gefunden, wie diese für Steinkohlengas vorliegen. Sie geben uns indessen Winke und Anhaltspunkte genug, die Verbrennung in der richtigen Weise zu leiten. Um dies ganz thun zu können, müssen wir nun noch die Einwirkungen betrachten, die aus verschiedener Weite der Brenneröffnung, dem Drucke, unter welchem das Gas ausströmt, und dem specifischen Gewichte des letzteren resultiren und sich gegenseitig theilweise compensiren.

Diese rein mechanische Seite dieser Vorgänge hat Schilling in sehr klarer Weise dargelegt*).

Bezeichnet

                  Q   irgend eine Ausströmungsmenge

                  a   irgend einen Ausströmungsquerschnitt

                  v   die Ausströmungsgeschwindigkeit,

so ist allgemein

$$Q = a. \, o.$$

d. h. die Ausströmungsmenge ist gleich dem Ausströmungsquerschnitte, multiplicirt mit der Geschwindigkeit.

Für v hat man ferner den bekannten Ausdruck

$$v = \sqrt{2 \, g \, h}$$

wo h die Fallhöhe und g die Acceleration bezeichnet.

---

*) Journal für Gasbeleuchtung. Jahrgang 1861, Seite 152 etc.

Die Fallhöhe lässt sich auch durch die Manometerhöhe, d. h. durch die Höhe der Flüssigkeitssäule, die dem Gase das Gleichgewicht hält, und durch das specifische Gewicht ausdrücken; und zwar ist, wenn man den sich ergebenden Coefficienten — der für unseren Zweck gleichgültig ist — mit M bezeichnet:

$$h = M \frac{h'}{s}$$

h' = Druck am Manometer
s = Specifisches Gewicht des Gases.

Durch Substitution und Einschliessung alles Constanten in den Coefficienten M' erhält man also

$$Q = M' \, a \sqrt{\frac{h'}{s}}$$

d. h. die Gasmenge, welche durch einen Brenner geliefert wird, ist direct proportional dem Querschnitte der Brenneröffnung, direct proportional der Quadratwurzel aus dem Drucke, und umgekehrt proportional der Quadratwurzel aus dem specifischen Gewichte.

Oder:

Weite Brenneröffnungen, hoher Druck und geringes specifisches Gewicht befördern die Gasausströmung; enge Brenneröffnungen, geringer Druck und hohes specifisches Gewicht beschränken dieselbe.

Brenneröffnung und Druck wirken parallel; Brenneröffnung und specifisches Gewicht, so wie Druck und specifisches Gewicht einander entgegengesetzt.

Zur Erzielung einer Flamme mit bestimmten Gasconsum kann man bei gleichem specifischen Gewichte die Brenneröffnung vergrössern und den Druck verringern, oder umgekehrt;

bei gleichem Druck die Brenneröffnung vergrössern und ein Gas vom höherem specifischen Gewichte nehmen, oder umgehrt;

bei gleichen Brenneröffnungen den Druck verstärken, und ein Gas von höherem specifischen Gewichte wählen, oder umgekehrt;

Oder:

Bei gleichem specifischen Gewichte entspricht dem weiteren Brenner ein schwächerer Druck, dem engeren Brenner ein strärkerer Druck;

bei gleichem Druck entspricht dem schwereren Gas ein weiterer Brenner, dem leichteren Gas ein engerer Brenner;

bei gleichen Brenneröffnungen entspricht dem schwereren Gas ein stärkerer Druck, dem leichteren ein geringer Druck.

Wenden wir die eben festgestellten Sätze auf Holzgas an, das, aus chemischen Gründen, weite Brenneröffnungen verlangt, und ein hohes specifisches Gewicht besitzt, so hätten wir darnach nur noch die zweckmässigste Druckhöhe zu finden.

In dieser Beziehung müssen wir noch bemerken, dass der Druck, den wir anwenden können, nicht beliebig verstärkt oder verringert werden kann. Die Benützung desselben zu diesem Zwecke unterliegt einer Beschränkung aus folgender Ursache. Jeder Gasstrom reibt sich an der atmosphärischen Luft, und die Luft dringt in gewissem Maase in denselben hinein. Uebersteigt diese Mischung einen gewissen Grad, so wird sie — wie erst kurz erörtert — für die Lichtentwicklung schädlich. Dieser Umstand wird umsomehr empfunden, da schwereres Gas sich mehr mit der umgebenden Luft reibt, und desshalb leichter eine bedeutende Beimischung derselben erfährt, als ein leichteres.

Auf diese wichtige Thatsache hat auch Herr Professor Pettenkofer ausdrücklichst verwiesen, indem er sagte:*) „Damit die Mischung mit Luft nicht einen der Leuchtkraft schädlichen Grad erreiche, muss die Ausströmungsöffnung an den Brennern bei Holzgas wesentlich breiter sein als bei Steinkohlengas."

---

*) Journal für Gasbeleuchtung. Jahrgang 1859, Seite 10.

Es ist desshalb bei Benützung des Holzgases, ausser der entsprechend weiten Brenneröffnung nur ein geringer Druck anzuwenden. Erfahrungsgemäss darf derselbe nie höher als 4‴ Wasserhöhe genommen werden.

Die verschiedenen Brennersorten, die wir bei Benützung der Steinkohlengas aus von Darstellung von Schilling Seite 64 etc. etc. kennen gelernt haben, sind auch bei Holzgas in Anwendung; doch lassen sich aus den erörterten Gründen Steinkohlengasbrenner nicht unmittelbar für Holzgas verwenden.

Der wesentlichste Punct, in welchem sich beide unterscheiden, ist die Brenneröffnung, die bei Holzgas immer viel weiter sein muss, als bei Steinkohlengas.

Es wäre eine sehr dankbare Aufgabe, die Grösse derselben für alle Brennersorten, und für alle Grössen des Consumos bei entsprechendem Drucke festzustellen, wenn, wie es gewöhnlich geschieht, Tannen- oder Fichtenholz das Material zur Fabrication sind. Eine solche Arbeit ist aber bis jetzt nicht geliefert worden. Ich habe den Anfang gemacht, die geeigneten Brennersorten für verschiedenen Consum und bei verschiedener Brenneröffnung durchzuprobiren; ich habe aber diese Vergleichung einstweilen nicht weiter fortgesetzt, weil in Kürze ein Normalmass als Lichteinheit von Herrn Professor Bunsen in Heidelberg angegeben wird, mit welchem ich dann unmittelbar die genannten Versuche in genauerer Weise, als dies seither möglich war, anstellen kann.

Aus meinen Erfahrungen will ich jedoch hier die Mittheilung machen, dass bei einem Zweilochbrenner für einen Consum von 5 c′ per Stunde, und bei einem Drucke von 2‴ am Brenner gemessen, eine Brenneröffnung von 2.0 Millimeter Weite den besten Lichteffect gab. Für einen einfachen Schnittbrenner war 0.90 Millimeter Breite unter dem eben gegebenen Verhältnisse die zweckmässigste Oeffnung.

Ich weiss es recht wohl, dass diese angegebenen Weiten der Brenneröffnung viel grösser sind, als dieselbe bei den Brennern zu sein pflegen, die von den Fabricanten den Consumenten geliefert werden. Abgesehen von diesem speciellen Falle kömmt es aber öfter vor, dass Holsgasbrenner, die zum Gebrauche verkauft werden, zu enge Brenneröffnungen haben. Das Bestreben der Gasanstalten, den Anforderungen des Publicums nachzukommen, das, wie bekannt, immer nur die kleinsten Brenneröffnungen wünscht, scheint die Ursache zu sein, dass hier in nicht gerechtfertigter Weise die Leuchtkraft eines Gases vermindert und dem Publicum dennoch grössere Kosten verursacht werden, wie ich wohl kaum näher auszuführen brauche. Jedem Techniker, dem das Wohl seiner Anstalt am Herzen liegt, sollte sich die Mühe nehmen, die geeignetste Brenneröffnung entsprechend den Verhältnissen der Fabrication durch empirische Versuche zu ermitteln. Diese halte man dann fest, in der richtigen Würdigung des Satzes, dass das Interesse einer Anstalt immer mit dem des Publicums Hand in Hand gehe.

Ueber die Anwendung der verschiedenen Sorten von Brennern zu diesem oder jenem Gebrauche gelten alle von Schilling für die entsprechenden Steinkohlengasbrenner gegebenen Anweisungen und Erläuterungen. Es sei daher nur kurz erwähnt, dass für die Strassenbeleuchtung die Zweilochbrenner und Schnittbrenner Anwendung finden. Die erstere Sorte dieser Brenner dient hierzu fast überall; nur in Norddeutschland sind Schnittbrenner in der öffentlichen Beleuchtung im Gebrauche.

Für die Zimmerbeleuchtung eignen sich Dumas- und Argandbrenner, wegen ihres ruhigen Lichtes, am Besten. Einlochbrenner sind aus bekannten Gründen total zur Beleuchtung zu verwerfen.

Der Druck der für die beste Lichtentwicklung einer Flamme nothwendig ist, wird bei offenen Flammen zu 2‴—4‴ angenommen. Der Druck bei solchen mit Zugglächern versehenen Brennern nimmt man in gleicher Druckhöhe von 2‴—4‴ an. Je weiter verhältnissmässig die Brenneröffnung ist, desto geringer ist der Druck, unter welchem die vortheilhafteste Lichtentwicklung stattfindet. Die Brenner, die die grössten Oeffnungen besitzen, brennen, wenn sie am vortheilhaftesten leuchten, unter 1‴—2‴ Druck. Die Flamme ist dann noch ganz ruhig; sie flackert nicht leicht hin und her. Auch Agrand- und Dumasbrenner brennen am vortheilhaftesten unter diesem sehr schwachem Druck; 1½‴—2‴ ist der geeignetste Druck vorausgesetzt noch, dass die Brenneröffnung nicht zu eng; oder auch zu weit sei.

Eine Vergleichung von sehr grossem Interesse zwischen der Lichtthelle von Steinkohlengas und dem Holzgase bei entsprechendem Consumo haben Herr Professor v. Liebig und v. Steinheil geliefert, die sie im Auftrage des königl. bayer. Ministeriums des Handels ausführten.

Folgendes ist die:

Zusammenstellung

der Ergebnisse der commissionellen Vergleichung von Holz- und Steinkohlengas. *)

Die Erhebungen über das Münchener Steinkohlengas und das Holzgas in Bayreuth haben folgende Resultate geliefert:

Erhebungen über die Leuchtkraft.

a) Steinkohlengas.

		Beobachtet		Reducirt		Mittel		
		c	l	c′	l′	c′	l′	
1853.	August 15.	2.47	2.505	1.855	1.328			
		2.52	2.806	1.924	1.459	1.904	1.393	
		5.46	8.840	4.168	2.121			
		6.59	10.820	5.030	2.151	4.599	2.136	Nr. 1.
	Dumasbrenner.	6.40	11.683	4.885	2.391			
		8.62	16.800	6.580	2.553	5.733	2.472	
	August 21.	2.27	3.09	1.974	1.565	1.974	1.565	
		5.04	9.34	4.383	2.131			
		6.18	12.11	5.375	2.253	5.140	2.285	Nr. 2.
	Dumasbrenner.	6.51	13.99	5.662	2.471			
		7.92	19.54	6.888	2.837	6.888	2.837	
	Septbr. 27.	4.82	6.74	4.245	1.588			
		5.60	7.39	4.902	1.507	4.573	1.547	
		7.01	12.80	6.136	2.086			Nr. 3.
		7.95	12.96	6.960	1.848	6.548	1.967	
	Octbr. 27.	3.01	7.37	2.695	2.735			
		4.66	11.98	4.173	2.872	3.478	2.689	
		4.76	11.27	4.262	2.644			Nr. 4.
		7.16	17.81	6.411	2.778	5.292	2.825	
	Novbr. 9.	2.268	6.30	2.051	3.071	2.051	3.071	
		4.460	14.10	4.033	3.495			Nr. 5.
		6.630	19.885	5.997	3.316	5.015	3.405	
	Novbr. 26.	3.15	6.67	2.816	2.368			
		4.75	11.06	4.247	2.604			Nr. 6.
		8.42	21.94	7.528	2.914			

b) Holzgas.

		Beobachet		Reducirt		
		c	l	c′	l′	
Bayreuth.	Septbr. 4.	2.42	3.306	2.162	1.529	
		4.91	10.250	4.386	2.336	
		6.32	13.70	5.645	2.427	Nr. 1.
		7.79	19.46	6.958	2.796	
	Dumasbrenner.	5.54	17.14	4.949	3.463	

---

*) Dingler's polytechnisches Journal, Bd. 135, Seite 54.

	Beobachtet		Reducirt		
	c	l	c′	l′	
Septbr. 4. Abends.	2.252	3.13	2.004	1.562	⎫
	4.33	9.39	3.852	2.438	⎪
	5.06	11.80	4.502	2.621	⎬ Nr. 2.
	6.65	15.80	5.916	2.671	⎪
Dumasbrenner.	6.15	17.75	5.471	3.244	⎭
Septbr. 5.	2.28	6.09	2.059	2.957	⎫
	4.77	15.10	4.308	3.505	⎪
	6.31	19.14	5.699	3.358	⎪
	7.59	25.45	6.855	3.713	⎬ Nr. 3.
Dumasbrenner.	5.568	19.68	5.029	3.916	⎪
	7.50	19.87	6.770	2.933	⎪
	4.818	11.82	4.352	2.716	⎭
Septbr. 6.	5.57	15.86	4.887	3.246	⎫
	2.40	5.22	2.105	2.480	⎪
	5.45	15.24	4.781	3.188	⎪
	6.22	18.69	5.456	3.425	⎬ Nr. 4.
	8.28	25.83	7.263	3.556	⎪
Dumasbrenner.	5.63	20.14	4.939	4.079	⎪
	5.51	15.88	4.834	3.287	⎭
Septbr. 6.	2.45	5.38	2.156	2.496	⎫
	6.26	18.91	5.508	3.433	⎪
	8.60	26.81	7.566	3.430	⎬ Nr. 5.
Dumasbrenner.	5.68	19.21	4.998	3.843	⎭
München 1854. Januar 10.	4.4	10.08	3.907	2.580	⎫
	4.5	10.40	3.995	2.603	⎬ Nr. 6.
	3.16	6.52	2.805	2.324	⎭

In obiger Zusammenstellung bedeutet:

c das Gasconsumo des Brenners per Stunde beobachtet in bayerischen Cubicfussen an einer Gasuhr.

l ist die directe Ablesung des Photometers*) im Mittel aus mehreren Einstellungen.

c′ ist das auf die Normaleinheiten (englische Cubicfusse beim Normalbarometerstand und 0⁰ Temperatur) reducirte (beobachtete) Consumo per Stunde und

l′ ist die Anzahl der Normallichterhellen per Normalcubicfuss (englischen Cubicfuss) Gas per Stunde für das Consumo c′ des Brenners per Stunde.

---

*) Der Photometer besteht aus einem 1.8 Meter langen, 0.09 Meter breiten und 0.016 Meter dickem Tannenbrett, auf welches bündig zur Längenkante ein Rücken von Ahorn, genau 2 Meter lang und 0.02 Meter lang und dick, symetrisch aufgeschraubt ist. Längs des Rückens bewegt sich ein Schlitten mit einer auf die Bewegung senkrechten, auf dünnen Holzrahmen gespannten Papierfläche, in deren Mitte ein Kreis von 0.015 Meter Durchmesser durch Stearin durchsichtig gemacht ist. Der Photometer kommt in horizontaler Lage so zwischen die in Helligkeit zu vergleichenden Flammen, dass ihre Mittelpuncte normal auf den beiden Endkanten des Rückens, stehen. Der Schlitten wird nun verstellt längs des Rückens, bis der durchscheinende Kreis, unter einem Winkel von 45⁰ gegen die Papierebene betrachtet, nicht mehr unterschieden werden kann von dem übrigen Theile der Papierfläche. In dieser Lage theilt die Papierfläche den Rücken in zwei Theile, welche sich, jeder auf's Quadrat erhoben, verhalten wie die Helligkeiten der beiden Flammen. — Die in den Beobachtungen als Helligkeit aufgeführten Zahlen sind die unmittelbaren Ablesungen einer oben auf dem Rücken angebrachten Scala, die der jedesmaligen Stellung des Papierfläche gegen die beiden Flammen entspricht.

Zur Messung des Druckes des Gases vor seinem Eintritte in die Gasuhr und zur Bestimmung seiner Temperatur diente ein mit Thermometer versehener Manometer.

Bei allen Helligkeitsvergleichungen haben Wachskerzen als Einheit gedient, wie sie der Magistrat von München bei seinem Vertrage mit der Gesellschaft zu Grunde gelegt hat. Die Höhe mit welcher die Flamme im normalmässigen Zustande brennt, beträgt 27,4 Pariser Linien. Diese Normalwachslichter consumiren in einer Stunde 10.081 Grammen Wachs.

Es ergibt sich aus obiger Zusammenstellung die Helligkeit für den Consumo per Stunde beim

Steinkohlengas

Nr.	Consumo per Stunde = c' =							
	Cubicfuss 4.5		Cubicfuss 2		Cubicfuss 4		Cubicfuss 6	
	l'	Normall.	l'	Normall.	l'	Normall.	l'	Normall.
1	2.08	9.36	1.41	2.82	1.93	7.72	2.56	15.36
2	2.10	9.45	1.60	3.20	1.98	7.92	2.50	15.00
3	1.52	6.84	1.05	2.10	1.42	5.68	1.84	11.04
4	2.76	12.52	2.53	5.06	2.73	10.92	2.91	17.46
5	3.33	14.99	2.94	5.88	3.28	13.12	3.50	21.00
6	2.64	11.88	2.20	4.40	2.56	10.24	2.80	16.80
Mittel:	2.405	10.84	1.955	3.91	2.317	9.27	2.685	16.11

Holzgas.

Nr.	Consumo per Stunde = c' =							
	Cubicfuss 4.5		Cubicfuss 2.0		Cubicfuss 4.0		Cubicfuss 6.0	
	l'	Normall.	l'	Normall.	l'	Normall.	l'	Normall.
1	2.25	10.12	1.49	2.98	2.10	8.40	2.61	15.66
2	2.48	11.16	1.56	3.12	2.34	9.36	2.95	17.70
3	3.37	15.17	2.93	5.86	3.30	13.20	3.61	21.66
4	3.14	14.13	2.40	4.80	3.04	12.16	3.45	20.70
5	3.27	14.72	2.95	5.90	3.22	12.88	3.44	20.64
6	2.72	12.24	2.16	4.32	2.60	10.40	3.01	18.06
Mittel:	2.87	12.92	2.25	4.497	2.77	11.07	3.18	19.07

Somit ergibt sich für 4½ (englische) Cubicfuss Consumo per Stunde:

Steinkohlengas = 10.84 Münchener Normallichter.

Holzgas . . = 12.92 ,, ,,

Demnach ist das Verhältniss der Leuchtkraft beider Gasarten durchschnittlich

$$\frac{\text{Holzgas . .}}{\text{Steinkohlengas}} = \frac{6}{5}.$$

Um die obigen Helligkeitsmessungen mit den in England angestellten Messungen direct vergleichen zu können, wurden die Münchener Normalwachskerzen in Consumo und Helligkeit verglichen mit Londoner Spermacetikerzen, welche nach der Angabe von Frankland per Stunde 9.266 Gramme Spermaceti consumiren.

Ein (englischer) Cubicfuss Gas entspricht nach der Vergleichung und Reduction:

l' 10.231 Grammen Spermaceti

oder es entspricht einem (englischen) Cubicfuss Gas per Stunde

	für Steinkohlengas	für Holzgas	
bei Consumo per Stunde von: 2 Cubicfuss	20.05 Grammen	23.02 Grammen	
4 „	23.73 „	28.34 „	
4.5 „	24.65 „	29.36 „	
6 „	27.42 „	32.53 „	Consumo.

In englischen Normallichtern ausgedrückt, hat bei einem Consumo von 4¹/₂ Cubicfuss per Stunde

Steinkohlengas . . . . . 14.45 englische Normallichter

Holzgas . . . . 17.23 „   „

Vermeintlicher Verlust der Leuchtkraft durch lange Leitung.

Die Versuche in Bayreuth in der Gasfabrik und bei Bopp in der St. Georgen-Vorstadt (10,000 Fuss Abstand) ergaben:

	c	l	c′	l′			
Gasfabrik 1. . .	5.58 =	14.36					
	5.66 =	17.36					
	5.46 =	15.85					
	5.57 =	15.86					
	5.57 =	15.86	4.887	3.246	+ 0.5	+ 0.1	
St. Georgen 13./5.	5.64 =	14.58					
	5.34 =	15.90					
	5.367 =	15.24					
		72					
	5.45 =	15.24	4.781	3.188			
		30	+ 0.1	+ 0.02			
Gasfabrik 2. . .	5.508 =	15.88	4.834	3.287			

Hienach findet beim Holzgase durch die Länge einer Leitung von 10,000 Fuss kein messbarer Verlust an Leuchtkraft statt, indem beide Stationspuncte auf dasselbe Consumo gebracht, ergaben:

St Georgen . . 4.861   3.204   Unterschied $= \dfrac{6}{300} = \dfrac{1}{50}$.

Gasfabrik . . 4.861   3.266

auf welche Grösse die Messung nicht sicher ist.

(gez.) Steinheil.   (gez.) Dr. Freiherr v. Liebig.

Anmerkung: Es versteht sich von selbst, dass dieses Verhältniss sich nur speciell auf die untersuchten Gase bezieht, nicht aber für Holz- und Steinkohlengas im Allgemeinen als massgebend angenommen werden kann, denn man hat es namentlich bei den Steinkohlen ganz in der Hand, Gas von höherer Leuchtkraft darzustellen, die sich bei einigen Kohlensorten auf das zwei- bis dreifache der gewöhnlichen Leuchtkraft steigert. Auch muss zugegeben werden, dass unter den mit Steinkohlengas erhaltenen Resultaten in obigen Versuchen sich mehrere befinden, welche die mittlere Qualität der aus gewöhnlichen Backkohlen dargestellten Gasarten bei Weitem nicht erreichen, so dass sie schon desshalb einem allgemeinen Schlusse um so weniger zu Grunde gelegt werden dürfen.

Wenn es nach der Mittheilung dieser Versuche noch von Interesse sein kann, so sei mir erlaubt einiger photometrischen Messungen zu erwähnen, die ich mit reinem Holzgase, aus Fichtenholz bereitet, erhielt.

Das Photometer war das bekannte Bunsen'sche. Als Lichteinheit diente die Flamme einer Wachskerze 4 auf ein Pfund. Flammenhöhe 22‴ englisches Duodecimalmaas. Das Versuchszimmer war mit sehr heller, gelblicher Farbe angestrichen; der Brenner ein 2 Lochbrenner.

Die über die Leuchtkraft erzielten Resultate, waren folgende:

1 Flamme von: 1 Wachskerzen Stärke consumirte per Stunde 0.75 c′ Gas;

     2   „   „   „   „   „ 1.15 c′ „ ;

     5   „   „   „   „   „ 1.65 c′ „ ;

     7   „   „   „   „   „ 1.90 c′ „ ;

    10   „   „   „   „   „ 2.80 c′ „ ;

    14   „   „   „   „   „ 3.50 c′ „ ;

    18   „   „   „   „   „ 3.85 c′ „ ;

In der vortheilhaftesten Benützung des Holzgases müssen die Consumenten durch die Fabrik noch weiter unterstützt werden. Dies kann auf zwei Wegen noch geschehen. Der erstere, auf welchen wir bereits aufmerksam gemacht haben, besteht darin, dass man nur solche Brenner zulässt oder selbst abgiebt, von deren Güte und Zweckmässigkeit man überzeugt ist. Der zweite besteht in der Anwendung eines geeigneten Drucks im Röhrensysteme.

Der Druck, welchen die Fabrik in demselben unterhält, ist nach Anlage des Röhrensystemes verschieden, selbst wenn auf der Anstalt eine bestimmte Grösse desselben hergestellt wird. Es erleidet dieselbe durch die Weite der Rohre und die Ausdehnung des Rohrsystems wesentliche Veränderungen. Mit der Erhebung gewisser Theile des Rohrsystemes wächst derselbe; mit der Senkung fällt er. Wenn wir als durchschnittlich anzunehmendes specifisches Gewicht 0.70 in Anschlag bringen, so kann man auf je 10′ Terrainsteigung 4—5 Hundertstel Linien rechnen. Man kann desshalb sagen, dass auf 25′ Erhebung der Rohre 1‴ Druckvermehrung entsteht; die sich in negativer Weise bei einer Senkung der Rohre geltend macht.

Die Ausdehnung des Rohrsystemes und die damit im Zusammenhange stehende vermehrte oder vermindernde Reibung des Gases an den Wänden wirkt in jedem Falle vermindernd auf den Druck im Allgemeinen, und hängt dieselbe hinwiederum von dem Querschnitte der Rohre und dem zu liefernden Gasquantum ab, wie dies schon Schilling Seite 70 erörtert hat. Da der Consum hierbei einen wesentlichen Factor spielt, derselbe aber für verschiedene Abende selbst wieder wechselt, so lässt sich Nichts weiter thun, als den Druck innerhalb gewissen Gränzen zu halten. Allgemeine Vorschriften lassen sich hierüber nicht geben. Man muss indess Sorge tragen, — und dies ist die einzige unumgänglich zu beachtende Vorschrift — dass der Druck noch ein solcher ist, dass er zur Zeit des grössten Consumes und an der ungünstigsten Stelle der Leitung, noch gerade über der untersten zulässigen Gränze bleibt, bei welcher eine geeignete, zweckmässige Beleuchtung einzutreten vermag. Als solcher wird im Minimum 6‴ Druck angenommen, die vor der Gasuhr vorhanden sein müssen. Rechnet man 1½‴ Druckverlust für die Uhr, 1‴ für die Fittings, so bleiben noch 3½‴ Druck übrig für die Brenner, welche Grösse aber nur bei hinreichender Weite der Leitungen genügend ist. Um diese äusserste Minimalgränze nicht zu erreichen und anderntheils keine zu grosse Druckhöhe im Röhrensysteme zu veranlassen, sind die von Schilling vorgeschlagenen, selbstregistrirenden Druckmesser an verschiedenen Stellen der Leitung anzubringen, um nach deren Angaben den Druck auf der Fabrik einzurichten. Den Schwankungen, die allabendlich durch den in verschiedenen Zeiträumen verschiedenen Consum stattfinden, begegnet man — wie bekannt — von Seiten der Fabrik durch eine sorgfältige Abregulirung. Ich brauche kaum hinzuzufügen, dass es die Aufgabe der Anstalt ist, den Druck soviel wie möglich dem Consumo entsprechend constant zu erhalten. Auch hierüber liefern die registrirenden Druckmesser die beste Controlle. — Sollten durch bedeutende Steigungen oder Senkungen im Rohrensysteme beträchtliche Druckdifferenzen stattfinden, so kann man denselben durch Einschaltung von Schieberventillen an den betreffenden Stellen der Leitung begegnen, wie dies bei Steinkohlengas geschieht.

Die Vorurtheile, die sich bei dem Publicum gegen die Einführung der Gasbeleuchtung überhaupt festgesetzt haben, bestehen natürlich auch bei Holzgasanstalten — ich darf wohl sagen in vermehrtem

Grade. Es kann hier nicht die Rede davon sein. Denen gegenüber zu treten, die aus kleinlichen, egoistischen Rücksichten ungegründeten Vorurtheilen Raum geben, und sie trotz angewendeter Belehrung Seitens der Anstalten geflissentlich festhalten und weiter verbreiten. Zur Aufklärung eines vorurtheils- freieren, gebildeten Publicum, das sich gerne unterrichten will, seien allein die folgenden Worte.

Am meisten von allen ist die Meinung im Publicum verbreitet, dass die Anlage und der Betrieb einer Holzgasanstalt wesentlich zum steigenden Preise des Holzes beitrage. Wenn man bedenkt, dass zur Herstellung von 1000 c' Gas nur 1 $^3/_4$ Centner Holz erforderlich sind, und dass — um an bekannten Maasen ein Beispiel zu wählen — zur Herstellung einer Million c' 75 Klafter Tannenholz (1 Klafter à 2100 Pfund) nöthig sind, so wird man wohl berechnen können, wie viel Klafter Holz eine Fabrik per Jahr nöthig hat. Man wird dann ferner finden, dass diese Menge allermeist unter dem Quantum bleibt, die andere grössere Etablissements wie Brauereien, Fabriken etc. beziehen, ohne dass dieselben ein Vorwurf trifft. Man berücksichtigt dann ferner nicht, dass ein Theil des Holzes als Kohle dem Markte wieder zu Gute kommt, die man in der Anstalt erhält; dass dieselben einen grösseren Heizwerth besitzen, als eine entsprechende Menge von Holz; dass sie in vielen Fällen, namentlich zu häuslichen Zwecken, dem Bügeln, Warmhalten von Speisen und Getränken etc. besser geeignet sind als jenes. In Erwägung aller dieser Puncte wird wohl kaum je ein gerechter Vorwurf einer Holzgasanstalt gemacht werden können. Es hat sich darum auch noch nirgends, wo die Holzgasbereitung im Grossen eingeführt wurde, aus diesem Grunde eine merkbare Steigerung der Holzpreise durch die Erfahrung ergeben.

Nächstdem fürchtet man im Publicum am Meisten von der Explodirbarkeit und Feuergefährlichkeit des Holzgases. Dass Fälle von Explosionen vorkommen, die von den bedauerlichsten Folgen begleitet sind, kann nicht in Abrede gestellt werden. Holzgas wie Steinkohlengas bilden, wenn sie in die Luft ausströmen, Gemische, die brennbar oder explodirbar sind, sobald die Luftbeimengung eine bestimmte Gränze erreicht. Gemische, die auf 1 Vol. Gas 4 Vol. Luft enthalten, brennen noch einfach ab. Erst bei einer Mischung von 1 Vol. Gas und 5 Vol. Luft entstehen explodirbare Mischungen. 1 Vol. Gas und 12 Vol. Luft explodiren aber schon nicht mehr. Um eine klare Einsicht in das Wesen einer Explosion zu erhalten, wollen wir Folgendes anfügen. Eine Explosion ist in der Hauptsache Nichts, als einfach eine Verbrennung, womit wir — hier wie überall — eine Vereinigung von Sauerstoff mit irgend einem Körper unter Lichtentwicklung und Temperaturerhöhung verstehen. Bei der gewöhnlichen Art der Ver- brennung, wenn wir z. B. die Gasflamme brennen lassen, kann die Luft oder vielmehr der in ihr enthaltene, aber durch Stickstoff verdünnte Sauerstoff nur an der Oberfläche des Flammenkörpers zu dem Gase treten. Die geringe Ausdehnung dieser Berührungsfläche ist Ursache, dass die Verbrennung nur langsam fortschreitet, dass sie in längerer Zeit verläuft. Mischt sich aber das Gas mit der Luft, so werden die Sauerstofftheilchen in umittelbarer Nähe der brennbaren Gase sich finden. Bei einer Entzün- dung des Gemisches an irgend einer Stelle wird dann eine Verbrennung eingeleitet. Die Folge davon ist die Entwicklung einer sehr hohen Temperatur, die sich auf die zunächstliegenden Theilchen des Gemisches fortgepflanzt, und diese wiederum zur Entzündung bringt. Die Schnelligkeit, mit welcher sich solche Entzündung, der geeigneten Bedingungen wegen, durch die Masse fortpflanzt, bedingt mit einem Male eine Entzündung aller brennbaren Theile, und die ausserordentlich hohe Temperatur der Verbrennungs- producte ruft eine solche Ausdehnung derselben hervor, dass die Spannung derselben sich mit den gewaltigsten Ausbrüchen Spielraum verschafft.

Glücklicherweise kommt es selten dazu, dass sich explosionsfähige Gemische bilden. Das Holz- gas hat den Vorzug, dass es, bei seinem Ausströmen, sich sehr bald durch seinen eigenthüm- lichen Geruch verräth, und zwar fast noch leichter wie Steinkohlengas sich zu erkennen gibt. Wenn man nur dann durch Unvernunft sich nicht verleiten lassen wollte, mit dem Lichte die Stelle zu suchen, wo das Ausströmen des Gases stattfindet, so würden sich gewiss kaum Fälle von Explosionen ereignen. Aber dem Leichtsinne und Unverstande wiegt keine Warnung schwer genug. Trotz der von

Seiten der Anstalten gedruckt gegebenen Belehrung; trotz der von den Angestellten der Fabrik immer wiederholt vorgetragenen Bitte, wenn Gasgeruch bemerkbar ist, das Fenster zu öffnen, Licht oder Feuer zu entfernen und sich ihrer Hülfe zu bedienen, sind oft diese Belehrungen fruchtlos und es ereignen sich dann beklagenswerthe Unfälle. Dass auch öfter die Nachlässigkeit des Personals der Anstalt, die für die Installation thätig zu sein hat, die Schuld trägt, wenn Unglücksfälle vorkommen, kann leider nicht in Abrede gestellt werden. Die Ueberwachung der einschlägigen Arbeiten und unerbittliche Strenge müssen hierbei von Seiten des Dirigenten der Anstalt nicht fehlen. Namentlich aber darf nie eine Leitung den Privaten zum Gebrauche überlassen werden, ehe man sich von ihrer regelrechten Ausführung gewissenhaft überzeugt hat.

Denn ausser der Explosions- und Feuersgefahr des Gases ist namentlich noch der Umstand hervorzuheben, dass bei dem Einathmen von Gas insbesondere des Holzgases der Tod erfolgen kann. Das letztere ist namentlich durch seinen grossen Gehalt an Kohlenoxydgas gefährlich. Wasserstoff und leichter Kohlenwasserstoff können viel leichter ohne schädliche Folgen eingeathmet werden; Kohlenoxydgas aber nicht. Die giftigen Wirkungen dieses Gases sind bekannt. Alljährig fallen demselben viele Menschen zum Opfer die am s. g. „Kohlendunst", d. h. diesem Gase ersticken. Man sei daher so vorsichtig wie möglich und veranlasse namentlich, dass der Haupthahn jeden Abend von einer zuverlässigen Person geschlossen werde, weil dann nur geringere Quantitäten Gas entweichen können.

Unter den Uebelständen, die sich im Gefolge der Benützung von Holzgas ergeben sollen, wird besonders oft noch der schädliche Einfluss desselben auf die Gesundheit der Personen hervorgehoben. Die Wiederlegung der Schädlichkeit des Gases überhaupt hinsichtlich des Verderbens der Augen hat Schilling geführt. Auch hinsichtlich der bedeutenden Wärme, die es entwickeln soll, kann ich nur anfügen, dass, wenn Steinkohlengas schon nicht schädlicheren Einfluss hierin äussert als die Benützung anderer Leuchtmaterialien, Holzgas dieses jedenfalls noch weniger bewirken kann, da seine Verbrennungstemperatur in den meisten Fällen niedriger ist, als die des ersteren Gases.

In der Erwägung, dass Holzgas einen beträchtlichen Kohlenoxydgehalt besitzt, welches Gas bei dem Verbrennen in Kohlensäure übergeht, könnte man vielleicht versucht sein, einen schädlicheren Einfluss dem Holzgase hierin zu vindiciren, als dem Steinkohlengase zukommt, das mehr Wasserstoff enthält, der zu Wasserdampf verbrennt. Wir wollen desshalb an der Hand einer mathematischen Berechnung diesen Punct einer Prüfung unterziehen.

Von allen Holzgasen wird das Gas von Tannenholz am Meisten zur Beleuchtung benutzt. Eine Analyse desselben zeigte folgende Bestandtheile:

Schwere Kohlenwasserstoffe . . . . . 7.76 Proc.
Wasserstoffgas . . . . 35.92 ,,
Leichtes Kohlenwasserstoffgas . . . . 25.65 ,,
Kohlenoxydgas . . . . 30.67 ,,

Es ist bis jetzt nicht bekannt, welcher Art die schweren Kohlenwasserstoffe im Holzgase sind. Obwohl Elayl darunter zu finden ist, so scheint doch die grössere Hauptmasse aus anderen Stoffen zu bestehen. Wie dem auch sei, so hat eine mit diesen schweren Kohlenwasserstoffen angestellte im Eudiometer ausgeführte Verbrennungsanalyse ergeben, dass 1 Volum. der schweren Kohlenwasserstoffe 2.56 Volumen Kohlensäure gab.

Nun sind die							Vol. C	Vol. H	Vol. O
7.76 Volumen	schwere Kohlenwasserstoffe	verdichtet aus					9.93	4.27	. . . .
25.65 ,,	leichtes	,,	,,	,,	,,		12.82	51.48	. . . .
30.67 ,,	Kohlenoxydgas	. . . .		,,	,,		15.33	. . . .	15.33
35.92 ,,	Wasserstoffgas	. . . .		,,	,,		. . . .	35.92	. . . .
							38.08	81.20	15.33.

8*

Bei der Bildung von Kohlensäure und Wasserdampf werden aus der Luft aufgenommen:

$$\begin{array}{rl}
76.16 & \text{Sauerstoff} \\
- \;\; 15.33 & \text{,,} \qquad \text{und } 40.60 \text{ O} \\
\hline
60.83 & \text{,,} \qquad + \quad 40.60 \text{ O.}
\end{array}$$

Zusammen $=$ 101.43 Volumen Sauerstoff.

100 c′ Tannenholzgas liefern daher:

$$\begin{array}{rl}
76.16 & \text{c′ Kohlensäure und} \\
81.20 & \text{c′ Wasserdampf.}
\end{array}$$

Eine Holzgasflamme von 3.2 c′ Consum per Stunde hat mindestens die Leuchtkraft von 10 Wachskerzen von 120 Gran per Stunde Verbrauch.

100 c′ Tannenholzgas sind desshalb gleich 37,440 Gran Wachs.

In diesen 37,440 Gran Wachs sind enthalten:

$$\begin{array}{rl}
30060 & \text{Gran Kohlenstoff} \\
5170 & \text{,,} \quad \text{Wasserstoff} \\
2210 & \text{,,} \quad \text{Sauerstoff} \\
\hline
37440 & \text{,,}
\end{array}$$

mithin entsprechen diese Gewichtsmengen

$$\begin{array}{rl}
67.56 & \text{c′ Kohlenstoffdampf} \\
140.00 & \text{c′ Wasserstoffdampf} \\
33.70 & \text{c′ Sauerstoffdampf.}
\end{array}$$

Diese Volumina nehmen zur Bildung von Kohlensäure und Wasserdampf aus der Luft

201.42 c′ Sauerstoff auf

und bilden

$$\begin{array}{rl}
135.12 & \text{c′ Kohlensäure und} \\
140.00 & \text{c′ Wasserdampf.}
\end{array}$$

Die in den beiden Fällen gebildete Kohlensäure verhält sich also wie

$$\begin{array}{cc}
\text{Gas} & \text{Wachs} \\
67.16 & 135.12
\end{array}$$

oder wie

$$1 \quad : \quad 1.77$$

Aus dieser Berechnung geht es zur Genüge hervor, dass das Holzgas auf gleiche Leuchtkraft bezogen, weit weniger Kohlensäure liefert, als die anderen Leuchtmaterialien. Die Zusammensetzung der Leuchtgase, aus verschiedenen Hölzern dargestellt, weicht wenigstens nicht sehr erheblich von der unseren Berechnung zu Grunde liegenden Zusammensetzung ab. So geben z. B. nach anderen von mir ausgeführten Analysen:

$$\begin{array}{lll}
100 \text{ c′ Pappelholzgas} & = & 86.04 \text{ c′ Kohlensäure} \\
100 \text{ c′ Buchenholzgas} & = & 87.11 \text{ c′ \quad ,,} \\
100 \text{ c′ Eichenholzgas} & = & 90.75 \text{ c′ \quad ,,} \quad .
\end{array}$$

Da die Lichtstärke der analysirten Gase genau dieselbe war, so werden die Kohlensäuremengen, die bei Anwendung der genannten Gase einentheils, und diejenige, welche entsprechend der Lichthelle durch Anwendung von Wachs gebildet werden andrerseits, sich verhalten

$$\begin{array}{l}
\qquad\qquad\qquad\qquad \text{Gas} \qquad \text{Wachs} \\
\text{bei Pappelholzgas: wie } 86.04 \; : \; 135.12 \; = \; 1 \; : \; 1.57 \\
\text{,, Buchenholzgas: ,, } 87.11 \; : \; 135.12 \; = \; 1 \; : \; 1.55 \\
\text{,, Eichenholzgas: ,, } 90.12 \; : \; 135.12 \; = \; 1 \; : \; 1.49
\end{array}$$

Solche vorurtheilsfrei geführte Untersuchungen bestätigen es demnach, dass das Holzgas nicht schädlicher auf die Gesundheit wirken kann, als die übrigen im Gebrauche sich findenden Leuchtmaterialien.

Es versteht sich dabei aber wohl von selbst, dass wenn ein gutes Gas in keiner Hinsicht einen Tadel verdient, ein schlechtes oder schlecht gereinigtes Gas dem Publicum gerechten Anlass zu Klagen geben kann. Einen Vorzug hat aber jedenfalls das Holzgas darin vor dem Steinkohlengase voraus, dass es, wenn es auch schlecht gereinigt ist, niemals Schwefel in irgend einer Form enthalten kann, da das Destillationsmaterial stets schwefelfrei ist. Es kann desshalb auch niemals bei seiner Verbrennung schweflige Säure entwickeln, die ein für die Gesundheit sehr schädliches Gas ist. Es ist dieser Punct nicht unwichtig, wenn ich ihm nicht den Werth beizulegen vermag, der allenthalben beim Bekanntwerden des Holzgases darauf gelegt wurde. Wiederholt und in überzeugender Weise ist es dargethan worden, dass die Menge der schwefligen Säure, welche ein nur einigermassen gut gereinigtes Steinkohlengas zu liefern vermag, sehr gering ist. (Siehe Schilling Seite 73). Zahlreiche und unpartheiische Zeugnisse, im Journale für Gasbeleuchtung Jahrgang 1861 Seite 10 u. s. w. veröffentlicht, beweisen es, dass bei Benützung gut gereinigten Steinkohlengases selbst die empfindlichsten Farben von Stoffen nicht nothleiden oder wenigstens nicht mehr nothleiden, als dieses ohne Anwendung des Gases überhaupt geschieht. Nichts desto weniger bietet aber die Anwendung des Holzgases die Garantie, dass bei seiner Verbrennung unter keinen Umständen schweflige Säure entstehen kann.

Auch kann dasselbe unter keinen Umständen Schwefelwasserstoff oder schwefelwasserstoffhaltige Verbindungen führen. Sehr geringe Mengen dieser Körper, namentlich des erst genannten Gases, bewirken, wie bekannt, ein Anlaufen von Silberwaaren, Messing etc. u. s. w. Es sind mir Fälle bekannt, wo Juweliere beträchtliche Nachtheile dadurch erlitten, dass ihre Silberwaaren etc. sämmtlich angelaufen waren, als durch eine undichte Stelle in der Leitung ungereinigtes resp. schlecht gereinigtes Steinkohlengas entwich. Obwohl solche Fälle nur selten vorkommende Ausnahmen sind, so bietet doch die Anwendung des Holzgases die Garantie, dass auch diese ausgeschlossen sind. Wir können daher allerdings, aber nur bedingungsweise, dem Holzgase darin einen Vorzug vor Steinkohlengas zuerkennen.

Ich darf mich wohl der Mühe überheben, die Billigkeit des Holzgases gegenüber den anderen Leuchtmaterialien hervorzuheben, da Berechnungen derart nur ganz localen Werth haben, und der Preis des Holzgases dem Steinkohlengase gegenüber entsprechend seiner höheren Leuchtkraft, nie zur Geltung kommt. An keinem Orte gilt wohl ein höherer Preis wie fl. 7 für 1000 c′ engl. Holzgas. Schilling hat (Seite 75 s. Handbuchs) den Beweis zur Evidenz geführt, dass das Steinkohlengas, wenn es zu fl. 6 für 1000 c′ engl. Gas verkauft wird, immer noch viel billiger ist, als andere Leuchtmaterialien, vorausgesetzt, dass eine bestimmte Helligkeit zur Vergleichung dient. Holzgas würde demnach 6 + ⁶/₅ G. = 7 Gulden 12 Kreuzer pro Mille kosten dürfen, wenn es seiner Leuchtkraft entsprechend bezahlt wird. Da aber dies wohl nirgend der Fall ist, so gilt auch für Holzgas der Beweis einer grösseren Billigkeit gegenüber anderen Leuchtmaterialien.

Die Vergleichung der Leuchtkraft der Holzgase unter sich, nöthigt und — unter Bezugnahme auf die schon besprochenen Ansichten — zur Bemerkung, dass dieselbe sehr wenig verschieden ist. Wo eine bemerkbare Verschiedenheit stattfindet, liegt sie wahrscheinlich mehr in Ursachen der Fabrication — namentlich in ungenügender Reinigung oder Anwendung schlecht getrockneten Holzes zur Destillation — als in der Verschiedenheit der angewandten Hölzer. Die folgende kurze Uebersicht der Leuchtkraft verschiedener Arten von Holzgase wird dies leicht ersichtlich machen.

Die photometrischen Messungen wurden in ein- und demselben Zimmer von grüner Farbe angestellt. Das Gas brannte aus einem Zweilochbrenner unter einem Drucke von 2‴. Als Lichteinheit diente die Flamme einer Stearinkerze, von der 5 Stück auf ein Zollpfund gehen. Die Flammenhöhe betrug 22‴ engl. Duodecimalmaas.

Licht-stärken.	Consum verschiedener Holzgase in englischen Cubicfussen zum Ersatze der vorstehenden Lichtstärken.				
	Eichenholzgas	Buchenholzgas	Birkenholzgas	Pappelholzgas	Tannenholzgas
10	3.4—3.5	3.5	3.3—3.4	3.2—3.3	3.0—3.2
14	3.9—4.2	4.0—4.2	4.0	4.0—4.2	3.8—4.5

Licht-stärken.	Consum verschiedener Holzgase in englischen Cubicfussen zum Ersatze der vorstehenden Lichtstärken.				
	Fichtenholzgas	Lärchenholzgas	Aspenholzgas	Weidenholzgas	Lindenholzgas
10	3.2—3.4	3.2	3.3—3.35	3.2—3.4	3.0—3.1
14	3.9—4.7	3.9—4.1	3.8—3.9	4.2—4.4	3.9—4.1.

Die Anwendung des Holzgases zum Kochen und Heitzen ist bis jetzt eine äusserst beschränkte, obwohl sich dieselbe wegen Einfachheit der Handhabung und Billigkeit der Benützung empfiehlt. Von Erfahrungen kann daher kaum die Rede sein. Ich will aber, um einen kleinen Beitrag hiezu zu liefern, folgende Resultate mittheilen, die s. Z. in einer mir bekannten Anstalt erhalten worden sind.

Um die angegebenen Mengen Wasser von $+ 15^0$ Cels. auf 100^0 Cels. zu erhitzen, wurden erfordert:

Einzelner Bunsen'scher Brenner.	Brenner mit 5 einzelnen Bunsen'schen Brennern.	Sieb-Brenner nach Elsner mit engem Siebdrahte.	Sieb-Brenner nach Elsner mit weitem Siebdrahte.
¹/₂ Litre Wasser zum Sieden zu erhitzen:			
0.40 c′ (10′ Zeit)	0.50 c′ (6.6′ Zeit)	0.55 c′ (8.5′ Zeit)	0.75 c′ (5.5′ Zeit)
1 Litre Wasser zum Sieden zu erhitzen:			
0.70 c′ (18′ Zeit)	1.0 c′ (13′ Zeit)	0.65 c′ (13′ Zeit)	0.94 c′ (7.5′ Zeit)
1 ¹/₂ Litre Wasser zum Sieden zu erhitzen:			
0.95 c′ (30 Minuten)	1.35 c′ (15 Minuten)	0.7 c′ (18 Minuten)	1.55 c′ (15 Minuten)
2 Litre Wasser zum Sieden zu erhitzen:			
1.3 c′ (36 Minuten)	1.8 c′ (20 Minuten)	0.8 c′ (20 Minuten)	1.9 c′ (19 Minuten).

Viertes Capitel.

Die Nebenproducte der Holzgasfabrication.

Die drei Nebenproducte der Holzgasfabrication sind: Holztheer, Holzessig und Holzkohle. Der Holztheer ist dem Steinkohlentheere sehr ähnlich. Seine Eigenschaften. Ausbeute an Theer pro 100 Pfund Holz. Die Stoffe, die derselbe enthält. Viele sind uns von der Steinkohlengasfabrication bekannt. Das Retinyl. Das Kreosot aus Holztheer. Phenylalcohol und Cressylalcohol. Eigenschaften des letzteren. Das Methol, Mesityloxyd, Eupion, Kapnomor, Pittacall, Picamar, Cedriret, Retén. Darstellung und Eigenschaften dieser Körper. Die Anwendung des Theers zum Anstriche; zur Dachpappefabrication und Gasbereitung ist er nicht vortheilhaft anwendbar. Destillation des Theers zur Gewinnung von Theerölen und Pech. Apparate zur Ausführung dieser Operation und Beschreibung desselben. Leichtes und schweres Theeröl. Das erstere enthält nur sehr wenig Benzol. Seine Anwendung geschieht als Fleckenwasser. Das schwere Theeröl dient vornehmlich zur Russfabrication. Das Kreosot, welches in demselben enthalten ist, lässt es vortheilhaft zur Imprägnirung von Bahnschwellen erscheinen. Das Kreosot in alkalischer Auflösung kann nach Vohl zweckmässig zum Imprägniren der Schwellen und des Tränkens von Segeltuch und Tauen verwandt werden. Der Holzessig. Eigenschaften und Bestandtheile desselben, die sehr zahlreich sind. Die Ermittelung des specifischen Gewichtes desselben, auf welche Art man gewöhnlich den Gehalt einer verdünnten Säure an reiner wasserfreier Säure erfährt, gibt falsche Resultate. Tabelle über das specifische Gewicht verschieden verdünnter Essigsäure. Die Methoden, die zur Bestimmung des Gehaltes an wasserfreier Essigsäure im Holzessige dienen. Verschiedene Stärke der Essige bei Destillation verschiedener Hölzer. Die Verarbeitung des Holzessigs auf holzessigsauren Kalk. Die Theerabscheidung ist durch längeres Absitzenlassen zu befördern. Die Sättigung des Essigs mit gebrauchtem Reinigungskalke. Vortheile der Zugabe einer Quantität von Aetzkalk zum neutralisirten Producte. Abdampfen, Abschäumen und Fertigmachen des Essigkalkes. Verunreinigende Bestandtheile im Holzessige. Die Oxyphensäure. Ihre Eigenschaften und Darstellung. Der Holzgeist. Sein Vorkommen oft nicht nachweisbar. Seine Eigenschaften und Reindarstellung. Die Holzkohlen. Eigenschaften derselben. Specifische Gewichtsbestimmungen und daraus die Ableitung, was ein bestimmtes Cubicmaas solide Kohlenmasse wiegt. Abhängigkeit des specifischen Gewichtes der Kohlen von dem des angewandten Materials und anderen Einflüssen. Hygroscopische Eigenschaft der Kohlen. Ausbeute an Kohlen bei verschiedenen Hölzern. Verlust durch Lagern. Vorbeugen dieses Umstandes. Die Sonderung des Bruchs der Kohlen durch die Kohlenreinigungsmaschine in 2 Theile. Beschreibung derselben. Anwendung der Kohlen zu verschienen Zwecken. Specielle Anwendung einzelner Kohlensorten. Vorschlag, die Kohlen zum Desinficiren anzuwenden.

Die drei Nebenproducte, welche sich bei der Gasbereitung mit Holz ergeben, sind: der Holztheer, der Holzessig und die Holzkohlen. Wir wollen sie in Folgendem näher betrachten:

Der Holztheer.

Der Theer, welcher sich bei der Gasfabrication aus Holz in der Vorlage absondert, ist in seinen Eigenschaften dem Steinkohlentheere sehr ähnlich. Wie dieser stellt er ein Gemenge der verschiedenartigsten Körper dar. Seine Farbe ist gleichfalls dunkel bis pechschwarz. Er besitzt einen deutlichen Geruch nach Kreosot. Sein specifisches Gewicht ist etwas grösser als das des Wassers.

Die theerartigen Producte, die sich in den Condensationsapparaten ausscheiden, sind meist von hellerer Farbe und dünnflüssiger, weil sie mehr kohlenwasserstoffreiche Verbindungen enthalten. Ihr specifisches Gewicht ist aber immer noch grösser als das des Wassers, so dass sich auch dieser s. g. Condensationstheer auf den Boden der Aufsammlungsgefässe begiebt, während die saure wässerige auf demselben schwimmt.

Die Menge von Theer, die wir bei der Gasfabrication erhalten, schwankt zwischen $2\frac{1}{2}$ und 3 Procenten des angewendeten Holzes. Als Durchschnittszahl der Jahresproduction einer grösseren Fabrik ergaben sich 2.85 Proc. Theer pro 100 Pfund Holz. Bei einer anderen wurden 3.04 Proc. Theer pro 1 Centner Destillationsmaterial erhalten. In Bayreuth wurden aus 100 Pfund Holz nur 2.66 Pfund Theer erzielt*). Ob und in welcher Weise die Menge des erhaltenen Theers sich nach der Art des Holzes, welches destillirt wird, nach dem Feuchtigkeitsgehalte desselben, der Temperatur der Oefen etc. richtet, lässt sich bei dem Mangel genauerer Untersuchungen nicht angeben. Bislang wurden die Quantitäten des producirten Theers wohl nur in seltnen Fällen genauer notirt. Es ist aber wohl zweifellos, dass je niederer die Temperatur ist, bei welcher destillirt wird, und je feuchter das Holz ist, eine umso grössere Ausbeute an Theer erzielt wird.

Die Stoffe, welche der Holztheer enthält, sind, soweit bis jetzt bekannt, folgende:

Benzol, Toluol, Xylol, Cumol, Retinyl (?), Cymol;

Phenylalcohol und Cressylalcohol (Kreosot);

Methol, Merityloxyd, Mesit, Eupion, Kapnomor, Pittacall, Picamar, Cedriret;

Naphtalin, Paranaphtalin, Paraffin, Chrysen, Pyren und Reten (?).

Basische Stoffe wie z. B. Anilin, Picolin u. s. w., finden sich nicht im Holztheere.

Von den genannten Stoffen sind uns:

Benzol, Toluol, Xylol, Cumol und Cymol; ferner

Phenylalcohol (Carbolsäure); ferner

Naphtalin, Paranapthalin, Paraffin, Chrysen und Pyren

bereits von Schilling Seite 82 u. s. f. geschildert worden, da die gleichen Stoffe auch im Steinkohlentheere vorkommen. Wir haben desshalb hier nur noch die folgenden näher zu betrachten:

Das Retinyl, $C_{12} H_{18}$, von Pellitier und Walther entdeckt und für einen eigenthümlichen Kohlenwasserstoff gehalten, ist in seinen chemischen Eigenschaften dem Cumol ausserordentlich ähnlich. Neuere Untersuchungen machen es höchst wahrscheinlich, dass der Stoff, den die genannten Forscher für einen eigenthümlichen Körper hielten, nur ein unreines Cumol war. Wir wollen uns desshalb hier nicht weiter aufhalten, die Eigenschaften dieses Körpers zu betrachten. — Das Kreosot wurde von Reichenbach aus dem Buchenholztheere zuerst abgeschieden; später mit einem bei der Steinkohlengasfabrication auftretenden Körper, der Carbolsäure, vielfach verwechselt, bis in der neuesten Zeit die Zusammensetzung der unter dem genannten Namen vorkommenden Körper von Fairlie, Hasiwetz, Duclos u. A. genauer ermittelt wurde. „Aus diesen Untersuchungen geht nun hervor, dass die schon seit längerer Zeit mit dem Namen „Kreosot benannten Producte, welche aus Holz dargestellt worden sind, Gemische zweier verschiedener

---

*) Dingler's polytechnisches Journal Bd. 135 Seite 42.

Körper in wechselnden Verhältnissen sind, deren Eigenschaften sich aber ausserordentlich ähnlich sind. Der erstere dieser beiden Körper ist der Phenylalcohol, $C_{12} H_6 O_2$, (Phenyloxydhydrat und vorzugsweise Carbolsäure genannt), der besonders reichlich im Steinkohlentheere sich findet; unter dem letzteren Namen von Schilling Seite 83 auch genauer geschildert worden ist. Der andere Körper ist der Cressylalcohol, $C_{14} H_8 O_2$, (Cressyloxydhydrat) von Fairlie, seinem Entdecker, so genannt. — Der Cressylalcohol gleicht dem Phenylalcohole in allen seinen Eigenschaften. Er ist in reinem Zustande ein vollkommen farbloses, stark lichtbrechendes Liquidum, riecht angenehm an Tolubalsam erinnernd und schmeckt brennend aromatisch. An der Luft färbt er sich etwas. Sein Siedepunct ist bei 203° Cels.; (der des Phenylalcohols bei 188° Cels.) In einer sauerstoffhaltigen Atmosphäre destillirt hinterlässt er jedesmal einen theerigen Rückstand. Er löst sich wenig in Wasser und mischt sich in allen Verhältnissen mit Alcohol, Aether und concentrirter Essigsäure. Er löst sich auch in starken alkalischen Laugen. In Ammoniak fand Duclos seine Löslichkeit nicht merklich geringer als die des Phenylalcohols.

Zur Gewinnung des Cressylalcohols wird der Holztheer für sich der Destillation unterworfen und der das Kreosot enthaltende, zwischen 150° und 220° Cels. übergehende Antheil zur Abscheidung von Kohlenwasserstoffen mit nicht zu concentrirter Natronlauge behandelt, welche Behandlung mit dem durch verdünnte Schwefelsäure aus der alkalischen Flüssigkeit abgeschiedenen Producte so oft wiederholt wird, bis sich dasselbe vollkommen klar in Natronlauge löst. Nach dem Waschen mit Wasser und Trocknen über Chlorcalcium wird es der fractionirten Destillation unterworfen, wodurch ein bei 187° siedendes Product — der Phenylalcohol — und ein bei 203° siedendes Product — der Cressylalcohol — erhalten wird. —

Die hier noch folgenden Körper sind sämmtlich noch wenig untersucht und ihre chemische Zusammensetzung daher nicht mit Gewissheit festgestellt. Sie finden sich, wie hier noch angefügt werden muss, auch theilweise im Holzessige.

Das Methol, $C_{18} H_{12}$, von Kane entdeckt, ist neben Toluol, Xylol und Cumol, und dem gleich zu beschreibenden Mesityloxyd in den zwischen 100° und 150° Cels. siedenden leichten Theerölen enthalten. Es ist eine wasserhelle Flüssigkeit, leichter als Wasser, von ganz eigenthümlichem Geruche. Es beginnt bei 160° zu sieden, kommt bei 170° in's volle Kochen, und geht unter steigender Temperatur bis 220° Cels. über. Die übergegangenen Destillate zeigen verschiedene specifische Gewichte von 0.861 bis 0.881.

Das Mesityloxyd, (Mesitaether), $C_6 H_5 O$, gleichfalls von Kane näher beschrieben, ist eine wasserhelle, bei 110° siedende Flüssigkeit, von gewürzhaftem, an Pfefferminze erinnernden Geruche. Es brennt mit leuchtender, wenig russender Flamme.

Der Mesit, $C_6 H_6 O_2$ (?). Dieser Körper ist von dem von Reichenbach entdeckten und von diesem mit gleichem Namen bezeichneten Stoffe verschieden, der Essigformester sein soll. Es ist ein farbloses, dünnflüssiges Liquidum, leichter als Wasser. Siedet bei 70°. Riecht angenehm ätherisch; schmeckt brennend. Angezündet brennt er mit heller und russender Flamme. Löst sich in drei Theilen Wasser.

Das Eupion. Unter diesem Namen beschrieb Reichenbach verschiedene Körper wahrscheinlich gemengter Natur. Nach Frankland scheint dasselbe wesentlich aus Amyl zu bestehen.

Das Kapnomor ($C_{40} O H_{22} O_4$?) von Reichenbach gleichfalls entdeckt. Wird das schwere Buchenholztheeröl behufs Darstellung von Kreosot mit Kalilauge von 1.20 specifischem Gewichte geschüttelt, so löst sich das Kapnomor mit dem Kreosote auf. Man entfernt das aufschwimmende, ungelöste Oel, kocht die alkalische Lösung einige Zeit, erkältet, übersättigt mit Schwefelsäure, destillirt das sich abscheidende, schwarzbraune Oel nach Zusatz von wenig Aetzkali, schüttelt das Destillat mit Kalilauge von 1.16 spec. Gewicht, nimmt das Ungelöste ab, scheidet aus der Lösung wie vorhin durch Aufkochen, Erkälten, Neutralisiren mit Schwefelsäure und Destilliren wiederum das gelöste Gemenge von Kreosot und Kapnomor und verfährt noch dreimal ebenso, indem man aber Kalilauge von 1.12, dann von 1.08 und endlich von 1.05 spec. Gewichte anwendet. Die ungelösten Oele enthalten jetzt sämmtlich Kapnomor; am

Meisten dasjenige, welches bei dem Behandeln mit der verdünntesten Kalilauge ungelöst blieb, daher man letzteres mit gleichviel Vitriolöl vermischt (wobei es sich erhitzt nnd roth färbt), nach dem Erkälten mit Wasser verdünnt, vom aufschwimmenden Oel befreit, und mit Ammoniak neutralisirt. Die klare, vom ausgeschiedenen Oel wiederum befreite Lösung lässt beim Destilliren gegen Ende Kapnomor übergehen, das man nochmals in Vitriolöl löst, und, nach dem Verdünnen mit Wasser und Neutralisiren mit Ammoniak, destillirt, mit Kalilauge wäscht und rectificirt, wobei man den Theil auffängt, der unter 185⁰ übergeht und bis 0.98 specifisches Gewicht zeigt. — Das Kapnomor ist ein wasserhelles, das Licht stark brechendes, dünnliches Liquidum von 0.977 specifischem Gewichte bei 20⁰ C; gefriert nicht bei — 21⁰ C, siedet bei 185⁰ C. Es riecht schwach und angenehm dem Rum ähnlich; ist anfangs geschmacklos, und schmeckt hinterher unerträglich beissend. Es ist etwas in heissem Wasser, leicht in Alcohol und Aether löslich. — Es brennt nicht mit russender Flamme.

Das Picamar, von Reichenbach endeckt, wird aus dem Theile des schweren Theeröls erhalten, der bei fractionirter Destillation mit 0.9 bis 1.15 specifischem Gewichte übergeht. (Später wendete Reichenbach nur Theeröl von 1.08 bis 1.095 specifischem Gewichte an). Man mischt das Theeröl mit acht Theilen Kalilauge von 1.16 specifischem Gewichte, lässt einige Tage in der Kälte stehen, (wo allmählig Picamar-Kali anschiesst, oft mehr als die Hälfte der Flüssigkeit erfüllend), trennt die Krystalle, reinigt sie durch wiederholtes Umkrystallisiren aus kochender Kalilauge, bis die Lauge farblos abläuft, zerlegt sie durch verdünnte Phosphorsäure oder Salzsäure und rectificirt das ausgeschiedene Oel zwei bis drei Mal über verdünnte Phosphorsäure, zuletzt im Vacuum. — Das Picamar ist ein fast farbloses, stark lichtbrechendes, etwas dickflüssiges Liquidum von 1.10 specifischem Gewichte bei 20⁰; es wird bei — 20⁰ dick und zähe; siedet bei 285⁰; riecht eigenthümlich, nicht unangenehm, schmeckt unerträglich bitter und zugleich brennend. Löst sich in etwa 500 Theilen kaltem und 1000 Theilen kochendem Wasser und in jedem Verhältnisse in Weingeist und Aether. Es bleibt an der Luft bei gewöhnlicher Temperatur unverändert, bräunt sich aber bei dem Sieden. Entzündet sich für sich nicht, brennt aber am Dochte oder erhitzt mit heller, russender Flamme.

Das Pittacall wird aus unreinem weingeistigem Picamar oder aus schwerem Theeröle, dessen Säure fast ganz neutralisirt ist, durch Zusatz von Barytwasser gebildet, und färbt die Flüssigkeit prachtvoll indigblau, welche Farbe nach einiger Zeit in roth und schwarz übergeht. Eine Methode zu seiner Reindarstellung ist nicht angegeben. Aus seinen Lösungen flockig niedergeschlagen oder durch Abdampfen erhalten bildet das Pittacall eine dunkelblaue, brüchige, abfärbende Masse, vom Ansehen des Indigs, mit kupferigem bis goldigem Metallglanze. Es ist geruch- und geschmacklos, nicht flüchtig; neutral, unveränderlich durch Licht und Luft. Es löst sich nicht eigentlich in Wasser, aber vertheilt sich darin so fein, dass sich die Mischung klar filtriren lässt.

Das Cedriret, von Reichenbach entdeckt, wird aus dem schweren Theeröle erhalten. Man befreit das Oel durch Neutralisiren mit kohlensaurem Kali von Essigsäure, vermischt mit concentrirter Kalilauge, scheidet das aufschwimmende Oel von der Lauge und neutralisirt mit Essigsäure. Hierbei scheidet sich ein Theil des gelösten Oeles ab, während ein anderer in Verbindung mit dem essigsauren Kali verbleibt, woraus er durch Abdestilliren erhalten wird. Sobald ein Tropfen des Uebergehenden in wässerigem schwefelsaurem Eisenoxyd einen rothen Niederschlag hervorbringt, fängt man den Rest des Destillats getrennt auf. Dieser mit wässerigem, schwefelsaurem Eisenoxyd oder mit zweifach-chromsaurem Kali und Weinsäure behandelt, färbt sich roth und scheidet nach einigem Stehen Nadeln von Cedriret ab. — Es sind dies feine rothe Nadeln, die beim Erhitzen ohne zu schmelzen zersetzt werden, entzündlich sind und ohne Rückstand verbrennen. Sie lösen sich wenig in kochender Essigsäure; nicht in anderen Lösungsmitteln.

Das Retén, $C_{36} H_{18}$, von Krauss und Fehling und fast gleichzeitig von Fritsche entdeckt, findet

---

*) Annalen der Chemie und Pharmacie. Bd. 74, Seite 56.

sich nur in dem schweren Theeröle sehr harzreicher Hölzer. Es ist in seinen Eigenschaften und chemischem Verhalten dem Paraffine sehr ähnlich.

Unter den Verwendungen, die der Theer als solcher fähig ist, steht die zum Anstriche verschiedener Hölzer obenan. In Folge seines Gehalts an Kreosot wirkt er — wie bekannt — fäulnissverhindernd. Der Anstrich von Schiffswandungen, von Pfählen, von Zaunwerk u. s. w. erfüllt sehr gut seinen Zweck, indem der zerstörende Einfluss der Atmosphäre und des Wassers bedeutend abgehalten wird. Um den Anstrich gut zu fertigen, ist es aber nothwendig den Theer auf den gut getrockneten Gegenständen, und am Besten in heissem Zustande aufzutragen, damit er besser eindringt. Man wiederholt den Anstrich zweckmässig zwei bis drei Mal, jedoch nicht eher als bis der vorhergehende ganz trocken geworden ist.

Zu der in neuerer Zeit in Aufschwung gekommenen Fabrication von Dachpappe scheint der Holztheer sich nicht so gut zu eignen, als der Steinkohlentheer. Die Fabricanten des genannten Stoffes ziehen immer den letzteren vor. Ob diesem eine wirklich begründete Ursache zu Grunde liege, vermag ich nicht zu entscheiden.

Die Anwendung des Theers zur Gasbereitung ist zwar vielfach versucht worden; sie hat sich aber keine dauernden Erfolge zu erringen vermocht. Wir werden im Anhange zur Holzgasfabrication auf dieselbe (bei dem Gasbereitungsprocesse aus Sägespänen und Theer) zurückkommen.

In gleicher Weise verwendet man jetzt nur sehr selten noch den Theer zur Feuerung unter den Oefen. Man hat dies Verfahren fast überall verlassen, da der Preis des Theers bedeutend gestiegen ist, und gibt desshalb aus öconomischen Gründen der Feuerung mit anderen Brennmaterialien den Vorzug.

Ausser diesen unmittelbaren Anwendungen des Theers, die, weil meist von beschränkter Natur, einen nur unvollständigen Absatz dieses Products bewirken, hat man es dann auch in den Gasanstalten versucht, denselben einer Destillation zu unterwerfen, um denselben in werthvollere Producte zu verwandeln. Unter diesen ist „das Pech“ — der feste Rückstand von der Destillation des Theers — jedenfalls der gesuchteste. Es findet sehr vielfache Anwendung zum Dichten von Fugen an Schiffen und Fahrzeugen, zum Legen von s. g. Asphaltpflaster u. s. w. und lässt sich ausserdem leichter transportiren als der Theer.

Die Destillation selbst führt man in grossen gusseisernen Blasen aus, die die Form der gewöhnlichen Destillirblasen zur Gewinnung des Spiritus besitzen. Sie haben aber zweckmässig einen niederen Helm, da sonst die höher siedenden Destillationsproducte bei ihrem Aufsteigen im Helme verdichtet werden und leicht in die Blase zurückfliessen. Als Kühlvorrichtung lassen sich einfach lange, bleierne Rohre verwenden, die man zum Kühlen in ein Reservoir von Wasser legt.

Bevor man jedoch zur Destillation schreiten kann, muss ein vorheriges Entwässern des Theers stattfinden, weil sonst die siedende Masse leicht übersteigt. Man erreicht diesen Zweck durch ein längeres, sehr schwaches Erhitzen des Theers. Diese Operation führt man in gusseisernen Gefässen mit doppeltem Boden aus, indem man den Theer über freiem Feuer oder mittelst Dampf erwärmt. An der tiefsten Stelle des inneren Bodens ist eine Röhre, die durch die Ummauerung geht, angebracht, durch welche das ausgeschiedene Wasser mittelst eines Hahnes abgelassen werden kann. Wenn der Theer entwässert ist, wird die Destillirblase gefüllt. Diese Füllung geschieht meist nur bis zu ³/₄ des Inhaltes, weil sich der Theer nie ganz entwässern lässt, und durch die Entwicklung der Wasserdämpfe die Masse leicht zum Uebersteigen kömmt. Man feuert im Anfange nur sehr schwach. Es verdichtet sich dann in der Vorlage das leichte Theeröl mit hellgelber Farbe, dem noch Wasser beigemischt ist, auf welchem es schwimmt. In höherer Temperatur folgen mit den schweren Theerölen auch Spuren von Essigsäure und Oxyphensäure. Bei 200° erscheint dann das Kreosot. Bei diesem Zeitpuncte fängt man meist das übergehende Destillat besonders auf, da es zur Darstellung gewisser Präparate aus demselben dienen soll. Die noch später erscheinenden Oele führen Paraffin in geringer Menge, welches man aus denselben erhalten kann. Es ist gerathen nun die Destillation zu unterbrechen, weil sonst der Rückstand in der Retorte, das Pech, zu spröde wird. Vielfach wird die Destillation schon beendigt, wenn das Kreosot anfängt überzugehen, weil dann das Pech weicher bleibt, ein schöneres Aussehen besitzt und sich leichter aus der Retorte entfernen lässt.

Die s. g. „leichten Theeröle" — das erste Destillationsproduct, welches auf Wasser schwimmt — bestehen fast aus den gleichen Bestandtheilen, wie das leichte Theeröl aus Steinkohlen. Benzol ist in denselben enthalten. Seine Menge ist aber so geringe, dass es sich nicht lohnen dürfte, dasselbe durch eine besondere Destillation abzuscheiden. Man verwendet die leichteren Theeröle immer nur als Fleckenwasser, nachdem sie durch ein längeres Behandeln mit concentrirter Kalilauge, und nachheriges Abstumpfen der anhängenden Lauge durch verdünnter Schwefelsäure und abermalige Destillation farblos erhalten worden sind. Es ist aber sehr schwierig ihnen einen eigenthümlichen, lange haftenden Geruch zu benehmen.

Die „schweren Theeröle", die so genannt werden, weil sie ein höheres specifisches Gewicht als das Wasser besitzen, und desswegen in demselben zu Boden sinken, finden nur zur Bereitung von Russ Verwendung. Sie lassen sich übrigens, weil sie Kreosot in reichlicher Menge enthalten, gewiss unmittelbar auch zum Imprägniren von Bahnschwellen verwenden. Doch ist diese Anwendung noch nirgends im grösseren Maasstabe in Anwendung gebracht worden.

Statt der unmittelbaren Anwendung dieser Oele wird in neuerer Zeit die Imprägnirung der Schwellen u. s. w. mit Erfolg durch eine Auflösung des Kreosots in Kalilauge ausgeführt. Man erhält ein solches anzuwendendes Product, nach den Angaben Vohls[*], nach folgendem Verfahren.

Man sammelt den bei 180—220⁰ übergehenden Phenylalcohol und Cressylalcohol besonders auf. Das Destillat nimmt sehr bald durch Sauerstoffaufnahme eine braune Farbe an, und ist schwerer als Wasser. Es findet seine Verwendung bei der Conservirung des Holzes und des Segels- und Tauwerks. Zur Applicirung der Carbolsäure und des Kreosots wird nachfolgendes Verfahren angewandt. Das Holz wird in eisernen Behältern mit Wasserdämpfen so lange behandelt, bis alle Luft aus demselben ausgetrieben ist. Nachdem der Dampf abgesperrt ist, wird der eiserne Behälter mittels eines Rohres mit einem Bottich in Verbindung gesetzt, in welchem sich eine alkalische Auflösung dieser beiden Substanzen befindet. Durch die Abkühlung des Behälters, in welchem sich das Holz befindet, werden die Dämpfe contrahirt und ein luftleerer resp. luftverdünnter Raum etablirt, der das Aufsaugen der Flüssigkeit aus dem Bottich bedingt. Das Holz schwängert sich mit diesen fäulnisswidrigen Substanzen, und wird zum Fixiren derselben mit einer verdünnten Eisenvitriollösung bestrichen. Die Schwefelsäure des Vitriols bemächtigt sich des alkalischen Lösungsmittels; die Carbolsäure und Cressylalcohol verbinden sich mit der Holzfaser, und das Eisen wird in den Poren des Holzes niedergeschlagen.

Das Tränken von Segeltuch und Schiffstaue geschieht, indem man dieselben durch ein starkes Lohbad nimmt, und der alkalischen Kreosotlösung aussetzt, alsdann die Eisenvitriollösung einwirken lässt.

Die Darstellung des Paraffins aus dem Holztheere geschieht in ganz gleicher Weise, wie beim Steinkohlentheere. Sie ist von Schilling Seite 86 geschildert worden, wesswegen wir dieselbe an dieser Stelle übergehen können.

Der Holzessig.

Die unter dem Namen Holzessig bekannte Flüssigkeit, welche sich in der Vorlage absondert, ist eine braun gefärbte, saure und eigenthümlich kreosotartig riechende Flüssigkeit, die einen sauren und beissenden Geschmack besitzt. Ihr specifisches Gewicht schwankt zwischen 1.025—1.035.

Sie besteht zur Hauptsache aus Essigsäure und Wasser, enthält aber neben diesen Körpern noch eine ziemliche Anzahl, theils saurer, theils basischer, theils indifferenter Stoffe.

Unter die ersteren zählt die im Anfange für Pyrogallussäure gehaltene Oxyphensäure. Ob neben dieser noch Metacetonsäure oder sonstige Säuren vorkommen, ist wahrscheinlich, aber noch nicht genau

---

[*] Annalen der Chemie und Pharmacie, Bd. 107, Seite 51.

ermittelt. Von basischen Körpern finden wir das Ammoniak; seine Menge ist aber sehr gering. Wahrscheinlich dürfte der Essig auch noch Methylamin und Propylamin enthalten. Am Meisten vertreten sind aber die indifferenten Körper.

Unter diese zählt: der Holzgeist, der im Holzessige nur in sehr spärlicher Menge enthalten ist, und manchmal selbst zu fehlen scheint; ferner Spuren vieler flüchtiger Kohlenwasserstoffe, wie z. B. Benzol, Toluol, Xylol u. s. w.; ferner wahrscheinlich Aceton, endlich Phenylalcohol und Cressylalcohol, sowie sonstige Bestandtheile des Theeres.

So zahlreich die Menge dieser verschiedenen Körper auch sein mag, die in dem Holzessige der Gasanstalten enthalten ist, so haben sie doch sämmtlich in technischer Beziehung — ausser dem Kreosote, dem der Holzessig seine antiseptischen Eigenschaften verdankt — keine Wichtigkeit. Alle die genannten Stoffe sind vielmehr schädlich zu nennen, da sie die Gewinnung reiner Essigsäure, oder auch reiner essigsaurer Salze ausserordentlich erschweren. Der Gehalt des Essigs an der Säure, welcher er seinen Namen verdankt, ist es daher allein, der ihm seinen Werth verleiht, und die grössere oder geringere Menge desselben wird für eine Benützung des Products von entscheidendem Einflusse.

Um den Gehalt an reiner wasserfreier Essigsäure in unserem rohen Holzessige zu ermitteln, genügt das gewöhnliche Verfahren, — die Ermittelung des specifischen Gewichts — nicht, mit welchem man einen Gehalt an reiner Säure in einer Flüssigkeit gewöhnlich bestimmt. Die Essigsäure zeigt ein ganz eigenthümliches Verhalten darin, dass ihre Auflösungen in Wasser (mehr oder weniger verdünnte Säuren) ein gleiches specifisches Gewicht besitzen, sowohl wenn sie höchst concentrirt, wie wenn sie sehr verdünnt sind.

Folgende Tabelle wird dies mit Zahlen belegen:

Essigsäurehydrat in 100 Theilen.	Specifisches Gewicht.	Essigsäurehydrat in 100 Theilen.	Specifisches Gewicht.	Essigsäurehydrat in 100 Theilen.	Specifisches Gewicht.
100	1.0635	67	1.0690	34	1.0450
97	1.0680	64	1.0680	31	1.0410
94	1.0706	61	1.0670	28	1.0380
91	1.0721	58	1.0660	25	1.0340
88	1.0730	55	1.0640	22	1.0310
85	1.0730	52	1.0620	19	1.0260
82	1.0730	49	1.0590	16	1.0230
79	1.0735	46	1.0550	13	1.0180
76	1.0730	43	1.0530	10	1.0150
73	1.0720	40	1.0513	7	1.0107
70	1.0700	37	1.0480	4	1.0050.

Es geht aus dieser Tafel ferner hervor, dass man sich bei der Prüfung von verdünnter Essigsäure, worunter unser Holzessig zählt, durch eine specifische Gewichtsbestimmung von dem Gehalte an Säure überzeugen könnte, wenn er sonst keine Stoffe enthielte. Aber die mehr oder minder grosse Menge des Theers, der Kohlenwasserstoffverbindungen u. s. w., ändern die Dichtigkeit der Flüssigkeit so wesentlich, dass eine einfache Bestimmung des specifischen Gewichtes uns durchaus keine Schlüsse auf den grösseren oder geringeren Gehalt an wasserfreier Essigsäure zu ziehen erlaubt. Denn während die meisten Holzessige kaum einen Gehalt von 2 bis 2½ Proc. an wirklichem Essigsäurehydrat aufweisen, würden sie nach obiger Tabelle mindestens 20 Proc. enthalten müssen. Man ersieht demnach, wie ausserordentliche Fehler man bei Befolgung der genannten Verfahrungsweise begehen würde. Sie ist desshalb unter keinen Umständen statthaft.

Der zur Prüfung unseres Holzessiges auf seinen Gehalt an reiner, wasserfreier Essigsäuren angewandten Methoden gibt es eine grosse Anzahl, die wir, weil an verschiedenen Orten verschiedene üblich
sind, etwas ausführlicher betrachten wollen. Sie scheiden sich zunächst, nach Anwendung zweier verschiedener
Principien zu ihrer Ausführung, in zwei bestimmte Gruppen. Bei Anwendung der der ersteren Abtheilung
zugehörenden Prüfungen wird nämlich der Essig mit einem Alkali direct gesättigt, und aus der verbrauchten
Menge desselben, die Essigsäure berechnet, die zu seiner Neutralisation nöthig war. Bei Anwendung
einer der anderen Methoden wird der Essig mit einer unbestimmten, aber überschüssigen Menge eines
kohlensauren Salzes zusammengebracht, und, da dadurch die Kohlensäure ausgetrieben wird, aus dem Gewichts-
verluste, den das kohlensaure Salz erleidet, die reine wasserfreie Essigsäure berechnet, die diesen
hervorbrachte. Wir können die ersteren Methoden als die directen, die letzteren als die indirecten bezeichnen.
Die ersteren unterscheiden sich weiter darin, ob wir das zur Sättigung nöthige Alkali in fester oder in
flüssiger Form anwenden. — Wir wollen dieselben der Reihenfolge nach kurz betrachten.

Eine Prüfung des Essigs auf seinen Gehalt, die besonders in England üblich und von dort her
Verbreitung gefunden hat, besteht darin eine gewisse Menge Holzessigs mit reinem kohlensauren Kali (dem
Kali carbonico e tartaro der Officinen) genau zu sättigen.

Man nimmt eine Unze des Holzessigs, wiegt eine bestimmte Menge des genannten Salzes ab, und
gibt nun vorsichtig von dem letzteren so lange zum Essige, bis die Flüssigkeit, nach schwachem Erwärmen,
blaues Lacmuspapier nicht mehr röthet, sondern vielmehr schwach geröthetes Lacmuspapier bläut. Die
Erkennung dieser Reactionen ist schwierig, weil der Holzessig beim Sättigen eine dunkelbraune, in's
Röthliche spielende Farbe annimmt, und ein Theil des Theers abgeschieden wird, den er enthält. Man
spüle desshalb das Lacmuspapier mit einer Spritzflasche gut ab, um nicht durch die Farbe der anhängenden
Theile der Lösung getäuscht zu werden. Man wiegt dann das nicht gebrauchte kohlensaure Kali zurück,
und erfährt sonach durch die Differenz die Menge des genannten Salzes, die zum Sättigen des Essigs
nöthig war. Man bezeichnet den Essig, je nachdem die Anzahl der Grane Pottasche betrug, die zur
Saturation nöthig waren, mit dem Namen: 16, 18, 20 u. s. w. gräniger Essig. 69.2 Gewichtstheile
reinstes kohlensaures Kali entsprechen, 51.0 Gewichtstheilen reiner wasserfreier Essigsäure.

Diese Methode ist, trotz ihrer vielfachen Anwendung, eine sehr ungenaue. Die Pottasche, die ein
mit kleinen Klümpchen untermischtes Pulver ist, lässt sich nicht in so kleinen Mengen zufügen, dass man
genau den Sättigungspunct erreicht. Während der Ausführung des Versuchs zieht die rückständige Masse,
die sehr hygroscopisch ist, Wasser aus der Luft an, und die Gewichtsmenge des verbrauchten Salzes wird
daher stets zu gering gefunden. Wenn man nun statt Pottasche das reine kohlensaure Natron (eine sehr
reine, calcinirte Soda) anwendet, so vermeidet man die letztere Fehlerquelle. Es ist diese Methode der
ersteren vorzuziehen. Wenn eine Unze Essig (wie gewöhnlich) 24 Grane wasserfreies kohlensaures Natron
sättigt, heisst der Essig Nro. 24. So viel Grane des genannten Salzes zum Sättigen nothwendig sind, mit
so und so viel Nro. wird der betreffende Essig bezeichnet. Wir wollen anfügen, dass 53.2 Gewichtstheile
reinstes, wasserfreies, kohlensaures Natron 51.0 Gewichtstheilen wasserfreier Essigsäure entsprechen.

Nach einer von Brande vorgeschlagenen Methode wird kohlensaurer Kalk zur Neutralisation der
Essigsäure benützt. Dieser Körper findet sich in reinstem Zustande in der Natur als Marmor. Man
bringt ein solches, genau gewogenes Stück, an einem seidenen Faden befestigt, in die zu prüfende, vorher
bestimmte Menge Essig, der aber schwach erwärmt werden muss, um den Process zu beschleunigen, und
rührt dann vorsichtig so lange um, bis die Flüssigkeit genau gesättigt, und Lacmuspapier die bekannten
Reactionen zeigt. Das übrige Material wird dann aus der Flüssigkeit genommen, gut abgespült, getrocknet
und gewogen. 50.0 Gewichtstheile reinen, kohlensauren Kalks sättigen 51.0 Gewichtstheile reiner wasserfreier Essigsäure. Die Methode ist bei reinem Essige gut. Ihre Ausführung dauert aber zu lange, da

sich der kohlensaure Kalk nur schwierig löst, und bei dem Sättigen eines rohen Holzessigs wird derselbe mit Theer sehr verunreinigt, daher die Methode nicht empfehlenswerth ist.

Die Ausführung der Gehaltsbestimmungen des Essigs unter Anwendung der Alkalien in flüssiger Form ist die beste Art der Bestimmung für unsere Zwecke. Man sättigt eine bestimmte Menge Essigs mit einer Lösung von einem genau bestimmten Gehalte an kohlensaurem Natron und berechnet aus der Menge der verbrauchten Flüssigkeit die Menge der Säure.

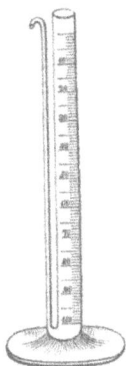

Fig. 1.

Die Prüfung geschieht in folgender Weise. Man bereitet sich zuerst eine Normallösung von kohlensaurem Natron, indem man 53.2 Gran kohlensaures Natron in ein Gefäss schüttet, welches, wenn man es bis zu einem bestimmten Puncte mit Wasser füllt, gerade 1000 Gran Wasser hält, und dann so viel Wasser hinzufügt, dass das Gefäss bis zu dem Puncte voll wird. Man wiegt oder misst dann eine Unze Essig ab, bringt sie in ein Becherglas oder eine Porcellanschale, und fügt nach und nach aus der Bürette Fig. 1 von der Normallösung hinzu. Die Bürette enthält 1000 Gran Flüssigkeit, und ist in 100 Theile getheilt. Man prüft die Lösung von Zeit zu Zeit mit blauem Lacmuspapier; so lange dies noch geröthet wird, und so lange bei einem neuen Zusatze der Normallösung noch ein Aufbrausen stattfindet, ist noch freie Essigsäure vorhanden. Man fügt dann einige Tropfen mehr hinzu. Die zu prüfende Flüssigkeit wird, nachdem der grösste Theil der Essigsäure neutralisirt ist, erwärmt, um die absorbirte Kohlensäure auszutreiben, da diese sonst dem Lacmuspapiere eine schwach rothe Farbe ertheilen, und so das Resultat ungenau machen würde. Wenn das Probepapier selbst nach dem Erwärmen noch geröthet wird, füge man wieder einige Tropfen Normallösung dazu, bis sich das Papier kaum noch verändert.

Man liest die Zahl der verbrauchten Volumina an der Bürette ab, und berechnet daraus, wie viel Säure in dem untersuchten Essig war. Da 532 Gran kohlensaures Natron, gleich 10 Aequivalenten, in 10000 Gran der Normallösung vorhanden sind, so enthalten 1000 Gran dieser Lösung — 100 Theilstriche der Bürette — 53.2 Gran oder 1 Aequivalent kohlensaures Natron, die 51 Gran wasserfreie Essigsäure sättigen können. Wenn nun z. B. 50 Theilstriche der kohlensauren Natronlösung verbraucht sind, so finden wir den Gehalt an Säure durch folgende Gleichung:

$$100 : 51 = 50 : 25.5.$$

Eine Unze ist = 480 Gran, die nach obiger Berechnung 25.5 Gran wasserfreie Essigsäure enthalten. Aus diesem lässt sich der Procentgehalt in folgender Weise ableiten:

$$480 : 25.5 = 100 : 5.31.$$

Man vermeidet diese Berechnung, wenn man statt einer Unze Essig 500 Gran gebraucht, und auf dieselbe Weise verfährt. 100 Theilstriche der Bürette sind gleich 51 Gran wasserfreier Essigsäure; daher neutralisirt jeder Theilstrich 0.51 Gran Essigsäure. Wenn man daher die verbrauchte Quantität mit 0.51 multipliciret, und das Product durch 5 dividirt, so erhält man sogleich den richtigen Procentgehalt. Wenn man z. B. 60 Volumina gebraucht hat, so ist die Berechnung:

$$60 \times 0.51 = 30.60 ; \frac{30.60;}{5} = 6.12 \text{ Procent.}$$

Statt des kohlensauren Natrons hat man Ammoniak als Normallösung vorgeschlagen. Diese Lösung wird dargestellt, indem man zu starkem Ammoniak so viel Wasser hinzufügt bis das specifische Gewicht = 0.992 ist. 1000 Gran dieses verdünnten Ammoniaks enthalten 17 Gran (1 Aequivalent) reines Ammoniak (wasserfrei), welches 51 Gran (1 Aequivalent) Essigsäure sättigen kann. Man wiegt 500 Gran Essig ab, und füllt die Bürette bis zum Nullpuncte mit der ammoniakalischen Lösung, welche man bis zur Neutralisation des Essigs hinzufügt. Die Berechnung wird wie bei dem vorhergehenden Beispiele ausgeführt, indem man mit 0.51 multiplicirt, und durch 5 dividirt. Es hat einige Schwierigkeit, die verdünnte Ammoniaklösung von derselben Stärke zu erhalten, welches ein Einwurf gegen ihren Gebrauch ist; aber man vergewissert sich von ihrer Gleichförmigkeit dadurch, dass man zwei hohle Glastropfen in die Vorrathsflasche bringt, die so geschliffen sind, dass der eine von ihnen stets am Boden bleibt, während der andre in irgend einer Lage der Flüssigkeit schwimmt, wenn diese genau das specifische Gewicht hat. Wenn ein Theil des Ammoniaks entweicht, so wird das specifische Gewicht der Flüssigkeit um so viel zunehmen, und der schwerere Glastropfen steigen. Sobald dieses eintrifft, fügt man etwas starkes Ammoniak hinzu, bis die hydrostatischen Tropfen ihren richtigen Platz wieder einnehmen.

Die letzte der Methoden, um den Gehalt eines Holzessigs an reiner, wasserfreier Säure zu bestimmen, basirt auf dem Umstand, dass eine gewisse Menge Essigsäure mit einem kohlensauren Salze zusammengebracht, eine äquivalente, genau bestimmte Menge von Kohlensäure abscheidet, die gasförmig entweicht. Ihre Menge kann desshalb leicht durch den Gewichtsverlust gefunden werden, den beide Stoffe bei ihrem Zusammentreffen erleiden. Ein Aequivalent wasserfreie Essigsäure, oder 51 Gewichtstheile derselben werden aus kohlensaurem Natron (Na O, CO_2), das man zur Vorsorge in überschüssigem Verhältnisse anwendet, immer ein Aequivalent oder 22 Gewichtstheile Kohlensäure entwickeln, indem sich essigsaures Natron bildet. Ein Gewichtsverlust von 22 Gewichtstheilen entspricht sonach einer Menge von 51 Gewichtstheilen wasserfreier Essigsäure, die in dem zu prüfenden Essige enthalten war. Gewöhnlich führt man jedoch die Bestimmung nicht mit dem einfach kohlensauren Natron aus. Das doppelt kohlensaure Natron (Na O, 2 CO_2 + 2 aq), welches sich leichter sehr rein darstellen lässt, als das einfach kohlensaure Salz, entbindet, wenn es mit einer Säure zusammengebracht wird, statt einem Aequivalente Kohlensäure (22 Gewichtstheilen) die doppelte Menge oder zwei Aequivalente (44 Gewichtstheile) Kohlensäure. Die unvermeidlichen Fehler der Wägung, die sich bei Anstellung einer Prüfung ergeben, werden desshalb bei Anwendung des doppelt kohlensauren Natrons um die Hälfte verringert, und dadurch eine grössere Genauigkeit der zu erhaltenden Resultate erzielt. Man zieht desshalb die Anwendung des letzteren Salzes zur Prüfung vor.

Fig. 2.

Die Ausführung dieser Operation geschieht mit Hülfe des in nebenstehender Figur 2 gezeichneten Apparates (nach Bunsen). Derselbe besteht zunächst aus einem leichten, aus Glas hergestellten Kölbchen A, das gross genug ist, um mindestens 150 Cubikcentimeter zu fassen. Dasselbe wird durch einen sehr gut schliessenden Kork verschlossen, der, doppelt durchbohrt, ein Rohr B, das mit Chlorcalcium zum Trocknen des entweichenden Gases, und ein Glasrohr g, das in die zu prüfende Flüssigkeit taucht, trägt. Das kleine Glasgefässchen C, an welches ein sehr dünner Platindraht angeschmolzen ist, dient zur Aufnahme des doppelt kohlensauren Natrons. Es wird, indem man den Platindraht zwischen den Kork und den Rand des Kölbchens einpresst, festgehalten. In den Kolben A bringt man nun den zu untersuchenden Essig, von welchem man eine genau bestimmte Menge, mindestens 40 bis 60 Grammen, anwendet. Man senkt dann das Gefäss C vorsichtig in die Flüssigkeit, so dass es nicht untertaucht, oder mit derselben in Berührung tritt, setzt den Stopfen sammt dem Chlorcalciumrohre und Glasröhrchen gut schliessend auf, indem man den Platindraht mit einpresst. Das Glasröhrchen g wird dann mit einem Wachspfropf verschlossen. Durch vorsichtiges Neigen des Apparates lässt man nun den Essig mit dem kohlensauren Salze in Berührung treten, so dass die durch die Kohlensäureentwicklung aufschäumende Flüssigkeit nicht übersteigen kann. Die vollständige Sättigung des Holzessigs bewirkt man durch öftere Wiederholung dieser Operation, und fährt damit so lange fort, bis keine Entbindung von Kohlensäure mehr stattfindet. Schliesslich bewirkt man die vollständige Austreibung der Kohlensäure durch Erwärmen auf 50—60° Cels. Nachdem das Kölbchen sammt dem Inhalt erkaltet ist, legt man ein Cautschucröhrchen an die Spitze des Chlorcalciumrohres, entfernt den Wachspfropf bei g und saugt nun die im Kölbchen enthaltene Kohlensäure weg, bis an deren Stelle reine atmosphärische Luft getreten ist. Dann wird abermals gewogen, und der Gerichtsverlust notirt. Je 44 Gewichtstheile Kohlensäure, die bei dieser Operation ausgetrieben, und als Gewichtsverlust gefunden sind, entsprechen 51 Gewichtstheilen wasserfreier Essigsäure. Es kann desshalb nicht schwer sein, die Menge an wasserfreier Säure, welche ein Holzessig enthält, zu berechnen. Gesetzt z. B. wir hätten zur Prüfung angewandt 60 Grammen eines Essigs von unbekannter Stärke und der Gewichtsverlust an Kohlensäure (mit doppelt kohlensaurem Natron bestimmt) betrüge 1.50 Grammen, so entspricht dieser Verlust einem Gehalte an wasserfreier Essigsäure, der nach der Proportion

$$44 \; : \; 51 \; = \; 1.50 \; : \; x;$$
$$x \; = \; 1.85$$

gefunden wird. In 60 Grammen des zu prüfenden Essigs sind nun 1.85 Grammen wasserfreier Essigsäure enthalten, daher in 100 Theilen

$$60 \; : \; 1.85 \; = \; 100 \; : \; x;$$
$$x \; = \; 3.08.$$

Der untersuchte Essig enthält demnach 3.08 Proc. wasserfreie Essigsäure.

Die Resultate, die man bei genauer Befolgung der erwähnten Methode erhält, lassen an Schärfe nichts zu wünschen übrig. Es ist jedoch ein Erforderniss, dass man eine sehr genaue Wage zur Verfügung hat.

Ueber die Stärke der Holzessige von verschiedenen Hölzern, die als Nebenproducte bei der Darstellung des Leuchtgases erhalten werden, liegen keine genauen Untersuchungen vor. Was man weiss, beschränkt sich auf den allgemeinen Erfahrungssatz, dass die sogenannten harten Hölzer mehr Essigsäure liefern, als die weichen, namentlich die Nadelhölzer. Hinsichtlich der Ausbeute an Essigsäure aus den Abfällen bei Holz: den Spänen, Rindentheilen u. s. w. gehen die Meinungen direct auseinander. Die Einen — und ich muss mich dieser Erfahrung anschliessen — behaupten, dass die Rinde einen schwächeren Essig liefere; die andern wollen die gegentheilige Erfahrung gemacht haben. Da die Späne und Rinden nie für sich allein destillirt werden, so ist überhaupt kaum eine directe Beobachtung gemacht worden. Aber solche vergleichende Versuche sind sehr wünschenswerth, und mit aus dem Grunde, meine Fachgenossen dazu zu veranlassen, habe ich die Untersuchung des Essigs so weitläufig abgehandelt.

Dem Gewichte nach erhält man aus einem Centner Holz 23—27 Pfund Holzessig, von 2—2½ Proc. Gehalt an Essigsäurehydrat. Seine Verwendung zu technischen Zwecken — wie zur Conservirung des Fleisches — ist eine so geringe, dass die Fabriken sich in der Lage sehen, die Essigsäure in eine feste Form zu bringen, um dieselbe transportabel und verkäuflich zu machen.

Die Bereitung des essigsauren Kalks ist hierzu der einfachste und geeignetste Weg. Er wird desshalb auch überall eingeschlagen, da man hierzu den gebrauchten Reinigungskalk verwenden und mithin nützlich verwerthen kann. Die Güte des gewonnen werdenden Productes ist aber eine sehr schwankende, je nach der Bereitungsart des Essigkalkes, so dass wir dieselbe hier näher und genauer betrachten wollen.

Eine der hauptsächlichsten Verunreinigungen des Holzessigs ist der Theer. Um seine Abscheidung so viel wie möglich zu bewirken, ist es gut, den von der Hydraulik abrinnenden Essig recht lange der Ruhe zu überlassen. Hierzu sind eine möglichst grosse Anzahl von Bütten ein Haupterforderniss. Ein jeder Luxus in dieser Beziehung macht sich durch die Güte des gewonnen werdenden Products bezahlt. Die Bütten müssen mit einem Hahnen, der sich einige Zolle über dem Boden befindet, versehen sein, um die Flüssigkeit rein von dem am Boden sich ansammelnden Theere ablassen zu können. Wenn sich die Hauptmasse des Theers nach längerem Absitzenlassen abgeschieden hat, lässt man den Essig unmittelbar in die Essigpfannen einfliessen. Man trägt in dieselben den kohlensauren Kalk (Reinigungskalk) ein, wenn die Flüssigkeit erwärmt worden ist. Da ein heftiges Aufbrausen erfolgt, so ist es gut die Pfannen nicht über drei Viertheile mit Essig zu füllen. Auch trage man Sorge den anzuwendenden Reinigungskalk nur gesiebt anzuwenden, indem man denselben durch ein Drahtsieb schlägt. Die Mühe, die dazu nöthig ist,

ist nur gering. Das feinere Pulver sättigt sich dann leichter, und man vermeidet dadurch, dass dem essigsauren Kalke später Knöllchen von kohlensaurem Kalke herrührend, die nicht zersetzt wurden, beigemengt sind.

Der Punct, wenn der Essig genau mit dem Kalke gesättigt ist, und den man auch nicht überschreiten darf, wenn man kein überschüssigen Kalk haltendes Product haben will, ist leicht mit Lacmuspapier zu erkennen. Es darf dasselbe keine rothe Farbe mehr zeigen, wenn es in die Flüssigkeit getaucht, und wieder mit Wasser abgespült worden ist, um die überschüssige braunroth gefärbte Lösung des Essigkalkes zu entfernen, die die Erkennung der Farbe erschwert. Sehr vortheilhaft aber ist es dann noch eine kleine Menge gelöschten Kalkes ausserdem zuzufügen. Man beabsichtigt dadurch namentlich eine Zerstörung des Kreosots, das im Essige enthalten, sowie der Oxyphensäure hervorzurufen. Beide Körper hängen dem Essigkalke so fest an, dass sie selbst noch in die Essigsäure übergehen, wenn der Essigkalk zu deren Darstellung mit Salzsäure destillirt wird. Das Kreosot bindet sich leicht an freien Aetzkalk; es vermag aber nicht den kohlensauren Kalk zu zersetzen. Die Verbindung desselben mit Kalk wird leicht durch den Zutritt der Luft zerstört, und es bilden sich braungefärbte Stoffe aus dem Kreosote, deren Natur zwar noch nicht näher erforscht ist, die aber nur durch die Zerstörung des Kreosots entstehen. Auch die Oxyphensäure wird mit Leichtigkeit zerstört, wenn freier Aetzkalk in der Flüssigkeit zugegen ist. Dieser Körper hat ein ausgezeichnetes Bestreben in alkalischen Lösungen, Sauerstoff aus der Luft aufzunehmen, und unter Bildung humusartiger Körper zerlegt zu werden.

Aus diesen Ursachen kann ein Zufügen freien Kalkes zum gesättigten Holzessige nur empfohlen werden. Wollte man — wie es Völkel vorgeschlagen hat — den Holzessig mit Kalk neutralisiren und dann freie Salzsäure zu der Lösung hinzufügen, so würde zunächst ein Theil des essigsauren Kalkes zerlegt und wieder freie Essigsäure gebildet werden. Diese zerlegt dann die Verbindungen des Kalkes mit dem Kreosot, so dass das letztere wieder in Freiheit zersetzt wird. Es muss dasselbe, wenn es entfernt werden soll, bei dem Einkochen der Lösung verdampfen. Aber dies kann nur unvollständig geschehen, da die Pfannen gewöhnlich mit dichtem Schaum bedeckt sind, und ein immerwährendes Rühren in der Flüssigkeit zu den Unmöglichkeiten gehört, wenn die Fabrication des Essigkalkes nur einigermassen lohnend sein soll. Das Verfahren Völkels ist jedenfalls gut, wenn ein Essig bei niederer Temperatur dargestellt worden ist; in unserem Falle wird man nach meinen Erfahrungen besser thun, dasselbe nicht zur Anwendung zu bringen.

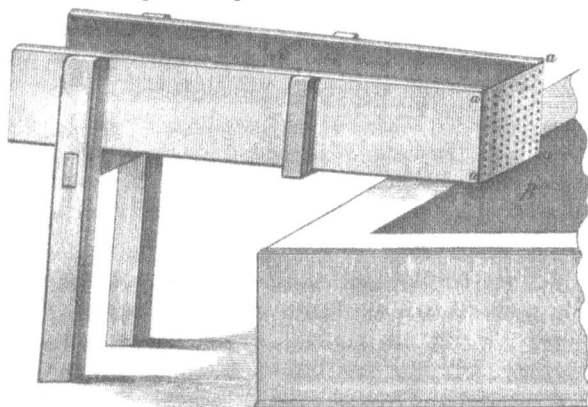

Fig. 3.

Wenn nun der Essig, wie erörtert, behandelt worden ist, fängt man an, denselben einzudampfen. Es kommen bald grössere Massen Theers als eine Haut an die Oberfläche, die man abschöpfen muss. Diesem Theere und Schaume, hängt, wenn er mittelst eines Seihers entfernt wird, stets noch von der Lösung des Essigkalkes an, die nur schwierig abrinnt. Um dieselbe nicht verloren zu geben, bringt man den Abschaum der Pfannen auf eine Ablaufvorrichtung — Fig. 3 —. Dieselbe ist eine etwa 1½ Fuss breite Holzrinne, die vorne durch ein nicht zu dichtes Drahtsieb a a a a abgeschlossen ist. An diesem Theile liegt sie über der Pfanne B auf. Um das Abfliessen der Flüssigkeit zu erleichtern, ist der hintere Theil gegen den vorderen erhöht. In die Rinne wird dann der Schaum geworfen; die Flüssigkeit bahnt sich den Weg durch das Sieb in die Pfanne. Läuft nach längerer Zeit nichts mehr ab, so wird der Schaum entfernt, den man recht gut zur Feuerung unter dem Dampfkessel verwenden kann.

Wenn die Flüssigkeit dickflüssiger geworden ist, füllt man sie zweckmässig in eine andere Pfanne, da die erste ausschliesslich zum Sättigen und ersten Einkochen dient. In grösseren Anstalten, wo man drei und mehr Essigpfannen zur Verfügung hat, wird die Flüssigkeit auch nicht in der zweiten, sondern erst in der dritten zur Trockniss verdampft. Diess muss unter fleissigem Umrühren geschehen, weniger um ein schnelles Verdampfen zu bewirken, als um ein Anbrennen zu verhüten, wodurch die Pfannen sehr nothleiden. Wenn der Kalk nach dem letzten Umstechen trocken geworden ist, wird er aus den Pfannen herausgeworfen und bald in Fässer verpackt, da er leicht Feuchtigkeit anzieht.

Die Bereitung des essigsauren Kalkes geschieht in allen Fabriken nur mit Hülfe der Hitze, die, nach dem Verlassen der Oefen, sonst unbenützt in den Schornstein übergehen würde. Die Art, wie man die Fabrication des Essigkalkes fortdauernd bewirkt, hängt von der Hitze ab, die man zur Verfügung hat. In den grösseren Anstalten sind mindestens drei Pfannen zur Fabrication des Essigkalkes vorhanden. In der ersten wird der Essig gesättigt, in der zweiten mehr eingedickt, in der dritten zur Trockne gebracht. Hat man nur zwei Pfannen, so ist die Sache noch einfacher. In jedem Falle ist aber eine gute Ueberwachung der Bereitung des essigsauren Kalkes nothwendig, und namentlich eine öftere Durchsicht der Pfannen sehr geboten, weil diese, wenn der Boden durch anhängenden Kalk oder Theer belegt ist, leicht nothleiden. Damit entstehen grosse Kosten für die Fabrication, die der geringe Preis des Essigkalkes nicht zu decken vermag.

Wir haben zu Anfange dieses Capitels schon einer Menge verschiedener Körper gedacht, die als verunreinigende Bestandtheile im Holzessige vorkommen. Obwohl von keiner Wichtigkeit, weil technisch nicht verwendbar, wollen wir dieselben doch zur Vervollständigung des Ganzen, aber darum nur in flüchtiger Weise, mit ihren Eigenschaften, Gewinnung etc. skizziren.

Unter den Bestandtheilen des Essigs, die, wie dieser, Säuren sind, haben wir zuerst die Oxyphensäure (auch Pyrocatechin, Brenzcatechin, Brenzmorinsäure genannt) zu erwähnen.

Die Oxyphensäure, ($C_{12} H_6 O_4$), krystallisirt im rhombischen Systeme. Die sublimirte Säure erscheint in Blättchen von starkem Glanze. Sie schmilzt bei 110° und verdampft schon bei ihrem Schmelzpuncte. Ihre Dämpfe sind stechend und reizend. Sie löst sich leicht in Wasser, Aether und Weingeist. Ihre wässerige Lösung löst Theerbestandtheile und Harze in grösserer Menge auf. Die trockene Säure erregt auf der Zunge ein brennendes Gefühl, und schmeckt bitterlich adstringirend. Beim Schmelzen färbt sie sich etwas gelblich, wie es scheint, unter beginnender Zersetzung. Sie brennt mit hellleuchtender Flamme. Aetzende und kohlensaure Alkalien (diese wohl im niederen Grade) bringen dieselbe Wirkung hervor, wie Pyrogallussäure: es tritt dabei eine Sauerstoffabsorption ein.

Die wässerige Lösung der Säure erzeugt mit Eisenoxydul-Oxydsalzen und Eisenoxydsalzen eine schöne grüne Farbe, die bei dem Zusatze von ätzenden und kohlensauren Alkalien in eine prächtig violette übergeht; neutralisirt man das Alkali, so erscheint die Flüssigkeit wieder grün. Eisenoxydulsalze verändern die wässerige Lösung der Säure in keiner Weise. Unterchlorigsaurer Kalk erzeugt eine grüne Farbe, die alsbald in schwarz übergeht, unter Entstehung einer Fällung. Ein Fichtenspan, mit Salzsäure in der Säurelösung getränkt, färbt sich nicht an der Sonne.

Die Darstellung der Oxyphensäure geschieht nach Buchner*) in folgender Weise: Man dampft Holzessig zur Syrupsconsistenz ein, mischt und schüttelt ihn mit einer gesättigten Kochsalzlösung, um die theerartigen Producte abzuscheiden, und die Brenzsäure aufzulösen. Ist dies geschehen, so giesst man die Salzlösung möglichst vollständig vom Theere ab. Der Theer kann noch zwei bis dreimal mit kleineren Quantitäten Kochsalzlösung geschüttelt werden, um die von ihm zurückgehaltene Brenzsäure vollständiger auszuziehen. Darnach mischt man sämmtliche Salzlösungen, und behandelt sie mit Aether, indem man durch häufiges Schütteln die Lösung der Säure in diesem unterstützt. Es bildet sich nun auf der Kochsalzlösung eine Aetherschichte, die bald grün, bald röthlich gefärbt erscheint, welche Färbung von einem

---

*) Annalen der Chemie und Pharmacie, Bd. 96.

grösseren oder geringeren Gehalte des Holzessigs an Theeröl und Eisen herrühren mag. Die Salzlösung begrenzt in der Regel ein schwarzer, flockiger Niederschlag, der bisweilen die Trennung dieser von der Kochsalzlösung erschwert. Dieser schwarze Niederschlag enthält ziemlich viel Eisen. Ist es nun gelungen die Aetherschichte möglichst von der Salzlösung zu trennen, so destillirt man den Aether im Wasserbade ab, und erhitzt nun den Rückstand, der die Säure, nebenbei Essigsäure und Theeröl enthält in einer tubulirten Retorte. Zuerst geht Essigsäure über, dann kommen die Theeröle mit der Säure und zuletzt ein braunes, dickflüssiges Oel. Während dieser Operation leitet man einen ziemlich langsamen Strom von Kohlensäure durch die Retorte, was theils eine Abhaltung der atmosphärischen Luft, theils eine raschere Destillation bezweckt. Die Eigenschaft dieser Destillate ist wesentlich von dem Gehalte des Holzessigs an Theeröl abhängig. Ist er ziemlich frei von diesem, oder hat man das Eindampfen des Holzessigs zu weit getrieben, so erhält man schon bei der ersten Destillation ein von Oel röthlich gelb gefärbtes Sublimat der Säure. Ist aber der Oelgehalt bedeutender, so löst dieser die Säure auf, und man erhält wie oben angedeutet wurde, nur flüssige Producte. Die Destillate können wesentlich in drei unterschieden werden: Das erste etwas Aether und viel Essigsäure haltend, beinahe farblos; das zweite ein röthlich-gelbes, ziemlich dünnflüssiges Oel, das am Reichsten an Säure zu sein pflegt, und das letzte ein braunes Oel, das zwar noch Säure enthält, aber selbe nicht mehr krystallisiren lässt. Bei einiger Aufmerksamkeit kann leicht der Zeitpunct getroffen werden, wo das zweite säurereichere Destillat kommt; es kann leicht aus den durch das verschiedene specifische Gewicht der Flüssigkeiten entstehenden Schichten erkannt werden. Nimmt man endlich ab, wenn das braune Oel überzudestilliren beginnt, so kann man sicher sein, dass das zweite Destillat beim Erkalten zu einem von anhängendem Oel röthlichgelb gefärbten Krystallbrei gestehe. Diesen befreit man nun durch Pressen zwischen Fliesspapier von Oel. Zur Reinigung der Säure muss dieselbe abermals im Kohlensäurestrome umdestillirt werden.

Der Gehalt des Essigs an reiner Oxyphensäure schwankt zwischen $^1/_{10} — ^2/_{10}$ Procent.

Unter den basischen Körpern, die der Holzessig enthält, finden wir das uns bekannte Ammoniak. Sein Gehalt an diesem Körper ist aber so gering, dass sich derselbe nur schwierig nachweisen lässt. An eine technische Gewinnung desselben kann unter solchen Umständen nicht gedacht werden.

Von den indifferenten Körpern, welche als Bestandtheile des Holzessigs namhaft zu machen sind, haben wir als des wichtigsten des Holzgeistes zu gedenken, obwohl derselbe auch nur in spärlichster Weise vorkommt; manchmal sogar zu fehlen scheint.

Zur Trennung des Holzgeistes von der Essigsäure kann man zwei verschiedene Wege einschlagen. Man destillirt entweder den Holzgeist direct von der Säure ab, oder man neutralisirt die Essigsäure zuerst mit Kalk und unterwirft die Lösung dann der Destillation. Im esteren Falle muss man kupferne Blasen anwenden, die durch Dampfröhren, die im Innern circuliren, erhitzt werden; im zweiten Falle aber kann man eiserne Retorten benutzen, und diese dem directen Feuer aussetzen. Die Blasen haben je nach dem Umfange der Fabrication eine verschiedene Grösse; die kupfernen enthalten gewöhnlich 5000 Pfd. Flüssigkeit. Man destillirt so lange, bis aller Holzgeist übergegangen ist, was man daran erkennt, dass ein Theil des Destillats sich nicht mehr entzündet, und mit weisser Flamme brennt, wenn man es auf helles Feuer fallen lässt. Der Holzgeist ist in den meisten Fällen ausgetrieben wenn $^1/_{10} — ^1/_5$ der Flüssigkeit in der Vorlage condensirt ist. Man unterbricht die Destillation und überlässt den Rest der Flüssigkeit der Ruhe, wobei noch viele theerige Substanzen abgeschieden werden.

Oefters zieht man es vor, wie schon oben erwähnt ist, die rohe Holzsäure vor der Destillation mit Kalk zu neutralisiren. Man destillirt dann den Holzgeist von der Lösung des essigsauren Kalkes ab, und bringt die zurückbleibende Flüssigkeit in Reservoirs, um sie so klar als möglich werden zu lassen.

Die weitere Reinigung des Holzgeistes wird durch wiederholte Rectificationen bewirkt. Man destillirt ihn zu diesem Zwecke zuerst über Aetzkalk, dann über ein Gemisch von gebranntem Kalke und kaustischer Soda oder Aetzkali; endlich zum letzten Male fügt man einige Tropfen Schwefelsäure hinzu, um eine Spur Ammoniak, welches durch die Behandlung mit den Alkalien gebildet sein könnte, zu entfernen. — Der so gewonnene Holzgeist ist farblos, und hat ein specifisches Gewicht, welches zwischen 0.780 — 0.832 variirt. Er enthält eine Menge von Körpern, wie z. B. Lignon, Mesit etc., die wir später noch kurz betrachten werden. — Die Darstellung des ganz reinen Holzgeistes geschieht — nach Kane — auf folgende Weise: Man benützt zu seiner Reinigung das Verhalten desselben gegen Chlorcalcium, mit dem der reine Holzgeist eine Verbindung eingeht, die bei 100° nicht zersetzt wird. Man löst in dem gewonnenen Destillate Chlorcalcium bis fast zur Sättigung auf, entfernt durch Destillation im Wasserbade einen Theil der fremden Beimengungen und unterwirft den Rückstand, nachdem ein gleiches Volumen Wasser zugesetzt ist, einer neuen Destillation aus dem Wasserbade. Der übergehende Holzgeist wird darauf durch zweimalige Rectification über gebrannten Kalk entwässert. (Nach Weidemann und Schweitzer gelingt diese Reinigung übrigens nur dann, wenn grosse Mengen von Holzgeist angewendet werden).

Der reine Holzgeist ist ein sehr leichtflüssiges, wasserhelles Liquidum von eigenthümlichem aromatischen, gleichzeitig dem Alcohol und Essigäther ähnlichem Geruche. Er lässt sich mit Wasser in allen Verhältnissen ohne Trübung mischen; ebenfalls mit Weingeist, Aether, flüchtigen und fetten Oelen. Sein specifisches Gewicht beträgt nach Dumas und Peligot 0.798 bei 20° Cels.; nach Deville 0.807 bei 9° Cels. Er siedet unter 0.761 M. Druck bei 66.5° Cels.

Unter den Körpern, die als stete Begleiter des Holzgeistes vorkommen, sind unter dem Namen Lignon, von Weidemann und Schweitzer, und Mesit, von Reichenbach, Körper beschrieben worden, deren chemische Zusammensetzung und Eigenschaften von verschiedenen Forschern immer ungleich gefunden wurden. Es ist desshalb wohl kaum einem Zweifel unterworfen, dass diese Körper nicht rein, sondern Gemische anderer noch nicht genauer bekannter Körper waren. Es ist durch neuere Untersuchungen wahrscheinlich geworden, dass sie nichts als ein mehr oder minder reiner Aceton, ($C_6 H_6 O_2$), seien. Wir wollen uns desshalb, so lange nicht genauere Angaben vorliegen, bei ihrer Betrachtung nicht weiter aufhalten.

Die Holzkohlen.

Der Rückstand, welcher nach dem Vergasen des Holzes in der Retorte zurück bleibt, ist die Holzkohle.

Dieselbe hat das Aeussere, und im Allgemeinen die Eigenschaften der Holzkohle, die von der Meilerverkohlung herrührt, und die uns allen bekannt sind. Sie unterscheidet sich aber auf den ersten Blick durch ihre relativ grössere Leichtigkeit von dieser.

Das eigentliche specifische Gewicht der Kohlen von verschiedenen Hölzern, die bei der Gasbereitung gewonnen werden (oder das Gewicht der von Luft und Wasser freien Kohle verglichen mit dem Gewichte eines gleich grossen Volumens Wasser) ist merkwürdigerweise nicht sehr verschieden.

So fand ich es für:

Eichenholzkohle . .	=	1.455;
Buchenholzkohle . .	=	1.431;
Birkenholzkohle . .	=	1.424;
Pappelholzkohle . .	=	1.417;
Tannenholzkohle . .	=	1.400—1.415;
Fichtenholzkohle . .	=	1.400—1.420;
Aspenholzkohle . .	=	1.408;
Lindenholzkohle . .	=	1.400;
Lärchenholzkohle . .	=	1.430;
Weidenholzkohle . .	=	1.405.

Die Dichtigkeit der verschiedenen Holzkohlen hängt, neben der Temperatur der Oefen, von dem specifischen Gewichte des Materials ab, aus welchem sie dargestellt wurden. So sind z. B. die Kohlen, welche aus Prügelholz erhalten werden, immer dichter als diejenigen, welche man bei Anwendung von Scheitholz erzielt. Da bei unserer Gasfabrication beide Momente annähernd als gleich anzunehmen sind, soferne man in der Regel Scheitholz vergast, so zeigen denn auch die verschiedenen Kohlen, die erhalten werden, kein wesentlich verschiedenes specifisches Gewicht.

Von besonderer Wichtigkeit für gewisse technische Zwecke ist es oft das specifische Gewicht der Kohlen zu kennen, wie sie sich finden, also wenn die Poren mit Luft erfüllt, und die Masse mit Feuchtigkeit durchdrungen ist. Man kann unmittelbar daraus die Gewichtsmenge der Kohlen ableiten, die einen bestimmten Raum ausfüllen und gibt in der Regel denjenigen Kohlen den Vorzug, die auf relativ kleinstem Raume die grösste Gewichtsmenge von Kohle besitzen, folglich am specifisch schwersten sind. Eine Bestimmung der specifischen Gewichte verschiedener Kohlen in dieser Richtung ist sehr mühsam. Das Ueberziehen verschiedener Kohlenproben mit Collodium und nachheriges Wiegen unter Wasser gab keine befriedigende Resultate; noch weniger als ich versuchte, die Kohle statt mit Collodium mit einem Firniss von 1.0 specifischem Gewichte zu überziehen. Ich liess mir desshalb sehr genau gearbeitete Würfel von verschiedenen, bei der Gasbereitung gewonnenen Kohlen fertigen. Diese wurden unter ganz gleichen Umständen der Einwirkung der Luft ausgesetzt und gewogen.

Folgendes sind die Angaben über das specifische Gewicht der Kohlen in lufttrockenem Zustande, nebst einer daraus berechneten Angabe des Gewichts eines c' engl. in Zollpfunden der gleichen Kohlen:

	Holzkohle.	Specifisches Gewicht.	Gewicht eines c' engl. in Zollpfunden.
1.	Buchenholzkohle	0.174	9.75 Pfund
2.	Eichenholzkohle	0.161	9.1 ,,
3.	Birkenholzkohle	0.154	8.9 ,,
4.	Lindenholzkohle	0.150	8.5 ,,
5.	Tannenholzkohle	0.138	7.7 ,,
	,, ,,	0.141	7.8 ,,
6.	Aspenholzkohle	0.127	7.2 ,,
7.	Pappelholzkohle	0.120	6.6 ,, .

Zur Vergleichung habe ich auch das Gewicht einer bei Meilerverkohlung gewonnenen Buchenholzkohle bestimmt. Ich fand das specifische Gewicht = 0.260; das Gewicht eines Kubikfusses engl. Kohlen = 14.7 Pfd. Diese Zahlen liefern einen Beweis, dass die Kohlen von der Gasfabrication wesentlich leichter sind, als die bei Meilerverkohlung gewonnenen, wie es auch schon der Augenschein ergibt.

Ueber die Quantitäten von Kohlen verschiedener Hölzer, die ein bestimmtes Kubikmaas ausfüllen, liegen keine speciellen Angaben vor. — Wir haben es schon erwähnt, dass es Hölzer gibt, die eine relativ grosse und dichte Kohle geben (so z. B. Tannen-, Fichten-, Eichen- und Buchenholz), während aus anderen immer nur eine kleine und leicht zerreibliche Kohle erhalten wird (so z. B. aus Pappel- Lindenholz etc. etc.). Je grösser nun die Kohlen sind, um so verhältnissmässig grössere Zwischenräume bilden sie, und umgekehrt, legen sich kleinere Kohlen dichter und fester an einander. Ausserdem kommt auch noch der Wassergehalt verschiedener Kohlen in Betracht. Kohlen, die mit Wasser abgelöscht wurden, bleiben in der Regel wasserhaltender als diejenigen, welche blos „abgedämpft" wurden, d. h. unter Luftabschluss erkalteten. Unter so verschiedenen, und selbst bei einer Kohlensorte wechselnden Umständen müssen wir von ein für allemal gültigen Angaben absehen.

Unter den übrigen physicalischen Eigenschaften unserer Holzkohlen haben wir namentlich noch die Fähigkeit derselben zu erwähnen, Wasserdampf und Gase aus der Atmosphäre aufzunehmen, und in sich zu verdichten. Die Kohlen haben ein ausgezeichnetes, grosses Bestreben dies zu thun. Die folgenden Daten, die ich bei einem Versuche erhielt, werden dies ohne Weiteres erkennen lassen.

Eine Tannenkohle, welche unter Luftabschluss erkalten konnte, zog in folgenden Zeiträumen folgende Mengen von Feuchtigkeit und Luft an:

In der 1. Stunde:

1 Viertelstunde	0.83	Proc.	Wasser	und	Luft			
2	,,	,,	0.83	,,	,,	,,	,,	
3	,,	,,	0.71	,,	,,	,,	,,	
4	,,	,,	0.68	,,	,,	,,	,,	

= 3.05 Proc.

,, ,, 1.—2. Stunde:

1 Halbestunde	0.74	,,	,,	,,	,,		
2	,,	,,	0.70	,,	,,	,,	,,

= 1.44 ,,

,, ,, 2.—3. ,,	. . . .	= 1.15 ,,
,, ,, 3.—4. ,,	. . . .	= 0.91 ,,
,, ,, 4.—5. ,,	. . . .	= 0.77 ,,
,, ,, 5.—6. ,,	. . . .	= 0.66 ,,
,, ,, 6.—7. ,,	. . . .	= 0.60 ,,
,, ,, 7.—8. ,,	. . . .	= 0.45 ,,
,, ,, 8.—9. ,,	. . . .	= 0.21 ,,
,, ,, 9.—10. ,,	. . . .	= 0.12 ,,
,, ,, 10.—11. ,,	. . . .	= 0.09 ,,
,, ,, 11.—12. ,,	. . . .	= 0.05 ,,
,, ,, 12.—24. ,,	. . . .	= 0.06 ,,
,, ,, 24.—48. ,,	. . . .	= 0.01 ,,

Total in 2×24 Stunden = 9.57 Proc.

Ueber die chemische Zusammensetzung der bei der Holzgasfabrication gewonnenen Kohlen liegt eine einzige Untersuchung von Laist vor.

100 Theile einer solchen bestehen in gewöhnlichem, lufttrockenem Zustande aus:

Kohlenstoff	87.43 Proc.
Wasserstoff	2.26 ,,
Sauerstoff und Stickstoff	0.54 ,,
Aschenbestandtheile	1.56 ,,
Wasser	8.21 ,,
	100.00 ,,

Man ersieht daraus, dass dieselbe keineswegs ein reiner Kohlenstoff ist, sondern dass sie ausserdem noch Wasserstoff und eine geringe Menge Sauerstoff und Stickstoff enthält.

Die Ausbeute an Kohlen, die man aus 100 Pfund Holz erzielt, ist differirend. Wenn dieses scharf getrocknet ist, und die Kohlen nicht mit Wasser abgelöscht wurden, sondern nur unter Luftabschluss erkalteten, so stellte sich nach meinen Erfahrungen, (die zum Theile bei Versuchen in kleinem Maasstabe erhalten wurden,) die Ausbeute folgendermassen *):

Es gaben

Eichenholz (Scheitholz)	25.5 Proc. Kohle;
Buchenholz (Scheitholz)	24.0 ,, ,, ;
Birkenholz (Scheit- und Prügelholz) .	20.5 ,, ,, ;

*) Journal für Gasbeleuchtung. Jahrg. 1861, Seite 374; Jahrg. 1862, Seite 200.

Päppelholz (Scheitholz) . . . . . 22.2 Proc. Kohle;
Tannenholz (Scheit- und Prügelholz) 18—22 ,, ,, ;
Fichtenholz   ,,   ,,   ,,   . 18—22 ,, ,, ;
Aspenholz   ,,   ,,   ,,   . 19.9 ,, ,, ;
Lindenholz   ,,   ,,   ,,   . 18—22 ,, ,, ;
Weidenholz   ,,   ,,   ,,   . 25.0 ,, ,, ;
Lärchenholz (Prügelholz) . . . . 20.0 ,, ,, .

Im Allgemeinen schwankt sonach die Ausbeute an Kohlen in lufttrockenem Zustande zwischen 18 und 25 Procenten. Wenn die Kohlen aber längere Zeit auf Lager sich befinden, und wie dies gewöhnlich geschieht, in Haufen übereinander geworfen werden, so geben sie einen ziemlich bedeutenden Bruch. Einige Fabriken, wo, wegen ungenügenden Absatzes der Kohlen in gewissen Perioden, das Lagern oft längere Zeit dauert, berechnen ihn bis zu 25 Proc. der Gesammtausbeute. In den meisten anderen Fällen beträgt er zwischen 10 — 15 Procenten.

Um diesem Verluste möglichst zu begegnen, ist das einfachste Verfahren folgendes: Fast überall ist es üblich, die Kohlen dem Maase nach — als Zuber, Bütte etc. etc. — zu verkaufen. Die Anstalt trifft, um den Absatz zu befördern, meist noch Sorge, den Abnehmern dieselbe zugehen zu lassen, und man muss desshalb ohnedies eine grössere Anzahl Körbe vorräthig halten, die ein bestimmtes Maas gerade aufnehmen können. Die frischen Kohlen, wenn sie erkaltet sind und aus den Kästen kommen, bringt man unmittelbar in Körbe. Zu dem Ende werden die Kohlen, wenn sie auf ein Steinpflaster ausgeschüttet sind, mit einer Kohlenschaufel, (die eine ganz gleiche Form mit der Coakschaufel hat) aufgenommen, leicht durchgeschüttelt und dann in die Körbe verbracht. Da sie darin nicht einem grossen Drucke ausgesetzt sind, so erhalten sie sich für längere Zeit ohne einen Bruch zu geben. Den Durchfall, den man bei diesem Sieben erhält, sondert man weiter zweckmässig in zwei Theile. Die gröberen Stücke sind als eine geringere Kohlensorte vsrkäuflich; die ganz kleinen Theilchen kann man mit zur Feuerung oder zu sonstigen Zwecken verwenden.

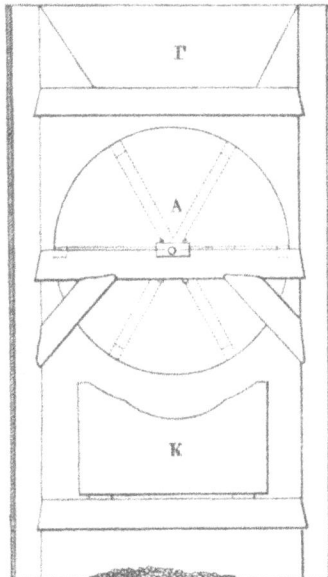 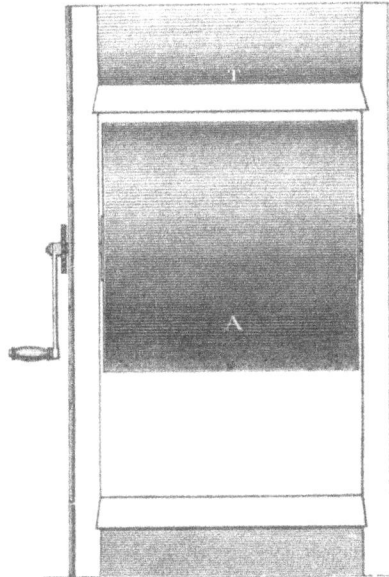

Fig. 4.   Fig. 5.

Um diese weitere Trennung auszuführen, dient die Kohlenreinigungsmaschine. Fig. 4 stellt die Vorderansicht nach Wegnahme der Bretterbekleidung; Fig. 5 die Seitenansicht, ebenfalls nach Wegnahme der Bretterbekleidung dar.

Die Kohlenreinigunngsmaschine besteht aus mehreren Theilen. Der wichtigste derselben ist der Cylinder A, durch welchen die eigentliche Trennung des Staubes von den Kohlen bewirkt wird. Die beiden Böden dieses Cylinders sind ein verstärktes Kreuzwerk, mit Eisenblech überkleidet, und sind durch sechs Längsstäbe verbunden. Um diese letzteren liegt ein Drahtsieb von circa 49 Maschen per □″. Zum Einfüllen und Ausleeren der Kohlen ist eine thürähnliche Oeffnung von demselben Drahtgeflechte wie das übrige angebracht, die durch einen gewöhnlichen, kleinen Vorreiber geschlossen werden kann. Die Axe des Cylinders lagert auf einem Querriegel in der Vorder - und Hinterwand des Gestelles auf, und wird die Trommel mittelst einer Handkurbel in Bewegung gesetzt. Um der Trommel bei dem Füllen und Entleeren einen festen Stand zu geben, befindet sich auf der Axe, dicht hinter der Kurbel, ein Sperrrad.

Die Einfüllung der Kohle geschieht mittelst des Trichters T und wird das gesiebte Product in den Kasten K entleert, der durch eine in der Stirnwand befindliche Thüre herausgenommen werden kann. Der während des Drehens entstehende Staub fällt auf den Boden der Kohlenreinigungsmaschine, und kann durch die Thüre C mittelst einer Schaufel weggenommmn werden. Während des Drehens des Cylinders ist natürlich der Kasten zur Aufnahme des Kohlenkleins nicht in die Maschine eingeschoben, sondern dies geschieht erst, nachdem sich der Staub zu Boden geschlagen hat. Zum bequemen Ein - und Ausführen des Kastens sind Handheben an demselben angebracht.

Die Kohlen, die bei der Gasbereitung erhalten werden, können ihrer geringeren Dichte und Zerreiblichkeit wegen, nicht alleinig zu metallurgischen Zwecken verwandt werden. Da sie aber einen hohen pyrometrischen Effect haben, so lassen sie sich unter Zugabe von Coaks oder anderen Kohlen recht wohl zu benannten Zwecken verwenden. In dieser Weise werden sie in Eisengiesereien vielfach angewendet. Die hauptsächlichste Verwendung finden die Kohlen jedoch bei den Feuerarbeitern in den Städten — den Klempnern, Schmieden u. s. w. Man kann mit Hülfe derselben leicht Eisen schweissen, Eisenrohre biegen die Löthkolben erhitzen u. s. w. Nicht minder sind sie zu häuslichen Zwecken sehr gesucht. Die Hausfrauen bedienen sich ihrer mit Vorliebe zum Erhitzen der Bügelstähle; sie sind vortrefflich um gewisse Gegenstände längere Zeit warm zu erhalten.

Unter diesen Umständen kommt es öfter vor, dass Anstalten der Nachfrage nach Kohlen nicht entsprechen können. Schwieriger aber lässt sich der Bruch der Kohlen verwenden. Trägt man Sorge denselben unmittelbar nach dem Sieben in Blechbüchsen zu verschliessen, so kann man denselben zum Entfuseln des Sprits benützen. Selbst die Kohlen der Tannen und Fichtenarten lassen sich hierzu anwenden. Die kleinen Kohlen des Pappelholzes oder der Linde sind aber, als ganz vorzüglich zu diesem Zwecke geeignet, zu empfehlen. Ausser dieser freilich nur beschränkten Anwendung können die kleinen Kohlen nur zur Feuerung der Oefen mit verwendet werden, wobei man in der Regel etwas Theer zufügt. Sie brennen leicht, und geben eine bedeutende Hitze.

Auf einen Punct von Wichtigkeit, der sehr vortheilhaft auf den Absatz der kleinen Kohlen wirken könnte, möchte ich mir erlauben, die Aufmerksamkeit meiner Fachgenossen zu lenken.

Früher nahm man allgemein an, die Kohle habe die Eigenschaft, die Fäulniss zu verhindern, und verkohlte desshalb die Fässer, in denen z. B. Wasser für längeren Gebrauch aufbewahrt werden sollte. Es ist indessen von Turnbull[*]) nachgewiesen worden, dass gerade das Gegentheil stattfindet; dass die Kohle die Fäulniss ausserordentlich beschleunigt, aber zugleich die dabei auftretenden Producte zerstört. Er begrub den Cadaver eines Hundes in Kohlenpulver, liess ihn so neun Monate lang in seinem Laboratorium stehen, ohne den geringsten Geruch wahrzunehmen, und fand, als er den Kasten nach dieser Zeit öffnete, nur noch das Gerippe vor, während in den Kohlen bedeutende Mengen salpetersaurer Salze, Schwefelsäure, Ammoniak und nur Spuren von Schwefelwasserstoff entdeckt wurden. Es hatte demnach ein sehr lebhafter Oxydationsprozess stattgefunden; alle die schädlichen Gase waren verbrannt worden, ehe sie in die Atmosphäre gelangen konnten. Stenhouse schlägt vor, dieses anzuwenden, um die schädlichen Ausdünstungen der Kirchhöfe

---

[*]) Chemie von Sh. Muspratt. Bd. 2 S. 586.

zu zerstören, indem man eine Kohlenschichte von einigen Zoll Höhe darüber ausbreitete. Die Beseitigung der Verwesungsproducte der Leichen hat in neuerer Zeit eine Reihe von wiedernatürlichen Plänen hervorgerufen. Wäre es nun nicht weniger verletzend und zugleich einfacher, wenn man die Särge mit Kohlenkissen auskleidete, wodurch alle Ansteckungsstoffe im Keime vernichtet werden? — Die Ausführung dieser Massregel, die von bedeutender sanitätischer Wichtigkeit ist, würde dann auch nebenbei unseren Gasanstalten zu Gute kommen.

II.

Technischer Theil.

Fünftes Capitel.

Die Retortenöfen.

Die ersten bei Holzgasbereitung üblichen Retorten und s. g. Generatoren. Vereinfachung dieser Apparate zu einer einfachen Retorte. Eisen- und Thonretorten bei Holzgasbereitung. Versuche von Herrn Geith. Anknüpfung einiger Bemerkungen an dieselben. Mundstücke der Retorten sammt Deckel. Siebener- bis Eineröfen sind bei Holzgas im Gebrauche. Beschreibung zweier Dreieröfen, eines Zweierofens und Einerofens mit eisernen Retorten. Kostenberechnung eines Dreierofens mit Eisenretorten. Die Construction der mit Thonretorten versehenen Oefen geschieht, wie solche bei Steinkohlengasfabrication ausgeführt werden; die Rostfläche wird allein grösser genommen. Angaben über die Grössenverhältnisse derselben bei Eisen- und Thonretorten, und bei verschiedenen Feuerungsmaterialien. Die Roststäbe. Der Feuerraum; der Aschenheerd; die Füchse und der Hauptkanal. Das Arbeitsgeschirre. Die Ladmulde. Eine Wage. Das Füllen und Entleeren der Retorten. Bedienung der Oefen. Das Flicken der Retorten. Der Wechsel der eisernen Retorten, um das Nothleiden derselben zu compensiren. Das Anheizen der Oefen.

Die uns in dem Handbuche für Steinkohlengasbeleuchtung von Schilling ausführlich gewordene Schilderung, von welcher Form, und welchem Materiale die erste Retorte gebildet war, und wie nach und nach die Veränderungen derselben, und die Construction der Oefen ihrer heutigen Vervollkomnung entgegenreiften, zeigt uns, dass Schwierigkeiten mannichfacher Art die ersten Entwicklungen der Industrie behinderten, über welche heute wir uns mit Leichtigkeit den Weg zu bahnen wissen, und die wir desshalb kaum beachten. Der Ausdauer practischer, verdienter Männer, und der mit der Zeit sich des Gegenstandes bemächtigenden Wissenschaft haben wir es zu danken, dass wir, nachdem 50 Jahre seit Einführung der Gasbeleuchtung verflossen sind, nicht ohne Befriedigung auf die Vervollkomnung derselben blicken dürfen.

Die Gasbereitung aus Holz, die erst in der jüngsten Zeit von Herrn Prof. Pettenkofer in's Leben geführt wurde, hatte nicht nöthig diesen langsamen Weg empirischer Forschung zu betreten. Sie konnte und nahm von der Steinkohlengasbereitung eine Masse gesammelter Erfahrungen herüber, von welchen es nur galt, sie in richtiger Weise anzuwenden und zu verwerthen. Nachdem die wissenschaftliche Erkenntniss festgestellt hatte, dass die bei der Destillation des Holzes primitiv entstehenden Dämpfe noch weiter bis zu ihrer vollständigen Zerlegung erhitzt werden müssen, um ein gutes Leuchtgas zu liefern, war damit die unabweissliche Forderung gestellt, die Apparate, die man anwenden wollte, im Sinne dieser Forderung zu construiren oder bei der Wahl vorhandener, als zweckmässig erkannter Apparate den genannten Bedingungen Rechnung zu tragen. Man konnte dies um so eher, als man durch die bei der Steinkohlengasfabrication gesammelten Erfahrungen in wirksamer Weise gestützt und gefördert wurde.

In der richtigen Würdigung der eben angeführten Grundbedingung zur Bereitung von Holzgas, wählte man, da man alsbald fand, dass die grosse Menge von Gas, die sich bei Beginn der Destillation bildet, einen grossen Theil der Theerdämpfe unzersetzt fortführe eine zusammengesetzte Retorte an, über deren oberen und unteren Theile, und verbunden mit diesen, man Canäle im Feuer hin und her gehen liess, die das Gas zu passiren hatte.

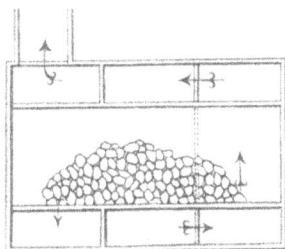
Fig. 6.

Die Scizze, Fig. 6, wird dies in leicht ersichtlicher Weise verständlich machen. Das Gas, welches in der Richtung der gezeichneten Pfeile seinen Weg nehmen musste, stieg zuerst in die unteren Canäle, passirte diese hin- und hergehend, kam durch einen an der Rückwand der Retorte angebrachten Canal nach oben, und vollendete hier, von vorn nach hinten, und von hinten nach vorn gehend, seinen Weg.

Die Länge dieser Canäle betrug an 60'. Es war dadurch genügende Vorkehrung getroffen, die entweichenden Theerdämpfe auf ihrem Wege noch zur Zersetzung zu bringen, und in Gas zu verwandeln.

Aber die genannte Vorrichtung — einige Zeit im Gebrauche — bewährte sich nicht. Es geschah zumeist, dass der Boden der unteren Canäle, und die oberen zerstört waren, ehe die Retorte selbst noth litt. Es entstanden dann viele undichte Stellen, die nur schwierig durch Kitten zu verstopfen waren. Ausserdem machte man auch bald die Erfahrung, dass das nach der ersten Hälfte der Destillationszeit entstehende Gas sich merklich verschlechtere, wenn es diese s. g. Generatoren passire. Man brachte desshalb Vorkehrungen an, durch die man das Gas nach dem benannten Zeitpunkte unmittelbar in das Aufsteigrohr übergehen lassen konnte. Die Schwierigkeiten aber, deren vorhin Erwähnung geschah, blieben fortbestehen, und das Verändern der Richtung des Gasstromes in gewissen Zeitpuncten war in der Hand der Arbeiter eine missliche Sache, und schwierig zu überwachen.

Es war darum ein besonderes Verdienst — wenn ich nicht irre des Herrn L. A. Riedinger in Augsburg — diesen Uebelständen und Weitläufigkeiten dadurch abzuhelfen, dass er zuerst eine einfache, aber eine Retorte von ungleich grösseren Dimensionen wählte, wie solche, die bei Steinkohlengasfabrication benützt werden. Die auf diese Weise vorgrösserte Retortenanwendung ist es nun, die die Stelle der Generatoren vertritt. Sie kann aber natürlich nur dann ihrem Zwecke entsprechen, wenn die Retorte nun auch nicht mit einer grossen Menge Materials geladen, sondern wenn die Ladung so eingerichtet wird, dass dieselbe nur zu dem dritten Theile mit Holz gefüllt ist. Im Uebrigen sind die Vorzüge solcher einfachen Retorten in die Augen springend. Ihre Heizung kann leichter und sicherer geschehen; die undichten Stellen sind leichter zu verkitten; die Herstellung der Oefen geht leichter von Statten; der Preis für eine solche Retorte ist ein verhältnissmässig niederer. Die genannten Puncte fallen bei dem Betriebe so sehr in's Gewicht, dass nun alle Anstalten von den übrigens ganz rationell construirten Generatoren absehen, und solche einfache Retorten wählen.

Das Material, aus welchem gewöhnlich die Retorten gefertigt werden, ist das Gusseisen. Versuchsweise angewandt, mehrfach aber wieder aufgegeben, haben die Thonretorten nur eine beschränktere Einführung, und werden nur selten zur Anwendung gebracht. Die Mehrzahl der Anstalten arbeitet mit Eisenretorten. Je nach den Erfahrungen, die man bei einzelnen Versuchen mit Thonretorten gemacht hat, sind denn auch über die Zweckmässigkeit der Anwendung derselben bei Holzgasfabrication der verschiedensten Meinungen verbreitet. Eine grosse Zahl der Fachgenossen ist der Meinung, dass sie nicht zweckmässig anzuwenden seien. Dem gegenüber sind andere Anstalten von der Nützlichkeit ihrer Anwendung überzeugt und behalten sie auschliesslich bei ihrem Betriebe bei. Eine genaue und mit Umsicht angestellte Prüfung dieser wichtigen Frage ist für die Holzgasbereitung von hoher Wichtigkeit, und die allseitige Mittheilung der gesammelten Erfahrungen dringend zu wünschen. Wir besitzen leider nur eine einzige eingehende, nicht theoretische, sondern practische Untersuchung über das Verhalten der Thonretorten bei der Holzgasfabrication von Herrn J. R. Geith in Coburg, die wir, weil sie im Wesentlichen auch Alles enthält, was für und gegen die Anwendung der Thonretorten spricht, hier in Folgendem mittheilen müssen.

„Gewöhnlich wird als Grund der Unbrauchbarkeit der Thonretorten angegeben, dass dieselben bei Holzgas nie dicht zu bringen seien. Ich konnte diesen Uebelstand nicht für unüberwindlich halten, und liess in Berücksichtigung desselben eine Retorte anfertigen, die so wenig porös sein sollte, als es die andere Bedingung — das Reissen zu vermeiden — nur irgend zuliess. Die fragliche Retorte war von der Grösse gewöhnlicher Holzgasretorten 26″ weit, 23″ hoch und 9′ englisch lang; Wandstärke 3″. Dieselbe wurde über directem Feuer eingemauert, und in dreimal 24 Stunden auf die normale Hitze gebracht. Zuerst mit Steinkohlen geladen, zeigte sie äusserst geringe Gasentweichungen, die nach der zweiten Ladung mit Steinkohlen vollkommen verschwunden waren. Nunmehr mit 1 Ctr. gut lufttrocknem Kiefernholz geladen, war gleichfalls gar keine Gasentweichung zu bemerken. Die Ausbeute war aber trotz einer Temperatur, bei der mit einer Eisenretorte sicherlich 700 c′ engl. erzielt worden wären, nur 510 c′. Eine Anzahl weiterer Ladungen bei ganz guter Retorte, so dass oft der Deckel nur mit Mühe anzubringen war, gaben ganz ähnliche Resultate. Da bei der, auf den Seiten nur 4″, und auf Stirn- und Rückenmauer nur 6″ aufliegenden, und also überall zu beobachtenden Retorte durchaus kein Verlust zu entdecken war, so musste die Ursache der geringeren Production anders wo liegen, zumal einige dazwischen gemachte Steinkohlenladungen ganz normale Ausbeute gaben. Ich liess daher die Thonretorte 24 Stunden ganz allein gehen, und ebenso eine eiserne Retorte gleichfalls in einem Einerofen, selbstverständlich unter ganz gleichen Bedingungen. Die Materialien wurden ganz genau gewogen.

Das Resultat war folgendes:

	Thonretorte in 24 Stunden	Eisenretorte in 24 Stunden
Holz vergast	17 Ctr.	23 Ctr.
Gasausbeute	8350 c′.	14980 c′
Essig	565 Pfd.	626 Pfd.
Theer	48 „	46 „
Holzkohle	290 „	380 „

Durchschnitt pro Centner Holz.

Gas	491 c′	651 c′
Essig	33 4/17 Pfd.	27 5/23 Pfd.
Theer	2 14/17 „	2 „
Holzkohle	17 1/17 „	16 12/23 „

Steinkohlen zur Unterfeuerung.

840 Pfd. . . . . 1016 Pfd.

pro 1000 c′.

100 5/8 Pfd. . . . . . . 66 2/3 Pfd.

Die Thonretorte war fortwährend ganz dicht, und durchgehends in einer erheblich höheren Temperatur als die Eisenretorte.

Der Grund der geringen Ausbeute an Gas, trotz keiner Temperatur, bei der die Eisenretorte geschmolzen wäre, kann also lediglich in der langsameren Wärmetransmission der Thonretorte als schlechteren Wärmeleiter gegen die eiserne, und in dem daraus entspringenden, verschiedenen Verhältnisse der Producte, wie aus vorstehender Tabelle ersichtlich, liegen, während Holz augenscheinlich eine rasche und energische Destillation zur Erzielung der günstigsten Gasausbeute verlangt. Bei einer Temperatur der Thonretorte, wie sie in der Regel den eisernen gegeben wird, sank die Ausbeute auf 370 — 400 c′ gegen ca. 630 c′ bei eisernen herunter. Trotz der hohen Temperatur der Thonretorte ging die Destillation viel langsamer, und dauerte die völlige Abtreibung im Durchschnitte 1 Stunde 22 Minuten gegen 1 Stunde 2 Minuten bei der eisernen. Ein achtwöchentlicher Betrieb mit der Thonretorte allein bestätigte vorstehende Resultate vollkommen.

Ich habe indessen damit meine Versuche noch nicht geschlossen, und hege die Zuversicht, dass mit dünnwandigeren Retorten und einer noch höheren Temperatur — da das Dichtbleiben der Retorte mir als keine Schwierigkeit erscheint — die Natur des Thones so weit überwunden werden kann, dass auch bei Holzgas die Anwendung von Thonretorten vortheilhaft geschehen kann, zumal nach der Art der Einmauerung, die die Thonretorten erlauben, mit erklecklich weniger Kohlen eine höhere Temperatur erzielt werden kann, als bei Eisenretorten.“

Dass die Anwendung von Thonretorten bei dem Betriebe statt finden kann, darüber hat die Erfahruug endgültig abgesprochen. Dieselben sind auch, wie nach den vorliegenden Erfahrungen zu urtheilen, dicht zu bringen, soferne sich bei Vergleichung der Ausbeute, der mit Eisen- oder Thonretorten arbeitenden Fabriken keine wesentliche Verschiedenheit zu erkennen gibt. So erhält man z. B. nach den glaubwürdigsten Berichten, die im Gasjournale, Februarheft 1862, Seite 61 mitgetheilt worden sind, bei Anwendung von Thonretorten — aus 1 Cntr. Kiefernstockholz 575 c′ preuss. = 638 c′ engl. Gas: das ist die gleiche, wenn nicht bedeutendere Menge, die man bei dem Betriebe mit Eisenretorten auch erzielt. Es scheint sonach, dass Thonretorten dicht zu bringen sind, selbst wenn sie nicht ab und zu mit Steinkohlen geladen werden.

Das schlechtere Wärmeverleitungsvermögen des Thones, auf das in vorstehender Abhandlung hingewiesen ist, führt jedoch den Uebelstand mit sich, dass zur Herstellung einer gewissen Gasmenge mehr Brennmaterial verbraucht wird, als dies bei eisernen Retorten der Fall ist. Die Fähigkeit, die Wärme durch Leitung (also bei unmittelbarer Berührung) fortzupflanzen, ist bei dem Thone nach einer von Despretz gemachten, und durch Peclet bestätigten Angabe 33 mal geringer, als dies bei dem Gusseisen der Fall ist. Die Mittheilung der Wärme durch Strahlung, die bei unserer Gasbereitung hauptsächlich in Betracht kommt, ist bei dem Gusseisen wieder 2 mal rascher als bei Thon.

Das Eisen gibt desshalb in derselben Zeit und unter gleichen Umständen eine bei Weitem grössere Wärme — nach Knapp[*]) die 16½ fache Menge — ab, als der Thon.

In Uebereinstimmung damit fand man denn auch, (s. o.), dass 1 Centner Holz in 1 Stunde 2 Minuten in einer eisernen; in 1 Stunde 22 Minuten in einer Thonretorte ausgegast war. Ob dies vielleicht in Folge einer diesen Verhältnissen nicht ganz angepassten Construction der Feuerungsanlagen war, lässt sich nicht unmittelbar entscheiden. Aber es scheint dies auch nicht, wenigstens nicht allein, die Ursache zu sein. Die Betriebsresultate, die eine blos mit Thonretorten arbeitende Fabrik erzielt, wenn sie unter normaler Gasausbeute arbeitet, zeigen, dass sich ein Verhältniss der vergasten Holze zum verfeuerten, wie 100 : 87½ herausstellte. Unter gleichen Umständen war in Bayreuth[**]) bei Eisenretorten das in Rede stehende Verhältniss wie 100 : 75, also bei Weitem günstiger. Ob und wie sich dieser Nachtheil beseitigen lässt, kann jedoch nur durch fortgesetzte Prüfungen entschieden werden.

---

[*]) Knapp, Lehrbuch der chem. Theologie. Bd. I, Seite 71.
[**]) Dingler's polytechnisches Journal. Bd. 145.

Die eisernen Retorten, welche in den verschiedenen Anstalten verwendet werden, haben immer die bekannte ⌒ Form, da sich runde oder elliptische Retorten weniger gut zum Einschieben des Holzes eignen.

Die kleineren Retorten, die für eine Ladung von 80 bis höchstens 100 Pfund eingerichtet sind, haben durchschnittlich im Lichten eine Höhe von 12—14″ engl.; eine Breite von 22—24″, und eine Länge von $8^{1}/_{2}'$—9′. Die Wandstärke beträgt gewöhnlich 1″, selten $1^{1}/_{4}''$. Manche Anstalten ziehen es vor die Stärke des Bodens zu $1^{1}/_{2}''$ nehmen. Die grösseren Retorten, für eine Ladung von 150 Pfund Holz berechnet, haben im Lichten: eine Höhe von 17—18″, eine Breite von 26—27″, eine Länge von $8^{1}/_{2}'$—9′. Die Wandstärke ist durchweg $1^{1}/_{2}''$. Eine solche Retorte wiegt 32—36 Centner, während die kleineren in der Regel nur 22—24 Centner Gewicht besitzen.

Als Beispiel für die Dimensionen elliptischer Thonretorten mögen folgende Angaben dienen: Kleinere Axe im Lichten 14″; Grössere Axe dergl. 20″; Länge 8′ 2″. Wandstärke $2^{1}/_{2}''$; die Rückenwand 3″ stark.

Eine jede Retorte trägt an ihrem vorderen Ende ein Mundstück, das in ähnlicher Weise wie bei Steinkohlengasretorten geformt ist, zur Aufnahme des Aufsteigrohres dient und mittelst eines Deckels verschliessbar ist.

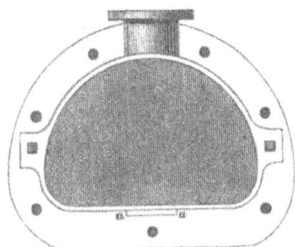  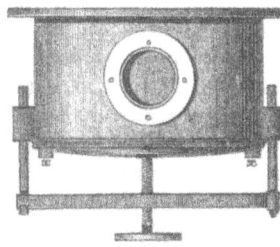

Fig. 7.   Fig. 8.   Fig. 9.

Figur 7 stellt die Vorderansicht; Figur 8 die Seitenansicht; Figur 9 die obere Ansicht eines solchen Mundstücks dar, dessen Construction ohne Weiteres aus denselben ersichtlich sein dürfte. Die Retorten haben einen meist 2″ starken Rand, an welchem das Mundstück befestigt wird. Die Verbindung geschieht durch Mutterschrauben, die 1″ stark sind. Zur Befestigung dienen gewöhnlich sieben solcher Schrauben; je drei Paare symetrisch auf der Seite geordnet (siehe Fig. 7); die siebente in der Mitte des Randes des Bodens. Die Dichtung geschieht immer mit Eisenkitt, und wird dieselbe sorgfältigst hergestellt. Die Bereitung desselben ist Schilling Seite 106 angegeben. Eine einfachere Bereitung dieses Kittes, bei welchem der Zusatz von Schwefel, der entbehrlich, weggelassen ist, geschieht durch alleinige Anwendung von Eisenspänen oder Bohrspänen von Guss, welche man möglichst fein zerstösst, und Salmiak. 100 Theile der genannten Späne werden mit einem Theile pulverisirten Salmiaks zusammengerieben und bei dem Gebrauche das Pulver mit Wasser angefeuchtet. Die Masse treibt man dann mit einem stumpfen Meissel in die Fugen ein. Die Eisentheile oxydiren sich sehr schnell unter der Mitwirkung des Salmiaks und bilden eine steinharte Masse, welche sich leicht mit den zu dichtenden Theilen vereinigt.

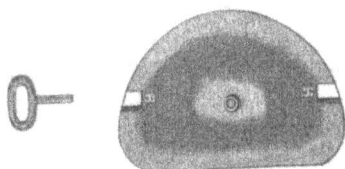

Fig. 11.   Fig. 10.

Auf das Mundstück ist zunächst der Rohrstutzen, der das Aufsteigrohr aufnehmen soll, angegossen; in seltneren Fällen verschraubt. An den Boden des ersteren ist noch weiter eine kleine Platte aa Fig. 7 und 8 angegossen oder angenietet, welche zum bequemeren Aufsetzen der Deckel dient und theilweise die Platte trägt. Zum Verschlusse der Retorte dient der sogenannte Retortendeckel, welcher in Figur 10 dargestellt ist. Derselbe besteht

12

aus einer halbzölligen Platte, die auf der Innenseite kreuzförmige Verstärkungsrippen trägt und ausserdem mit einem Rande von circa $^3/_4''$ Höhe versehen ist, so dass dieser in das Mundstück eingesetzt, $^1/_4''$ Spielraum in demselben gestattet. Der Deckel wird, wie bekannt, an seiner Berührungsstelle mit dem Mundstücke zur Dichtung mit Lehm oder Kalk bestrichen. Zur Befestigung des Deckels sind an das Mundstück zwei Oesen angegossen, durch welche die Schienen hindurchgehen und an ihrem hinteren Ende durch Splinte befestigt werden. Sie tragen an ihrem vorderen Ende den Quersteg, durch welchen die Schraube mit Handhebe hindurchgeht und durch deren Anziehen der bestrichene Deckel an das Mundstück der Retorte gepresst und so ein luftdichter Verschluss bewerkstelligt wird.

Eine sehr einfache und sehr bequeme Weise den während der Destillation erhitzten Deckel ohne Beschwerde von der Retorte entfernen zu können, besteht in Folgendem. An beiden Seiten des Deckels Fig. 10 sind die aus der Zeichnung ersichtlichen Taschen x x angegossen, in welche die Handhabe von Eisen Fig. 11, deren Construction ohne Weiteres verständlich sein wird, eingeschoben und dadurch ein Festhalten des Deckels bewirkt werden kann. Mittelst derselben wird der Deckel an das Mundstück vorgelegt, und wenn derselbe durch Anziehen der Schraube befestigt ist, wird die Handhabe sogleich entfernt. Sie kann sich auf diese Weise nicht erhitzen und man hat desshalb den Vortheil, bei dem Abnehmen des Deckels sich nicht gegen die Einwirkung der Hitze schützen zu müssen, wenn die Handhaben desselben während der Destillation an demselben befestigt bleiben.

Die grosse Ausbeute an Gas, die man mit einer Retorte erhält (eine kleine Retorte von den oben bezeichneten Dimensionen liefert im Durchschnitte per Tag 8000—9000 c' Gas; eine grössere vermag von 10,000—12,000, sogar 14,000 c' Gas mit sehr gutem Holze zu liefern) haben es für die meisten Anstalten nicht zweckmässig erscheinen lassen, grössere Oefen als solche, die mit drei Retorten versehen sind, zu construiren. Siebener und Fünferöfen (mit Thonretorten) sind in Deutschland nur an zwei Orten ausgeführt. In Amerika sollen Oefen mit grösserer Retortenzahl öfter vorkommen, weil man dort neben und mit Holzgas zugleich auch Steinkohlengas fabrizirt.

Ein Dreierofen von erprobter, guter Construction ist auf den Tafeln I bis IV dargestellt. Tafel I stellt die Vorderansicht dar; Tafel II Schnitt nach A B, C D; Tafel III Schnitt nach G H; Tafel IV Schnitt nach E F. A A A sind die Retorten, von welchen zwei die untere Reihe bilden und eine darüber gelegt ist. Die Retorten sind im Lichten 27'' breit, 17'' hoch, 8' 4'' lang. Zwischen der obersten Retorte und dem Gewölbe ist 5'' Platz. Dieses ist zwar ein bedeutender Spielraum, doch ist derselbe darum nothwendig, weil die Eisenretorten bei längerem Gebrauche sich bedeutend ausdehnen und dadurch diesen Zwischenraum bedeutend verringern.

Die Widerlagerhöhe des Ofens beträgt 32''. Der Radius des Feuergewölbes, das aus einer Reihe feuerfester und einer Reihe gewöhnlicher Steine besteht, beträgt 4' 2''. Der Mittelpunkt liegt auf der Höhe der Bodenfläche der beiden unteren Retorten. Der Abstand dieser beiden unter sich von Mitte zu Mitte der Retorte gemessen beträgt 4' 10''. Der Boden der oberen Retorte, die auf einem eigenen Mauerwerk aufliegt, ist 24'' über der Bodenfläche der unteren Retorten.

Der Feuerraum B hat eine Länge von 3' 5'' und eine Breite von 14'', also eine Quadratfläche von 574 □''. Er ist nicht aus besonders geformten, sondern aus einfachen, feuerfesten aber sehr gut gebrannten Steinen hergestellt und wird mit einer schwachen Erweiterung nach oben (1'' nach jeder Seite hin) bis auf 9'' Höhe geführt. In dieser Höhe zieht er als ein flacher Herd durch die ganze Länge des Ofens. Derselbe erleidet dann durch schichtenweise Auskrachung der Steine eine Einschnürung bis zu 6''. Der Rost besteht aus 5 Stäben von Schmiedeeisen, je 2'' im Quadrat Querschnitt und eine Länge von 3' 4''.

Der Aschenkasten, am besten aus Gusseisen, meist aber aus gewöhnlichen Steinen mit Cementverputz hergestellt, hat die Breite des Feuerraums. Die Tiefe nimmt man zweckmässig zu 15''. Sein vorderes abgeschrägtes Ende ragt 4'' aus dem Ofen vor. Die Feuerthüre C besteht aus einem gusseisernen Rahmen, der durch 4 eingelassene Mutterschrauben in dem Mauerwerk des Ofens befestigt ist. Die (einzige) Feuerthüre ist, aus bekannten Gründen, inwendig mit einem feuerfesten Steine ausgesetzt.

Fig. 1.

Vorder-Ansicht

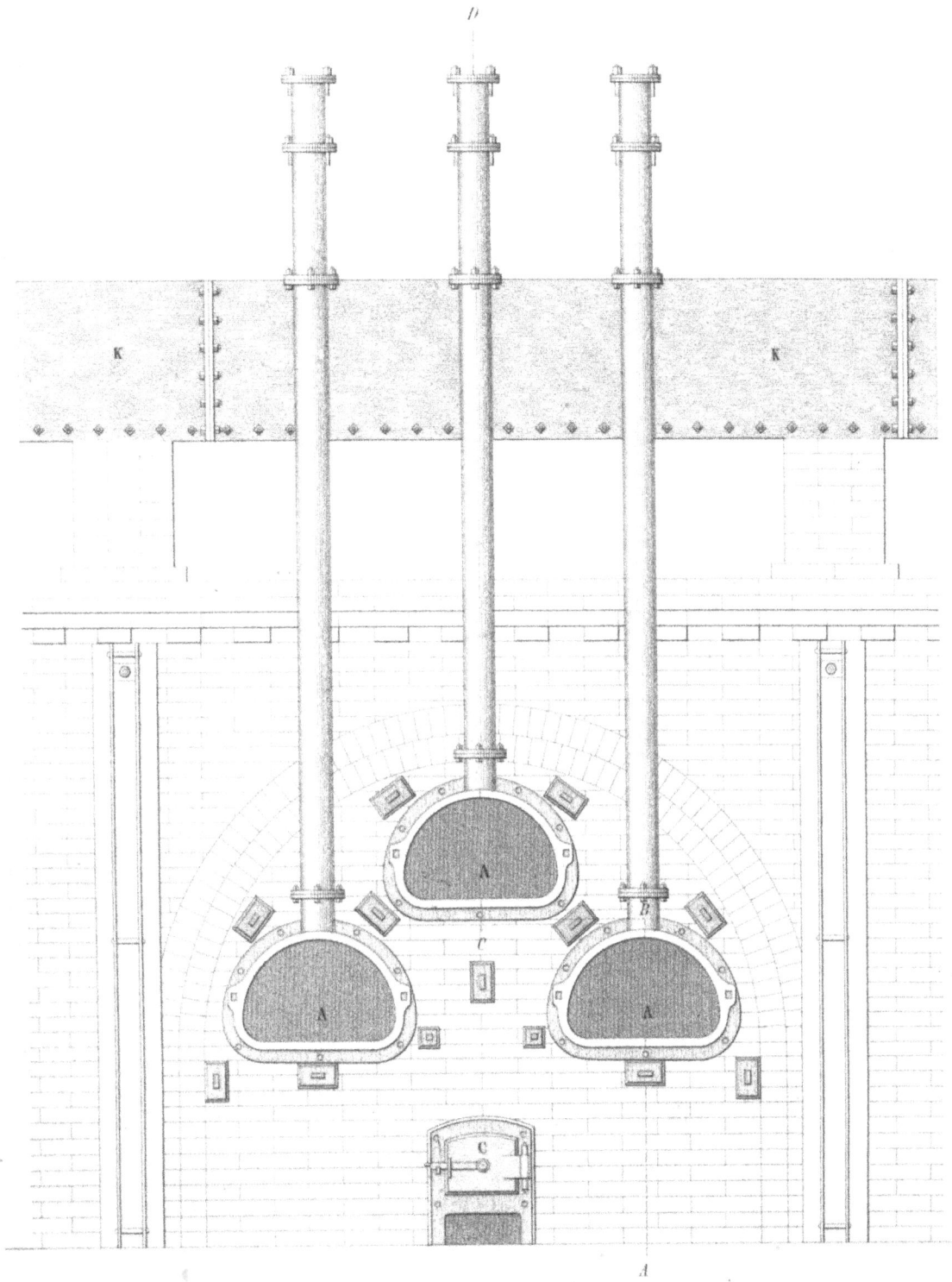

Fig. 2.

Schnitt nach A.B.C.D.

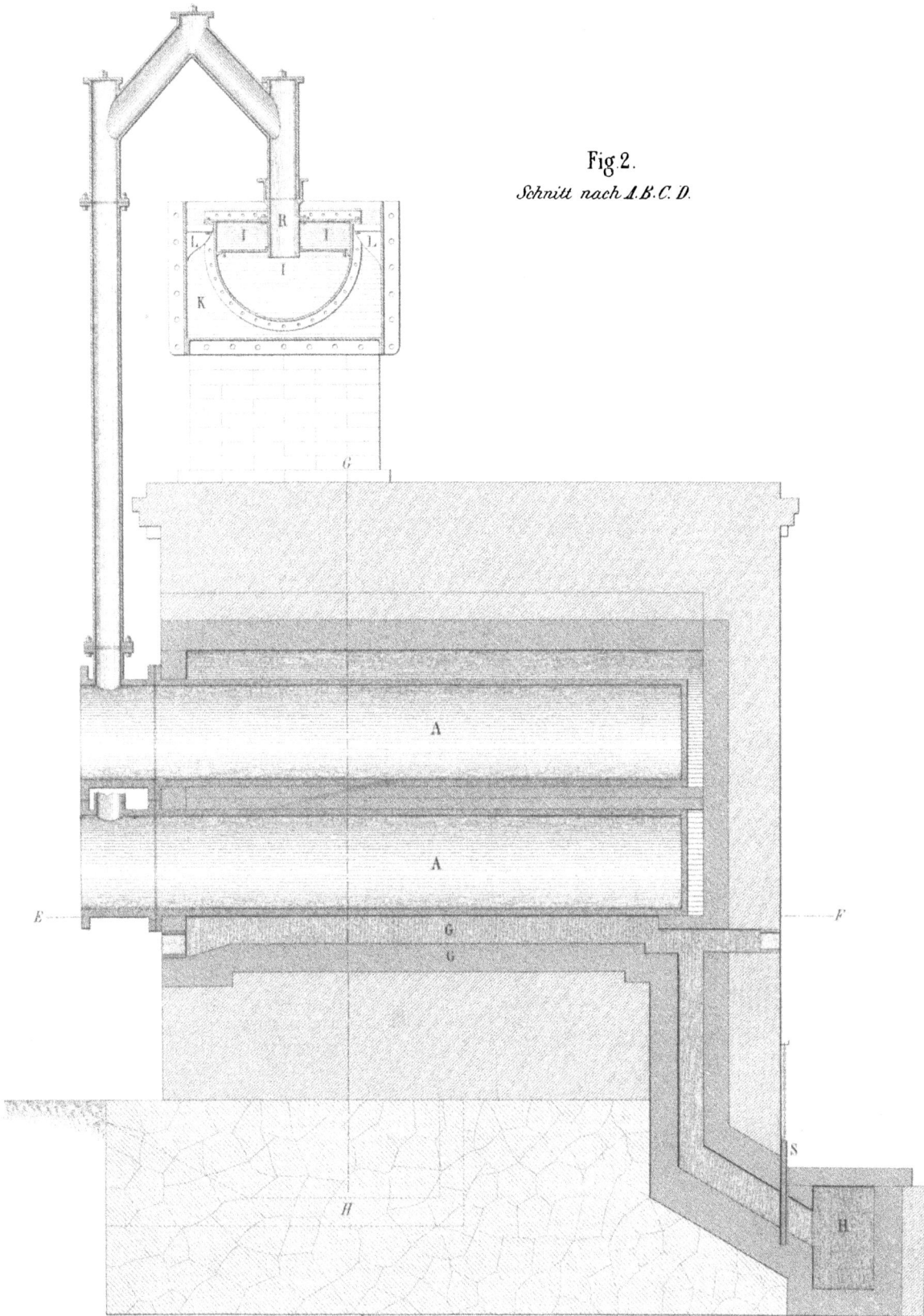

$M: 1/24$

Fig 3.

Schnitt nach G.H.

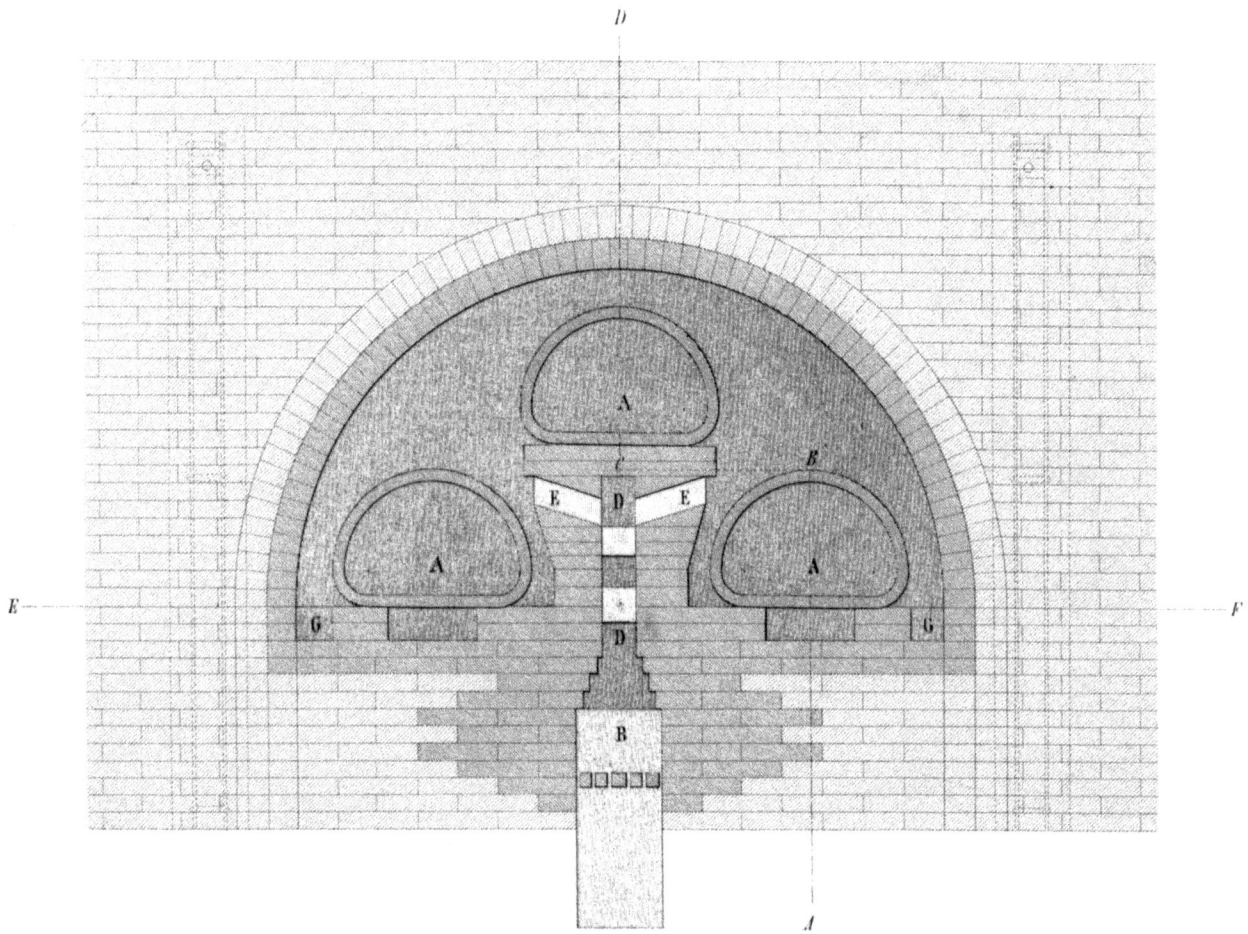

Fig. 4.

Schnitt nach E.F.

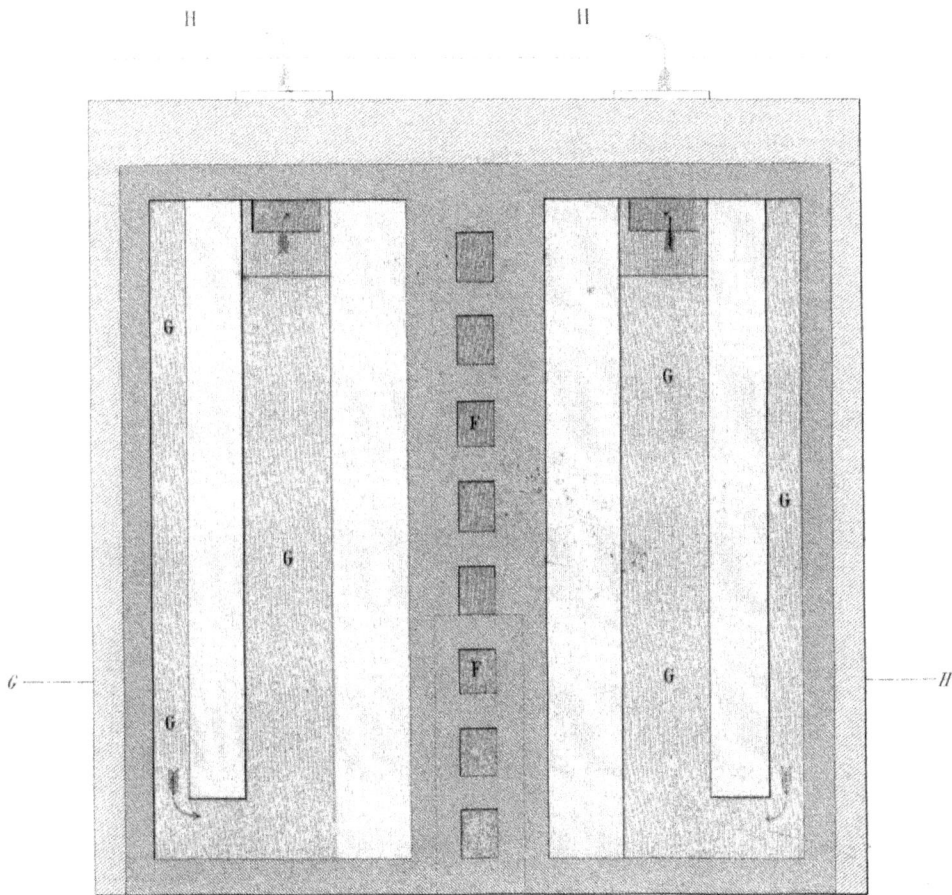

H   H

G -------------   ------------- H

G   G   F   G   G

F

M: 1:24

Der zur Unterlage der oberen Retorte dienende Träger, aus feuerfesten Steinen ausgeführt, hat eine Höhe von 24″ über der Bodenfläche der unteren Retorte und eine Breite an der Basis von 20″. Er nimmt den Haupt-Feuerungscanal und die sich von diesem seitlich abzweigenden Canäle auf. In einer Schichthöhe über der letzten Auskrachung des Hauptcanals D liegen, in doppelter Lage, je 7″ von einander entfernt Quersteine, die 5″ breit sind. Derselbe wird dadurch in einzelne Züge F F F Tafel IV getheilt. Da man die bezeichnete Entfernung gegen die Vorderseite des Ofens hin vermindert, so sind im Ganzen 8 solcher Züge vorhanden. Die Abzweigung der seitlichen Canäle E E E Tafel III geschieht in einer Höhe von 17½″ über der letzten Auskrachung. Dieselben haben eine Höhe von 5″ und eine Breite von 7″. Sie correspondiren, wie kaum zu erwähnen, mit den unteren Oeffnungen im Hauptfeuerungscanale und führen das Feuer seitlich über die unteren Retorten hin. Die obere Retorte ist durch eine doppelte Lage 2½″ starker Deckplatten von dem Feuercanale getrennt. Die unteren Retorten liegen mit ihrem Boden in einer Höhe von 32″ über der Sohle des Retortenhauses auf einer 10″ starken Lage von feuerfesten Steinen, während das übrige Widerlager aus gewöhnlichen Steinen hergestellt ist. Dicht an dem Gewölbe läuft an den äusseren Seiten der Retorten ein Feuercanal G Tafel III und IV, von 5″ Breite und 5″ Höhe. Man führt denselben hinter der Vorderwand des Ofens unter die Mitte der Retorte hin und gibt ihm daselbst eine Breite von 14″; seine Höhe beträgt 5″. Er verläuft dann, unmittelbar unter der Retorte hingehend, bis auf 12″ Entfernung von der Rückwand des Ofens, wo er eine Schichte tiefer gelegt und in einem Querschnitte von 50 □″ in den Hauptfeuerungscanal geführt wird, wie es aus Tafel II ohne Weiteres ersichtlich sein wird. Vor diesem Eintritt in den Hauptcanal H Tafel II und IV sind Schieber von feuerfestem Thone SS Tafel II angebracht, die dazu dienen, den Zug in dem Ofen zu reguliren.

Die Vorderwand des Ofens ist aus feuerfesten Steinen ausgeführt und 5″ stark. Die Rückwand dagegen ist 1½ Stein stark und an der von dem Feuer berührten Stelle aus einer Schichte von Chamotte, während die beiden äusseren Lagen aus gewöhnlichen Backsteinen bestehen. Der Spielraum zwischen der Retorte und Rückwand beträgt 3″. Um das Reinigen der seitlichen Canäle aus den Retorten bewerkstelligen zu können, sind die Schaulöcher in der aus Tafel I ersichtlichen Weise angebracht. Es sind diess in gusseisernen Rahmen befindliche, kastenförmige Verschlüsse von Guss. Eine Zeichnung und Beschreibung in Schilling Seite 109 lässt Weiteres überflüssig erscheinen.

Der ganze Ofen ist noch durch die Tafel I gezeichneten Schienen zusammengehalten. Die Ankerverbindung nimmt man 1½″ stark.

Die Höhe des Ofens beträgt 9′ 6″; die Breite 10′ 4″; die Tiefe 9′ 9″.

Die Mundstücke der Retorten sind die nämlichen, welche wir oben Seite 89 durch Figuren erläutert beschrieben haben. Die 5 zölligen Aufsteigröhren sind von zweierlei Länge, je nachdem sie für die obere oder für die unteren Retorten gehören. Die ersteren sind 6′ 9″, die letzteren 8′ 9″ lang. Durch Flanschenverbindung von entsprechender Breite und 4 Schraubenbolzen sind sie mit den Sattelröhren verbunden, deren Form aus Tafel I und II ersichtlich ist. Sie sind in ihrer Construction die nämlichen, die Schilling Seite 109 geschildert hat, wesswegen wir hier ihre specielle Beschreibung übergehen können.

Zur Vergleichung möge hier die folgende

Kostenberechnung eines Dreierofens mit Eisenretorten
(Dimensionen der Retorten im Lichten: 27″ × 17″ × 8′ 4″)

dienen.

A. Fundamentmauerwerk.

Fundamentgraben 912 c′ à 1 fl. per 100 c′ . . . . . fl.   9. 8 kr.

Fundamentmauerwerk 912 c′ à 18 fl. per 100 c′ · . . „ 164. 9 „

Summa fl. 173. 17 kr.

B. Ofenraum.

8000 Stück gewöhnliche Backsteine à 20 fl. pr. Mille	fl.	160. —	kr.
1700 „ feuerfeste Steine à 7 kr.	„	198. 20	„
1400 „ Gewölbsteine à 7 kr.	„	163. 20	„
72 Platten à 15 kr.	„	18. —	„
36 „ à 10 „	„	6. —	„
16 „ à 15 „	„	4. —	„
40 Zugsteine à 30 kr.	„	20. —	„
44 Schutzplatten à 24 kr.	„	17. 36	„
Arbeitslohn:			
2 Maurer und 2 Gehülfen à 15 Tag	„	105. —	„
1 Mann zum Stossen des feuerfesten Thons 10 Tage	„	10. —	„
Mörtel:			
200 Stück luftrockne feuerfeste Steine à 4 kr. . . .	„	13. 20	„
2 Fuhren Sand (gesiebt)	„	4. —	„
1 Fuhre Kalk	„	10. —	„
Werkzeuge-Reparatur	„	10. —	„
2 Stück Canalschieber mit Fassung à 4 fl.	„	8. —	„

Summa fl. 747. 36 kr.

C. Retorten.

3 eiserne Retorten à circa 35 Ctr. à 8 fl. per Ctr. .	fl.	840. —	kr.
Für das Einsetzen in den Ofen	„	10. —	„

Summa fl. 850. — kr.

D. Retortenmontur.

3 gusseiserne Mundstücke à 280 Pf. = 840 Pf. à 9 fl. pr. Ctr.	fl.	25. 24	kr.
6 Deckel à 40 Pfd.	„	21. 36	„
3 Bügel mit Schrauben	„	18. —	„
3 Aufsatzrohre	„	18. —	„
6 Ohren mit Splint	„	4. 48	„
21 grosse Schraubenbolzen à 18 kr.	„	6. 18	„
Kitt und Arbeitslohn	„	13. —	„

Summa fl. 107. 6 kr.

E. Ofenmontur.

1 Feuerthüre (180 Pf.) nebst Schraubenbolzen complet	fl.	20. —	kr.
1 Aschenkasten	„	12. —	„
6 Roststäbe à 40 Pf. = 240 Pf. à 7 fl. pr. Ctr. . .	„	16. 48	„
3 Rostlager	„	8. 24	„
20 Schaubüchsen mit Rahmen	„	30. —	„
4 Mittelschienen à 80 Pf. = 320 Pf. à 7 fl. per Ctr.	„	24. —	„
4 Stangen zu den Schlaudern	„	26. 40	„
Arbeitslohn	„	18. —	„

Summa fl. 155. 52 kr.

Total-Summa fl. 2033. 51 kr.

5

Fig. 5.

Schnitt nach A. B.

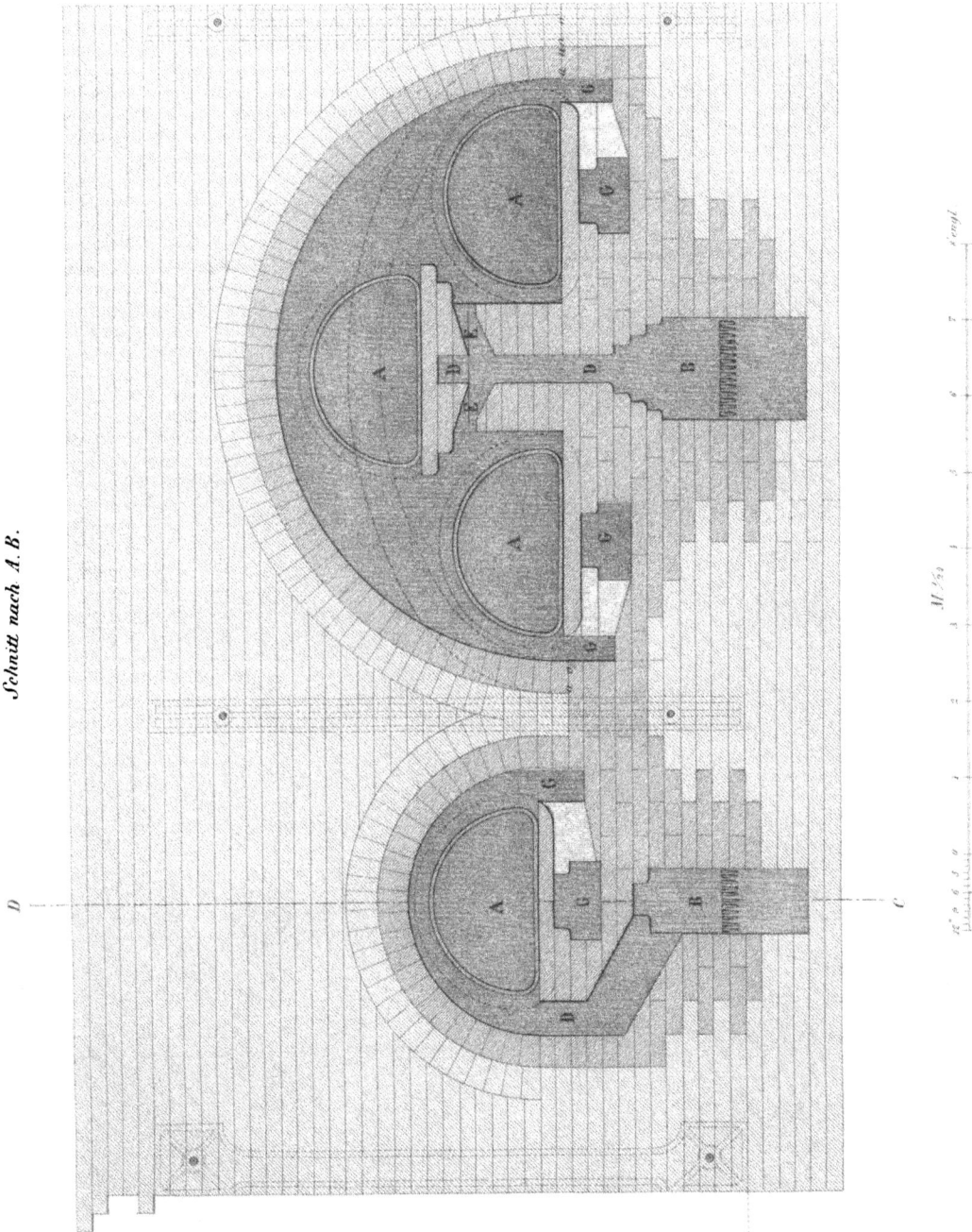

Fig. 6.

Schnitt nach C.D.

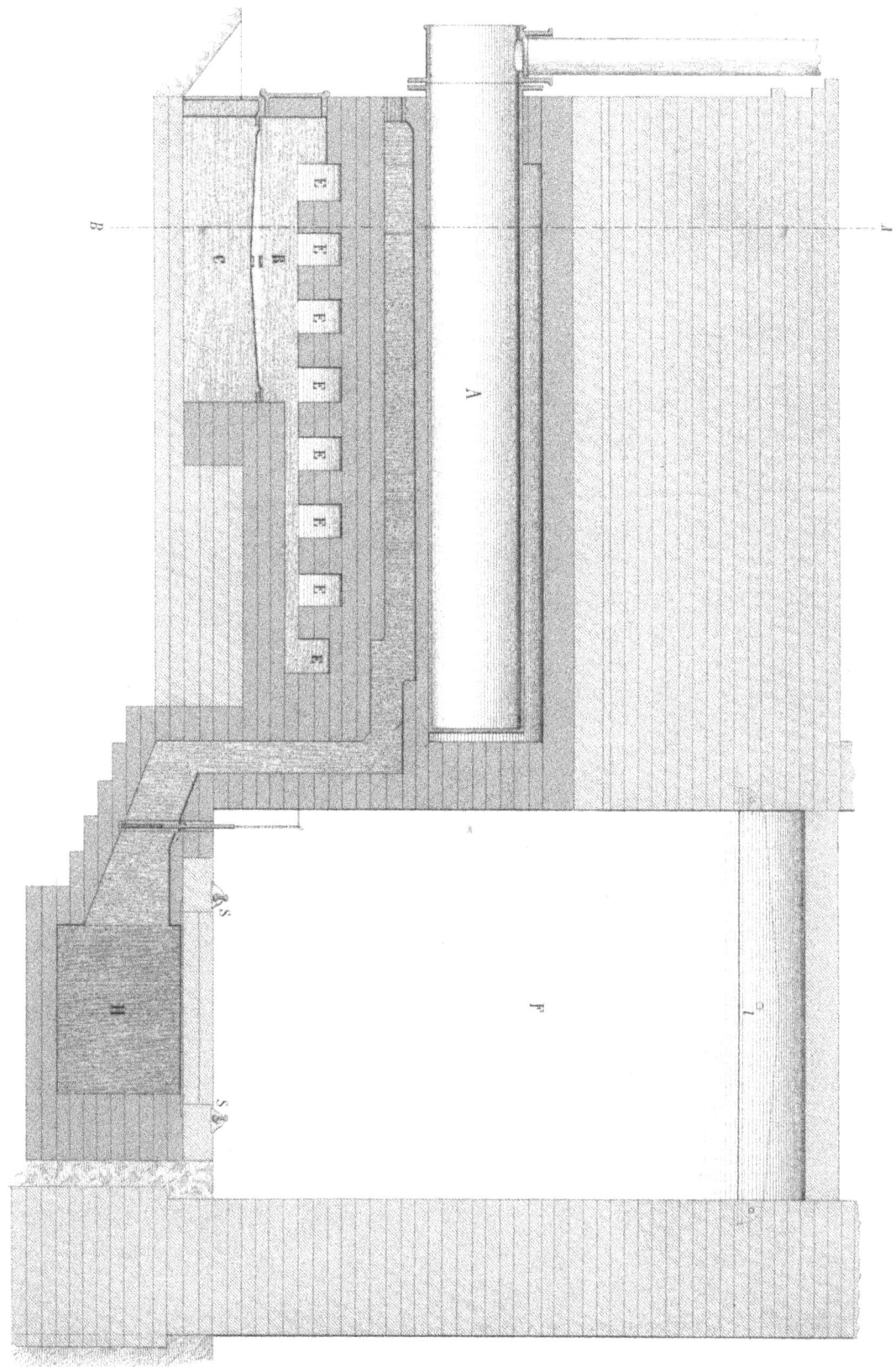

. Die spätere Erneuerung eines solchen Ofens berechnet sich:

Niederreissen	fl.	10. — kr.
500 Stück feuerfeste Steine à 7 kr.	,,	58. 20 ,,
200 ,, gewöhnliche Steine à 20 fl. pr. Mille . .	,,	4. — ,,
18 ,, Platten à 15 kr.	,,	4. 30 ,,
16 ,, ,, à 10 ., ...	,,	2. 40 ,,
36 ,, ,, à 15 ,, ...	,,	9. — ,,
40 ,, Zugsteine à 30 kr.	,,	20. — ,,
Feuerfesten Thon, Lehm und Sand	,,	18. — ,,
Arbeitslohn 14 Tage (1 Mann)	,,	28. — ,,
3 eiserne Retorten	,,	840. — ,,
Einsetzen und Montiren derselben	,,	25. — ,,
Montiren des Ofens	,,	15. — ,,

Summa fl. 1034. 30 kr.

Die Construction der mit Eisenretorten versehenen Dreieröfen geschieht immer nach dem bezeichneten Typus. — Auf Tafel V finden wir nochmals einen Dreierofen dargestellt, der speciell zu Torffeuerung bestimmt ist.

A A A sind die Retorten, welche in bekannter Weise angeordnet sind. Sie sind im Lichten 27″ breit, 17″ hoch und 9′ 5″ lang. Der Boden derselben ist hier zu 1½″ stark genommen. Der Spielraum zwischen der obersten Retorte und dem Gewölbe beträgt, aus erörterten Gründen, 5″. Der Radius des Feuergewölbes, das in bekannter Weise ausgeführt ist, beträgt 3′ 9″. Der Mittelpunkt liegt auf der Höhe der Bodenfläche der unteren Retorte. Die Entfernung dieser beiden, von Mitte zu Mitte gemessen, ist 4′ 6″. Der Boden der oberen Retorte liegt 20″ höher, als der der unteren.

Der Feuerraum B hat eine Breite von 15″ und eine Länge von 4′, mithin den sehr bedeutenden Querschnitt von 720☐″. Es ist derselbe aber nothwendig, falls man einen leichten Torf zur Benützung hat. Die Höhe desselben beträgt 10″. In dieser Höhe geht er als flacher Herd durch die ganze Länge des Ofens. Durch eine schichtenweise Auskrachung wird er zu nur 4″ verengt. Die Feuerthüre ist in in bekannter Weise angelegt. Der Rost besteht aus 15 Roststäben von Guss, die nur an ihren Kopfenden aufliegen; die freie Rostfläche zwischen je einem Paare beträgt 4‴. Der Hauptcanal D wird in schon beschriebener Weise in 9 Züge EE getheilt, die 5. 05″ breit sind. Der Feuercanal G von 4″ Breite und 8″ Höhe geht hinter der Vorderwand des Ofens, dann unter der Retorte, welche durch eine 2½″ starke Deckplatte geschützt ist. Am hinteren Ende der Canäle fallen diese in die senkrechten Canäle von gleichem Querschnitte, die die Verbrennungsproducte in den Hauptcanal und von da in den Schornstein abführen. Mundstücke, Aufsteigrohre und Sattelrohre sind die nämlichen, die wir bei Beschreibung des ersten Dreierofen erwähnt haben.

Der Ofen ist 9′ 2″ hoch; ebenso breit und 10½′ tief.

Die Construction eines Zweierofens mit Eisenretorten bietet nichts Eigenthümliches. Da sie nur in kleineren Anstalten Platz finden können, so trägt man dem Umstande Rechnung, bei vergrössertem Consume dann aus dem Zweierofen einen solchen mit drei Retorten mit geringer Mühe und Kosten herstellen zu können. Man lässt desshalb das Feuergewölbe auf dem zum Tragen der oberen Retorte bestimmten Mauerwerk aufliegen, wie dies auf Tafel V durch die Linie aa aa angedeutet und ohne Weiteres verständlich sein wird. Einer besondern Erwähnung bedarf es jedoch noch, dass man die Rostfläche und damit den Feuerraum in geringerer Grösse anlegt, wie bei dem Dreierofen. Bei einer folgenden Besprechung der Grössen der Rostflächen für verschiedene Oefen wird dieses noch genauer erläutert werden.

Die Construction eines Einerofens (sammt der dazu gehörigen Trockenkammer) sehen wir auf Tafel V, Schnitt nach A B auf Tafel VI, und Tafel VI, Schnitt nach C D auf Tafel V, dargestellt.

Die Retorte A hat die bekannte Grösse der Retorten, die für eine Ladung zu 150 Pfd. bestimmt sind. Sie liegt auf 33¹/₂″ Höhe über der Sohle des Retortenhauses. Der Radius des Feuergewölbes beträgt 21″. Sein Mittelpunct liegt auf der Höhe und in der Mitte der Bodenfläche der Retorte.

Den Feuerraum B erkennen wir leicht aus Tafel VI. Derselbe ist 3′ 4″ lang, 8″ breit und hat desshalb 320 □″ Rostfläche. Seine Höhe beträgt 5″, in welcher er als ein flacher Herd durch die ganze Länge des Ofens zieht. Der Rost besteht aus 6 Stäben, deren Form bekannt und aus der Zeichnung leicht ersichtlich ist. Die freie Rostfläche zwischen einem Paare beträgt 4‴. Der Hauptfeuerungscanal D wird in der angegebenen Weise in 8 Züge getheilt, deren Breite 5″ beträgt. Der hinterste Zug ist eine Schichthöhe tiefer gelegt als die anderen, um das Feuer zu nöthigen, seinen Weg mehr nach Vornen zu nehmen. Im Uebrigen wird die Beschreibung der Führung des Feuers, weil in ähnlicher Weise schon genügend besprochen, unterbleiben dürfen.

Die Construction der Oefen, die, mit Thonretorten versehen, zur Holzgasfabrikation dienen, unterscheidet sich, mit Ausnahme der Grösse des Feuerraumes, die man denselben gibt, in nichts Wesentlichem von derjenigen, die zur Gasfabrication mit Steinkohlen angewandt werden. Wir werden den genannten Punct im Speciellen weiter unten betrachten; im Allgemeinen aber bleibt uns über die Ofenanlagen Nichts weiter zu sagen übrig, da solche von Schilling Seite 108 u.s.f. in ausführlicher Weise geschildert sind. Doch will ich an dieser Stelle noch erwähnen, dass die nach Kornhardt'schen Systeme ausgeführten Oefen (Schilling Seite 113) sich der meisten Aufnahme und mit Recht erfreuen, da sich solche als vortheilhaft bewähren. In kleinen Anstalten benutzt man die Räume, die über dem Gewölbe des Einer- und Zweierofens nach Kornhardt (in Schilling auf Tafel 10 dargestellt) sich finden, zum Trocknen des Holzes und versieht dieselben dann mit verschliessbaren, eisernen Thüren.

Der Feuerraum, den wir als einen der wichtigsten Theile einer jeden Ofenanlage kennen, ist und muss bei unseren Oefen viel grösser sein, als bei den Retortenöfen zur Steinkohlen-Gasbereitung. Während wir bei Anwendung des letzgenannten Materials in der Regel nur ein starkes Viertheil oder höchstens ein Dritttheil des Gewichts desselben als Gas und condensirbare Flüssigkeiten erhalten, treffen wir bei Holz gerade das Umgekehrte, indem nur ein Viertheil des Materials unverflüchtigt zurückbleibt und drei Viertheile in Gas- und Dampfform übergehen. Es ist eine bekannte Thatsache, dass bei der Gasbildung eine sehr beträchtliche Menge Wärme absorbirt wird, und dass folglich auch bei Holzgas, wenn schon auch dieser Prozess in niederer Temperatur wie bei Steinkohlengasbereitung verläuft, eine grössere Wärmezufuhr zur Retorte stattfinden muss. Dazu kommt noch, dass in derselben Zeit in einer Retorte dem Gewichte nach mindestens die doppelte, oft die dreifache Menge an Holz vergast wird, die in der nämlichen Zeit bei Steinkohlen sich abdestilliren lässt. Es kann daher unter solchen Umständen nichts Auffallendes mehr sein, dass die Rostflächen bei Holzgasbereitung sich durch eine sehr bedeutende Grösse auszeichnen.

Die Grösse, die man denselben gibt, ist verschieden, je nachdem dieselben zur Feuerung mittelst Holz oder Torf oder Steinkohlen, oder je nachdem die Oefen mit eisernen oder mit Thonretorten eingerichtet sind. Die Heizung der Oefen mit Coaks, wie solche fast ausschliesslich bei Steinkohlengasfabrication vorkommt, geschieht bei Holzgasbereitung nur ausnahmsweise und kann daher unberücksichtigt bleiben.

Wenn bei einem Betriebe eiserne Retorten und Steinkohlenfeuerung angewendet werden, so haben dieselben (bei dem gewöhnlichen Verhältnisse der der Rostspalten zur freien Rostfläche wie 1 : 3), wie es sich aus den in Vorhergehenden dargestellten Ofenconstructionen sich auch ergibt, in der Regel:

für einen Einer-Ofen   1¹/₂—2   □′ Rostfläche
,,   ,,   Zweier- ,,   2¹/₂—3   □′   ,,
,,   ,,   Dreier- ,,   3¹/₂—4   □′   ,,
,,   ,,   Fünfer- ,,   4   —4¹/₂ □′   ,,
,,   ,,   Siebener- ,, 4   —5   □′   ,,

Bei Thonretorten und einer Feuerung mit Steinkohlen ist meist eine gleiche, selten eine bedeutendere Grösse der genannten Rostflächen in Anwendung; einzelne Anstalten haben eine geringere Rostfläche pro Retorte, wie die angeführten.

Bei Holz- oder Torffeuerung und eisernen Retorten sind folgende Dimensionen (bei einer Weite der Rostspalten von $^3/_8''$ — $^1/_2''$):

für einen Einer-Ofen 2 $\square'$ Rostfläche,
„   „   Zweier- „   2$^1/_2\square'$ „
„   „   Dreier- „   3 $\square'$ „

und bei Holzfeuerung mit Thonretorten hat man

für einen Einer-Ofen 3$\square'$ Rostfläche,
„   „   Zweier- „   5$\square'$ „
„   „   Dreier- „   7$\square'$ „

angewandt.

Von den Roststäben, die in unseren Retortenöfen angewendet werden, gilt Alles von Schilling (Seite 114) über diesen Gegenstand Gesagte. Wir finden jedoch fast durchgehends gusseiserne Roststäbe. Eine besonders oft angewandte und sehr zweckmässige Form derselben habe ich geglaubt, nicht übergehen zu dürfen. Dieselbe ist in Fig. 12 dargestellt. Die Form der Stäbe ist aus der Seitenansicht und dem Querschnitte vollständig zu ersehen. Die Länge eines solchen Stabes ist 3' 4'' und seine Stärke 20''' im Quadrat. Die Breite an dem Kopfende und der mittleren Verstärkung beträgt 26''', so dass die freie Rostfläche zwischen 2 Stäben 6''' ist. Die grösste Höhe desselben, in der Mitte seines

Fig. 12.

längeren Theils, beträgt 5'' und ist die Stärke hier auf 8''' unten verjüngt. Der kürzere, freiliegende Theil ist wie erwähnt 20''' hoch; also quadratisch. Die Roststäbe, die auf ihrem Kopfende frei auf einem Ansatze der Feuerthüre aufliegen, finden nur durch einen mittleren Träger ein Widerlager gegen die Längsverschiebuug, indem sie gegen die Feuerthüre und hintere Feuerwand circa $^1/_2''$ Spielraum haben. Dadurch ist es ermöglicht, dass sie sich frei ausdehnen können, ohne sich zu werfen.

Ueber den Feuerraum und den Aschenherd habe ich, weil die Art der Ausführung dieser Anlagen zur Genüge aus den gegebenen Darstellungen hervorgeht und mehrfach auch im Speciellen besprochen ist, Nichts weiter zuzufügen. — Das Gleiche gilt von den Vorschriften zum zweckmässigsten Heizen und dem Reinhalten des Feuers, die Schilling Seite 115 ausführlich abgehandelt hat.

Der Weg, den das Feuer im Ofen zurücklegt, geht in allen Fällen (wie wir dies auch aus den mitgetheilten Zeichnungen ersehen) nach oben und verbreitet sich dann erst über die unteren Retorten. Es dies ist auch ohne Zweifel der beste Weg; es ist mir nicht bekannt, dass irgend wo eine andere Anordnung getroffen wäre. — Bei dem Einsetzen der eisernen Retorten darf man es nicht ausser Acht lassen, dieselben nicht zu nahe an einander zu legen, weil die Retorten bei ihrer durch die Hitze bewirkten grossen Ausdehnung den Feuerraum ohnedem verengen und die erzeugte Wärme dann nicht ausreichen wird, dieselbe auf die nöthige Temperatur zu erhitzen. Die zweckmässigste Entfernung ist aus der gegebenen Darstellung der Oefen leicht zu entnehmen.

Die Anordnung und Grösse der Füchse in den Oefen und die zur Regulirung des Zuges dienenden Schieber haben in Schilling ihre Beschreibung gefunden und ist hiemit dieser eine Gegenstand in Betreff der mit Thonretorten versehenen Oefen erledigt. In den vorhergehenden Blättern haben auch diese Gegenstände eine genügende Besprechung gefunden, so dass ich von Weiterem hier Umgang nehmen kann.

Den Hauptcanal, welcher die Verbrennungsproducte aller Oefen in den gemeinschaftlichen Schornstein

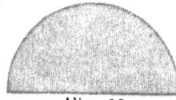

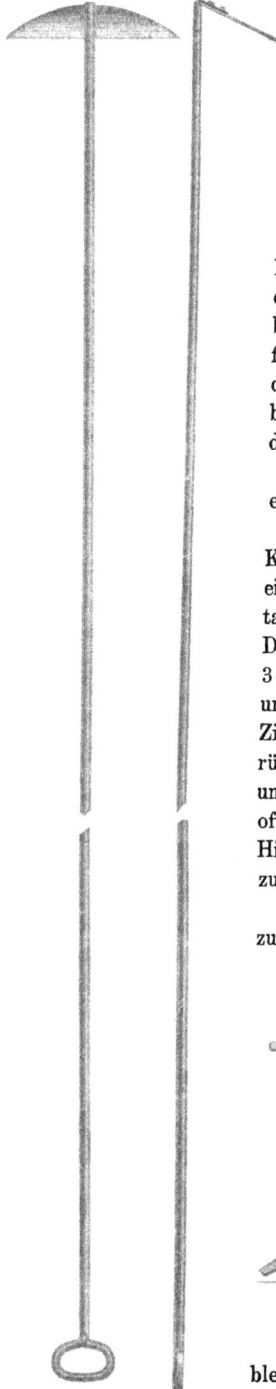

abführt, legt man bei Holzgas-Anstalten immer hinter die
Retortenöfen und unter die Sohle des Retortenhauses. Man
bezweckt dabei die in solcher Lage von dem Boden aus-
strahlende Wärme in der Trockenkammer oder zum Trocknen des Holzes überhaupt zu benützen und verbindet
damit eine weitere Benützung der Feuerluft unter den Essigpfannen zum
Abdampfen des mit Kalk gesättigten Holzessigs.

Fig. 15.

Die Grösse des Canals und specielle Ausführung des dazu gehörigen
Mauerwerks erkennen wir aus Tafel II und IV; die Anlegung der Canäle unter
den Essigpfannen werden wir in dem spätern Capitel, das Essighaus, näher
beschreiben. Es ist kaum nöthig zu sagen, dass auch bei den Retortenöfen
für Holzgasbereitung im Hauptcanale ein Register angebracht ist, durch welches man den hauptsächlichsten Zug in den Oefen bewirkt, während — wie
bekannt — durch die kleinen Schieber an den Zügen des Ofens die Regulirung
der Temperatur in demselben erfolgt.

Das zur Fabrication nöthige Arbeitsgeschirr für einen Ofen besteht
etwa in Folgendem:

Zum Herausziehen der Kohlen aus den Retorten bedient man sich des
Kohlenziehers Fig. 13 und 14. Die Stange besteht aus 1″ starkem Rundeisen, von etwa 17′ Länge. Der Handgriff muss in der Richtung der Blechtafel Figur 15 stehen, die, wie gezeichnet, mit der Stange verbunden ist.
Der Radius derselben beträgt circa 9″. Dieselbe ist bei solcher Höhe
3—4″ nach einwärts gerichtet. Bei dem Ausziehen wird die Stange auf das
untere Ende des Retortenkopfs aufgelegt und der Arbeiter schiebt nun den
Zieher, an der oberen Retortenmauer hinfahrend, aber ohne dieselbe zu berühren, bis an das Ende der Retorte. Dort lässt er denselben niedersinken
und kann nun die Kohlen herausziehen. Mit einem einzigen Zuge, wie dies
oft bei Steinkohlen der Fall ist, geht es nicht von Statten. Ein mehrmaliges
Hin- und Herfahren ist immer nöthig, um die Retorte vollständig von Kohlen
zu säubern.

Die glühenden Kohlen werden in die Kohlenkasten geleert, die mit dem
zu ihrem Transporte dienenden Wagen in Fig. 16 und 17 dargestellt sind.

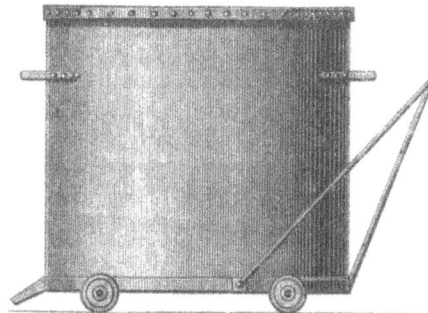
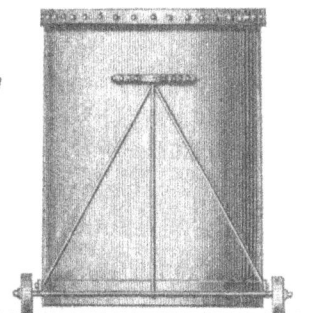

Fig 16.   Fig. 17.

Die Kohlenkasten sind von ellyptischer Form aus ⅛″ starkem Eisenblech gefertigt. Ihre Höhe beträgt 27″; die grosse Axe der Elypse ist 28″.

Fig. 13.   Fig. 14.

die kleine 21" lang. Sie sind an ihrem oberen Rande durch einen aufgenieteten Rand verstärkt und haben in entsprechender Höhe zwei Handhaben zur Führung. Zur besseren Erhaltung des Bodens, welcher durch das öftere Hin- und Herziehen leicht nothleidet, sind an demselben zwei Laufschienen angebracht.

Der Kohlenkasten wird vortheilhaft mittelst eines kleinen Wagens transportirt. Der Letztere besteht aus einem Rahmen von Winkeleisen, der an seinem hinteren Ende geschlossen und sich der ellyptischen Form des Kastens anschliesst; an dem vorderen aber zum Hinauf- und Hinabschieben des Kastens offen und etwas geneigt ist. Zum Zusammenhalten des Rahmens dient ein aufgenietetes, schwaches Bodenblech. Ausserdem ist an demselben in einer leicht aus der Zeichnung ersichtlichen Weise, eine Handhabe aus Rundeisen zur bequemen Führung des Wagens angebracht. Das Ganze ruht auf zwei Axen mit kleinen 4" hohen Rädern auf.

Damit bei dem Ausziehen der Retorten weniger leicht Kohlen seitlich abfallen können, bedient man sich öfter eines trichterförmigen Aufsatzes oder sogenannten „Kranzes", der, entsprechend der cylindrischen Form des Kastens gebildet, aus $1/8$" starkem Blech hergestellt und etwa 10" hoch ist. Wenn die oberen Retorten entleert werden, so hat man zur Führung der Kohlen ein Blech mit schwach aufgekrümmtem Rande nöthig, das mit 2 Hacken versehen ist, womit man es hinten an den Trägern des Retortendeckels aufhängt.

Wenn die glühenden Kohlen sich alle in dem Kohlenkasten befinden, so schiebt man denselben mit Hülfe des Wagens von der Retorte weg an einen geeigneten Ort und bedeckt die Kohlen mit einem Deckelblech. Dasselbe geht mit einem geringen Spielraum in den Kasten hinein nnd setzt sich unmittelbar auf die glühenden Kohlen auf. Man verstreicht dann den Rand zwischen Deckel und Kasten mit einer Mischung aus frischem und gebrauchtem Kalke oder Lehm. Der letztere ist, weit besser deckend und billiger, dem ersteren vorzuziehen. Gebrauchten Reinigungskalk kann man für sich nicht verwenden; man muss ihm immer je nach Verhältniss einen Zusatz frisch gelöschten Kalkes geben. Die Kohlen werden, wenn sie, am Besten an einem freien Orte vor oder hinter dem Retortenhause, erkaltet sind, was in der Regel nach 4—6 Stunden geschehen ist, auf einem Steinpflaster ausgeleert und in den Schuppen oder, unmittelbar nach dem Sieben, in Körbe verbracht. Aus dem Gesagten erhellt dann ferner, dass in der Regel pro Retorte 3 Kohlenkästen erforderlich sind. In mehreren Anstalten hat man nur 2 Kästen pro Retorte, was aber zu wenig. Man muss dann öfter die glühenden Kohlen noch nachlöschen.

Ist die Retorte geleert und muss das Aufsteigrohr gereinigt werden, was man in der Regel nach 6 Ladungen bewirkt, so steigt ein Arbeiter zur Hydraulik hinauf, nimmt den Deckel des Aufsteigrohres ab und führt eine Stange, wie solche bei Fabrication von Kohlengas zu gleichem Zwecke gebräuchlich, im Rohre hin und her, und stösst damit den Theer in das Mundstück der Retorte. — Diese Art der Reinigung ist jedoch nach längerer Zeit nicht mehr genügend. Man nimmt dann das Ausbrennen vor.

Um diess auszuführen, legt man den alten Deckel nochmals vor das Mundstück, aber in etwas zurückgeschobener Lage, so dass die Luft Zutritt hat, und dann werden einige kleine Scheitchen Holz nach Wegnahme des Deckels des Aufsteigrohres von oben heruntergeworfen. Dieselben beginnen sofort zu brennen und entzünden den Theer im Aufsteigrohre mit. Ist derselbe verbrannt, was man daran erkennt, dass das Ausstossen von Rauch durch das Aufsteigrohr nachlässt, so setzt man dessen Deckel, gut verschmiert, wieder auf und schreitet nun zum Laden der Retorte.

Zu dem Ende hat man kurz vorher die Ladung auf einer Wage (meist einer Brückenwage) abgewogen und dieselbe dann auf die sogenannte „Lademulde" in zwei Reihen geschichtet. — In den Figuren 18 (in der oberen Ansicht mit eingelegter Stosskrücke), 19 und 20 ist die Lademulde dargestellt. Dieselbe ist eine an beiden Enden offene Mulde von rechteckigem Querschnitte (Fig. 20) aus $1/8$" starkem Eisenblech gefertigt. Ihre Länge beträgt, bei Retorten von 27" Breite und 8' 5" Länge, cc. 7' 6"; die Breite 2'; die Höhe der aufgebogenen Ränder $4\frac{1}{2}$". Sind kleinere Retorten in Anwendung, so müssen natürlich diese Dimensionen abgeändert werden. Die Handhaben zum Hinauf-

13

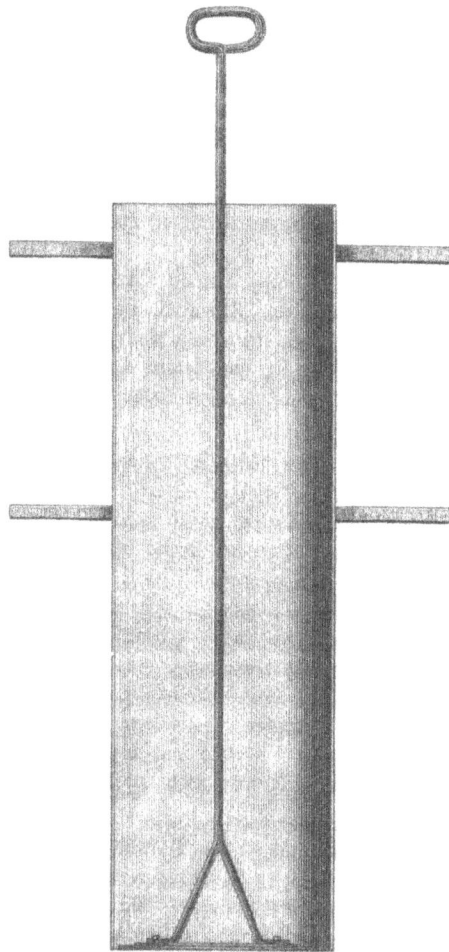

Fig. 18.

Fig. 19.

Fig. 21.

Fig. 20.

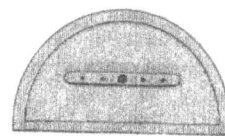

Fig. 22.

und Herabheben der Mulde sind am hinteren Ende angebracht; die eine ca. 4″ von dem letzteren, die andere in einer Entfernung von ca. 40″ von dieser. Auf die Ladmulde wird das Holz in zwei Reihen geschichtet. Man achtet darauf, dass an dem hinteren Ende noch ein kleiner Raum frei bleibt, der das Aufsetzen der Stosskrücke erleichtert, vermittelst welcher man das Holz in die Retorte schiebt. In Fig. 18 sehen wir die Stosskrücke (in der Mulde bis zu derem Ende eingeschoben) gezeichnet; Fig. 21 stellt die seitliche Ansicht derselben dar. Dieselbe besteht aus einer ungefähr 9′ langen Stange von 1¼″ Rundeisen, an welcher zwei ebenso starke Handhaben gabelförmig angeschweisst sind, die zur Befestigung der halb-kreisförmigen oder ⌒ förmigen Blechtafel dienen. Diese ist entsprechend den Dimensionen der Retorte gewählt. Die Blechstärke beträgt ⅛″. Gut ist es, diese Tafel, wie Fig. 22 zeigt, nochmal durch eine kleinere, aber gleichfalls starke Blechtafel zu verstärken.

Eine vorzügliche Einrichtung, bei welcher die Wage zu gleicher Zeit als Träger der Mulde dient, haben die Herren Buschbaum, Mechanikus, und Friedrich, Werkmeister der Darmstädter Gasanstalt, construirt. Wir sehen dieselbe auf Fig. 23 dargestellt; Figuren 24 und 25 dienen zur näheren Erläuterung der ersteren Zeichnung.

Fig. 23.

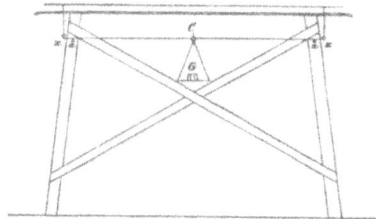

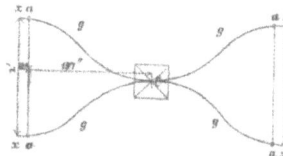

Fig. 25.

Die Wage besteht zunächst aus einem Gestelle. Dasselbe wird gebildet aus zwei von schmiede-eisernen Flachschienen (2″ × ½″) gefertigten Böcken b b′, die jeder einzeln oben verbunden, an den unteren Enden durch einen Verbindungsbolzen zusammengehalten werden. Durch die gekreuzten Schienen c c und die oberen gekreuzten Schienen d d′ stehen dieselben wiederum in Verbindung. Die eigentliche Wage ist ähnlich den Brückenwagen construirt. Die Hebel e e sind, wie aus der Scizze Fig. 25 ersichtlich, gabelförmig geformt und am gegabelten Ende durch Schienen in Verbindung gebracht, die an den betreffenden Stellen a a a a als Schneiden geformt sind. Die Pfannen für dieselben liegen auf einem Querstücke im oberen Theile eines jeden Bockes. Der Stützpunkt für die Last ist an dem über dem Fest- oder Drehpunkt der Hebel verlängerten Arme bei x x angebracht. Der Tisch der Wage, worauf die Last zu liegen kommt, setzt sich hierauf. Derselbe besteht aus einer Eisenplatte mit vier vertical nach unten gehenden Füssen, welche an ihren Enden zur Aufnahme der Pfannen für die entsprechenden Schneiden des Hebels eingerichtet sind. Beide Hebel werden an ihrem vorderen, vollen Ende durch einen Bolzen verbunden und wirken durch diesen auf die Wagschaale. Um ein Ausschlagen derselben zu ermöglichen, sind die Löcher zur Aufnahme des Bolzens länglich angefertigt und damit dasselbe in gewissen Grenzen bleibe, dient die Vorrichtung f. Die beiden bogenförmig gezeichneten Eisen g g dienen nur zur Verstärkung

13*

der Hebel und sind nicht gerade nothwendig. Das Verhältniss der Hebelsarme ist 1.97″ : 19.7″ (hess.) = 1 : 10. Die Länge des Gestelles ist unten 4′ 4″; die Breite daselbst 25″ und die Höhe bis an den oberen Tisch 28″. Eine solche Wage kostet bei Mechanikus Buschbaum loco Darmstadt 60 Gulden.

Ist nun die Ladung abgewogen und aufgeschichtet und die Retorte geleert, so erheben 4 Mann die Mulde, setzen dieselbe auf dem Retortenkopfe auf und führen sie bis zu der ersten Handhabe in die Retorte ein. Während sie nun je ein Mann auf beiden Seiten halten, ergreift Nro. 3 die Stosskrücke und schiebt unter Beihülfe von Nro. 4 die Ladung bis an das Ende der Retorte. Dann wird die Mulde zusammen mit der Stosskrücke schnell aus der Retorte entfernt, während Nro. 4 mit dem gut verschmierten Deckel bereit steht, denselben alsbald darnach vorzulegen. In kleineren Anstalten, wo man nur Retorten von kleineren Dimensionen und eine geringere Ladung hat, genügen schon 3, ja selbst 2 Arbeiter, um eine Retorte zu entleeren und zu füllen.

Aus dem Gesagten erhellt, dass zur Bedienung eines Ofens im grösseren Betriebe 4 Mann erforderlich sind. Ein Heizer muss dabei 2 Feuer versehen. Die Ablösung des gesammten Personals geschieht alle 12 Stunden. Die abgehende Parthie hat für die nächste Tour ein reines Feuer, frische Deckel und ein vollgefülltes Wasserreservoir zu überliefern. Ausser den Leuten zur Bedienung der Retorten sind auch noch Holzschieber erforderlich. Man kann für je 2 Oefen einen Mann für den Tag rechnen. Bei Nacht wird wegen Feuersgefahr kein Holz in das Retortenhaus transportirt. Eine grosse Erleichterung gewährt es dabei, das Holz, in später zu beschreibender Weise, mittelst eines auf einer kleinen Bahn gehenden Wagens in die Trockenkammer zu liefern. Da derselbe in dem Holzschuppen geladen, in die Trockenkammer geführt und erst bei dem Gebrauche des Holzes wieder abgeladen wird, so erspart man einmal das Aufschichten und Wiederherabwerfen des Holzes von den Oefen.

Die Beschickung der Retorten wird in der Weise geregelt, dass man die einzelnen Retorten immer allein und in bestimmten Zwischenräumen ladet. Hat man wie gewöhnlich eine 2stündige Ladzeit und z. B. 8 Retorten, so erfolgt eine Ladung alle 15 Minuten. Eine kürzere Ladzeit wie 12, höchstens 10 Minuten ist wegen des Aufschlichten des Holzes und Wiegens desselben kaum möglich.

Das Ausbessern der Risse und Sprünge in den Retorten ist bei Anwendung gusseiserner Destillationsapparate eine mühsame und schwierige Sache. Die kleineren Löcher oder Spalten werden meist in der Weise geschlossen, dass man die schadhafte Stelle mit Thon, dem 5—10 % gepulverter Borax beigemengt ist, verschmiert. Man bringt mittelst einer hölzernen, gut genässten Latte die Mischung, die nicht zu dick aber auch nicht zu breiförmig sein darf, in die betreffenden Löcher. Andere Anstalten nehmen statt Thon und Borax, Thon und Glaspulver. Ich ziehe die erstere Mischung vor. Kann man von Aussen an die schadhafte Stelle zu, so ist es gut, gestossenes Glas (namentlich grünes Bouteillenglas) über die gekittete Stelle zu schütten, da diess gut anschmilzt und einen besseren und sicheren Verschluss der Stelle als der Thon allein bewirkt.

Man bewerkstelligt diess Aufschütten mittelst einer kleinen, an einem dicken Eisendrahte befestigten Schaufel, in die man das Glas schüttet und welche man dann durch Umdrehen derart entleert, dass das gestossene Glas gerade auf die Stelle zu liegen kommt, die vorher gesäubert worden ist. Es versteht sich, dass beim späteren Reinigen der Retorten Vorsicht an dieser Stelle gebraucht werden muss, um dieselbe nicht wieder durch Stoss und Riss undicht zu machen.

Zeigt die Retorte Risse oder Sprünge, die eine grössere Dimension annehmen, so ist est nothwendig, dieselbe aus dem Feuer zu nehmen. Man muss den Ofen erkalten lassen und die herausgenommene Retorte an der schadhaften Stelle mit einem Flecke von starkem Schmiedeeisenbleche versehen, das man mittelst Schraubenbolzen befestigt, deren entsprechende Muttern in der noch gut erhaltenen Wand der Retorte angebracht werden. Die Dichtung zwischen beiden geschieht stets mit Eisenkitt. Sind solche Stellen an dem Boden der Retorte, so pflegt man dieselbe in ein Lager von angemachtem feuerfesten Thon zu legen, der wesentlich zur besseren Dichtung beiträgt.

Eine Vorsichtsmassregel von dem besten Erfolge und die nicht genug empfohlen werden kann ist es, das Durchbrennen oder Schadhaftwerden der Retorten dadurch möglichst zu verhindern, dass man einen Wechsel in der Lage der unteren Retorten eintreten lässt. Die beiden unteren Retorten sind es namentlich, die leicht nothleiden. Man wendet zwar vielfach Schutplatten von Thon an, um sie vor der Einwirkung des Feuers zu schützen; aber man erreicht diess nur unvollständig. Das Eisen wird auch unter der Schutzplatte oxydirt und zerstört; ganz besonders aber ist es ein Uebelstand, dass die Schutzplatten das Säubern der Retorte und damit eine gute Heizung derselben sehr behindern und oft geradezu unmöglich machen. Es bedienen sich desshalb auch nur wenige Fabriken der Schutzplatten. Die Anordnung der Feuerung bringt es nun mit sich, dass die unteren Retorten auf der dem Feuer zunächst liegenden Seite mehr nothleiden, als auf der anderen. Lässt man desshalb einen Wechsel derart eintreten, dass man die untere Linke der Retorten auf die rechte Seite, die rechtsliegende Retorte auf die Linke legt, ehe sie ziemlich vollständig an den Angriffspunkten des Feuers abgenützt sind, so erzielt man dadurch eine viel längere Dauer der Retorten, indem die noch besser erhaltene Retortenwand dem Feuer einen kräftigeren Widerstand zu bieten vermag. Der Wechsel der Retorten muss aber, wenn er von Vortheil sein soll, in der ungefähren Mitte der Zeit stattfinden, in der eine Retorte überhaupt im Feuer aushält. Man wird — eine gute und fehlerfreie Retorte vorausgesetzt — finden, dass die durchschnittliche Dauer einer Retorte sich auf 250—270 Tage beläuft, wenn selbst einige bis auf 350 und noch mehr Tage im Feuer aushalten. Es ist desshalb dringend anzurathen, den Wechsel der Retorten nach Umfluss von 4—4 1/2 Monaten, in welcher Zeit sie im Feuer waren, eintreten zu lassen. Sollte der Betrieb unterbrochen werden, so versäume man nicht, die Zeit zu notiren, während welcher die Retorte im Gebrauche war, um darnach dann den Wechsel einhalten zu können. Man wird durch Anwendung dieser Massregel sicher eine bedeutende Ersparniss in den Kosten für die Destillationsapparate erzielen.

Das Anheizen der Retortenöfen, die mit Thonretorten versehen sind, ist schon in Schilling besprochen worden. Bei Anwendung eiserner Retorten ist das Anheizen der Oefen wo möglich noch einfacher. Es geschieht in der Regel mit kleinen Holzkohlen. Man feuert im Anfange nur sehr schwach. Während der ersten 12 Stunden, oder, wenn der Ofen noch nicht gebraucht war, 24 Stunden bleiben die Schieber des Ofens ganz zu. Nach dieser Zeit werden sie eine Stunde schwach geöffnet und dann eine ebenso lange Zeit wieder geschlossen. Man wiederholt diess Verfahren während 12 Stunden, öffnet dann die Schieber zwei Stunden lang, aber immer nur schwach und schliesst sie wieder eine Stunde lang. Nach der viermaligen Wiederholung dieser Operation bleiben die Schieber geöffnet und man beginnt dann mit Vorsicht stärker zu feuern. In 24—30 Stunden ist darnach der Ofen auf die erforderliche Temperatur gebracht.

Wenn der Ofen schon gebraucht war, hat man nicht nöthig, dieses umständliche Verfahren einzuhalten und namentlich nicht in dem Falle, wenn die nebenliegenden Oefen gefeuert werden, wodurch der Ofenraum ohnedem erwärmt und gleichmässig ausgetrocknet wird. In solchen Fällen beginnt man nach schwachem Anheizen bei geschlossenen Schiebern das Feuern und verstärkt dieses gradative, indem man die Schieber nach und nach aber vorsichtig mehr öffnet. Einen schon ausgetrockneten Ofen kann man leicht in 36 Stunden zum Gasmachen erhitzen.

Sechstes Capitel.

Die Vorlage oder Hydraulik.

Die Vorlagen, die bei Holzgasfabrication angewandt sind, sind in der Regel: 1) aus der eigentlicken Vorlage und 2) einem Kühlkasten zusammengesetzt. Die Einrichtung der eigentlichen Vorlage ist wie bei Steinkohlengasfabrication. Beschreibung einer durchweg gehenden Vorlage sammt Kühlkasten. Beschreibung einer solchen, die allein für einen Dreierofen bestimmt ist. Aufsteigrohre und Verbindungsrohre der Retorte und Vorlage. Wasserreservoir zum Speisen der Hydraulik mit Schwimmer.

Die Vorlage, die zum Aufsammeln des Essigs und des Theers benützt wird und die, wie bekannt, auch als hydraulischen Abschluss für den von den Retorten kommenden Druck dient, ist, aus schon erörterten Gründen, der Anlage nach eine complicirtere, als es die sind, die bei Steinkohlengasfabrication angewendet werden. Die Vorlage, bei Holzgasanstalten vorzugsweise mit dem Namen „Hydraulik" bezeichnet, ist: erstens aus der eigentlichen Vorlage, zur Aufnahme der condensirbaren Flüssigkeiten bestimmt, und zweitens aus einer Kühlvorrichtung, in welcher die erstere liegt, zusammengesetzt.

Das Material, aus welchem die Vorlage immer gefertigt werden muss, ist das Gusseisen. Aus Kesselblech hergestellte Apparate würden in kurzer Zeit durch den heissen Essig zersört sein, der sich abscheidet. Die Form, die man der Vorlage gibt, ist zweckmässig die umgekehrte ⌣ Form. Dieselbe gestattet, dass man leichter eine Veränderung in der Anordnung der Tauchrohre vornehmen und auch leichter zum Inneren der Vorlage gelangen kann. Der letztere Umstand fällt namentlich in's Gewicht, da der Theer sich oft in so fester Form in der Vorlage absondert, dass er nur unter Anwendung eines Meissels etc. entfernt werden kann.

Die Auseinandersetzung der Vorgänge, die in der eigentlichen Vorlage statthaben, hat Schilling Seite 124 ausführlich geschildert. Das dort Gesagte hat eine allgemeine Gültigkeit, da, ausser den Grössenverhältnissen, die Vorlagen, die man bei Holz- und Kohlengasfabrication anwendet, nicht verschieden sind. Um unnöthige Wiederholung zu vermeiden, glaube ich desshalb über den Zweck der Tauchrohre, deren Anordnung und die Erörterung der Relation, die zwischen der Tiefe der Tauchung der Rohre und

Fig. 2.

Schnitt nach A. B.

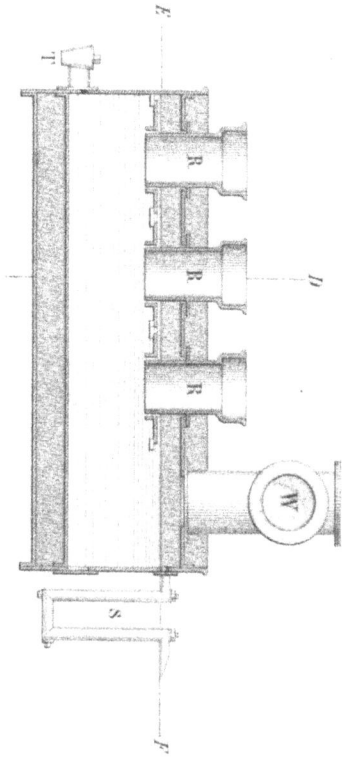

Fig. 1.

Obere Ansicht.

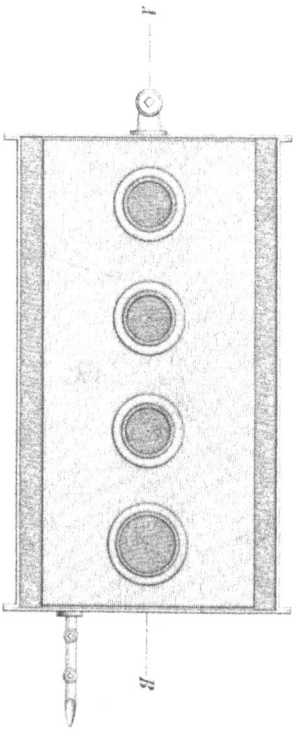

Fig. 3.

Schnitt nach C. D.

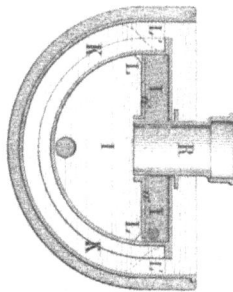

Fig. 4.

Schnitt nach E. F.

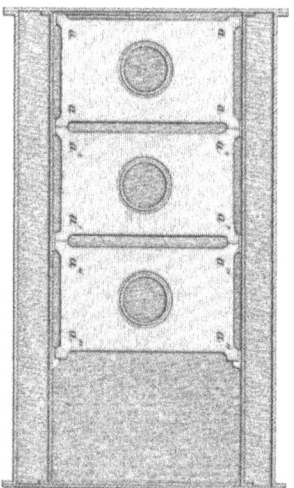

dem Querschnitte der Sperrflüssigkeit besteht, hinweggehen zu sollen. Doch will ich noch beifügen, dass in Holzgasanstalten wohl nirgends eine geringere Tauchung der Rohre wie 2″ gefunden wird, namentlich wenn man keinen Exhaustor anwendet. Selbst in diesem Falle nimmt man darauf Bedacht, dass derselbe jeweilig ohne Thätigkeit sein könnte. Der Druck beträgt in den kleineren Anstalten, die immer ohne Exhaustor arbeiten, 6″—8″; beim Laden steigt er selbst oft auf 10″. Im Allgemeinen ist er sehr schwankend, da die Destillation des Holzes sehr ungleich verläuft.

Eine durchweg gehende Vorlage, welche die Tauchrohre, die von sämmtlichen Retorten kommen, gemeinsam aufnimmt, wird nur selten angewendet. Man zieht es vor, eine solche für einen jeden Ofen besonders oder höchstens für 2 Oefen gemeinschaftlich herzustellen. Die Ursachen, warum diess geschieht, sind in den Schwierigkeiten zu suchen, eine Ausbesserung an der Hydraulik während des Betriebes vornehmen zu können. Die sehr beträchtliche Schwere des gesammten Apparates ist gleichfalls zu berücksichtigen; es kam schon vor, dass, durch ungleiches Aufliegen, eine so grosse Vorlage einen Sprung zeigte und zerbrach.

Eine Vorlage für mehrere Dreieröfen hergestellt, sehen wir auf der Tafel I in der Vorderansicht und auf Tafel II im Querschnitte dargestellt. Die eigentliche Vorlage (Tafel II mit III bezeichnet, ist, wie ersichtlich, umgekehrt ▽ aus ½″ starkem Gusseisen hergestellt. Die Stirnwände der Vorlage sind gleichzeitig die des zum Kühlen derselben dienenden Kastens, der mit K K bezeichnet ist. Ausserdem wird dieselbe noch mittelst den angegossenen Consolen L L (Tafel II) mit den Längswänden des letzteren verbunden. Die Dichtung an den Stirnplatten geschieht mittelst Eisenkitt. Der Kasten zum Kühlen wird aus gusseisernen Platten zusammengesetzt, die mittelst Schrauben verbunden und in genannter Weise gedichtet sind. In die eigentliche Vorlage treten zunächst, in bekannter Weise befestigt und gedichtet, die Tauchrohre R ein. Sie tauchen in unserem Falle 2″. In dem Niveau der Sperrflüssigkeit sind gusseiserne Platten a a angebracht. Sie dienen dazu, ein einigermassen constantes Niveau in der Vorlage zu erhalten. Die stürmische Gasentbindung, die in der ersten Zeit der Destillation stattfindet, bewirkt selbst bei ziemlicher Höhe der Tauchung noch ein Umherschleudern des Theeres und Essigs, was durch Anwendung der Platten verhindert wird. Dieselben, aus Gusseisen hergestellt, haben eine der Grösse der Vorlage sich anpassende rectanguläre Form. Sie schliessen aber nicht dicht an den Seitenplatten der Vorlage an, sondern ruhen hier nur mit ihren äussersten Enden auf kleinen Consolen auf, während ein dem Querschnitte des Tauchrohrs entsprechender Raum zwischen beiden frei bleibt. Durch diesen tritt das Gas, nachdem es einen an der Platte angegossenen verticalen Rand von entsprechender Höhe passirt hat.

In gleicher Niveauhöhe mit den Platten ist der Ablauf für den Essig angebracht. An der tiefsten Stelle der Vorlage sitzt ein grösserer Halm, durch welchen man den Theer ablässt, die beide aber nicht auf der Zeichnung dargestellt werden konnten.

Eine Vorlage sammt dem dazu gehörigen Kühlkasten, die für einen Dreierofen bestimmt ist, sehen wir der grösseren Vollständigkeit wegen auf Tafel VII nochmals genauer dargestellt. Fig. 1 stellt die obere Ansicht; Fig. 2 den Schnitt nach A B Fig. 1; Fig. 3 den Schnitt nach C D Fig. 2; Fig. 4 den Schnitt nach E F Fig. 2 dar. Die Vorlage ist ebenfalls umgekehrt ▽förmig hergestellt; die Stirnwände der Vorlage sind, wie immer, gleichzeitig auch die des Kühlkastens. Derselbe hat die gleiche Form wie die Vorlage und ist aus einem Stücke gegossen, um die Verbindung von Platten unnöthig zu machen. Die an demselben angegossenen zwei Consolen L L dienen zur Unterstützung der Vorlage. Die Länge derselben beträgt 4′; die Breite 2′; die Höhe 13″. Der Kühlkasten hat bei gleicher Länge eine Breite von 2′ 8″ und eine Höhe von 24″. Der Abstand zwischen beiden beträgt daher 4″. In die Vorlage treten zunächst die drei Tauchrohre R R R ein, die mit der Deckplatte der eigentlichen Vorlage durch Schrauben verbunden und mittelst Eisenkitt gedichtet sind. Die Dimensionen und Anordnung der schon bei der vorgehenden Beschreibung erwähnten Platten a a a a, a′ a′ a′ a′ und a″ a″ a″ a″, die unter sich vollkommen gleich sind, sind aus der Zeichnung ohne Weiteres ersichtlich. Dieselben sind gusseiserne Platten von ½″ger Stärke, deren Seiten, wie die Zeichnung ergiebt, ausgeschweift und mit einem nach unten gerichteten, 2″ hohem Rande versehen sind. Sie ruhen nur auf ihrem flachen Ende auf den kleinen Trägern L L auf. Das Tauchrohr tritt durch eine entsprechende Oeffnung in der Mitte der Platte ohne Dichtung und mit einem kleinen Spielraum ein. In der Niveauhöhe der eben beschriebenen Platten findet sich das Ablaufrohr für den Essig S.

Meist macht man statt der gezeichneten, aus mehreren Stücken gefertigten Röhre einen einfachen bogenförmig gekrümmten Syphon, den man an der tiefsten Stelle der Biegung mit einer s. g. Nothschraube versieht. Diese Anordnung ist aber nicht empfehlenswerth. Sie wird sehr leicht durch Theer verstopft, der nur schwierig durch Einführung eines Drahtes entfernt werden kann. Besser fügt man daher das Ablaufrohr aus schmiedeisernen Röhren und Tees mit Verschlussschrauben in der Weise zusammen, wie es aus der Zeichnung ohne Weiteres verständlich sein wird.

An der tiefsten Stelle der Vorlage ist der zum Ablassen des Theers dienende, meist aus Gusseisen hergestellte Hahn T befestigt. Das Ablassen des Theers geschieht in bestimmten Zeiträumen, die man nach den Ladungen berechnet. Man fängt den Theer entweder in hölzernen Kübeln auf und trägt ihn von der Hydraulik in das grössere Theerreservoir der Fabrik oder man lässt ihn unmittelbar durch ein passend angeordnetes Rohr in dasselbe abfliessen. — Es ist wohl kaum nöthig noch anzufügen, dass das Gas aus der Vorlage durch ein höher angebrachtes Rohr W abgeleitet wird.

Wie bei Steinkohlengasfabrication legt man die Hydraulik in der Regel auf die Oefen. Die Schwere der Vorlage sammt Kühlkasten gestattet auch kaum eine andere Lage.

Die Weite der Aufsteigrohre, die man bei Holzgas benützt, nimmt man gewöhnlich zu 5″, in selteneren Fällen zu 6″ an. Wo es angeht, sind die weiteren Rohre den engeren vorzuziehen. Es ist eine bekannte Erfahrung, dass die Aufsteigrohre bei Holzgasretorten leicht durch Theer verstopft werden. Dem wird durch Anwendung weiterer Rohre vorgebeugt; freilich nicht ohne den grossen Nachtheil, das vordere Ende der Retorte sehr zu belasten, aus welchem Grunde oft Risse in den Retorten entstehen oder die vorhandenen sich erweitern.

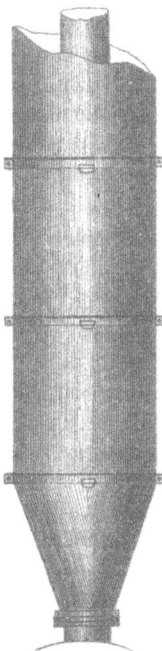

Fig. 26.

In dem Anfange der Holzgasfabrication hatte man, um dem Uebelstande zu reichlicher Theerablagerung zu begegnen, die Aufsteigrohre mit s. g. „Hosen" versehen. Fig. 26 stellt eine solche Hose dar. Dieselbe besteht aus einem conisch zulaufenden und unten sich an das Aufsteigrohr anschliessenden Cylinder von starkem Eisenbleche. Die eine Hälfte greift über die andere hinüber; die beiden Hälften werden in der durch die Zeichnung veranschaulichten Weise, durch starke Bänder, die an beiden Seiten verschraubt werden, zusammengehalten. Aufgenietete Vorsprünge halten die loszunehmenden Bänder in ihrer Lage. Die Hose wird dann mit Sand, oder Asche oder gebrauchtem Reinigungskalke angefüllt. Diese Anordnung, die sogar manchmal noch im Gebrauche ist, entspricht ihrem Zwecke, wenn die Aufsteigrohre eng und nicht leicht zu reinigen oder wenn dieselben von beträchtlicher Länge sind, weil sich in diesen durch die dadurch nothwendigerweise eintretende grössere Abkühlung der Theer reichlicher anlegt. In neueren Anstalten ist sie aber, weil unnöthig, dadurch beseitigt, dass man weite Aufsteigrohre wählt.

Die Verbindungsrohre zwischen Aufsteigrohr und Hydraulik sind in ähnlicher Weise wie bei der Steinkohlengasfabrication angebracht. Die bedeutende Ausdehnung, die eiserne Retorten in dem Feuer erleiden und die bei einer 9′ langen Retorte mindestens 2½″ beträgt, ruft in diesen Rohren eine bedeutende Spannung hervor. Kühlt sich die Retorte etwas ab, so zieht sie sich zusammen und die Spannung wird vermindert, um dann sich bei stärkerer Hitze wieder zu vergrössern. Auf diese Art in stetiger Bewegung wird die gewöhnlich angewandte Bleiverdichtung bald undicht und Gasverluste und Austreten von Essig und Theer die unvermeidliche Folge, die kaum zu verhindern ist. Herrn Riedinger in Augsburg gebührt das Verdienst diesen

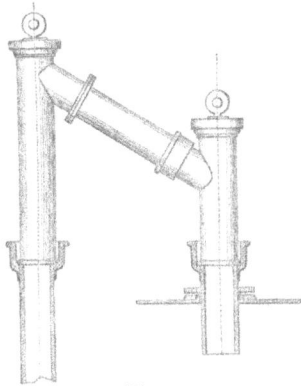

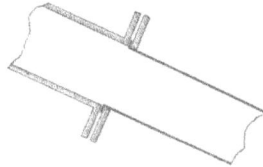

Fig. 28.

Fig. 27.

Uebelständen durch Anwendung bleierner oder noch besser kupferner Zwischenrohre beseitigt zu haben, die man zwischen Aufsteigrohr und Tauchrohr einschaltet. Fig. 27 und 28 wird diese Anordnung deutlicher machen. Da Bleirohre — obwohl dehnsamer wie kupferne — sehr bald durch den heissen Essig angefressen und undicht werden, so hat man jetzt ausschliesslich kupferne Rohre. Die Befestigung geschieht in der aus der Zeichnung ersichtlichen Weise, indem das eine Ende, das mit einem ½″ breiten Rande versehen ist, zwischen die Flanschen eingeklemmt, und durch Eisenkitt oder durch Filz, der mit Firniss getränkt ist, gedichtet wird. Das untere Ende wird in gewöhnlicher Weise mit Theerstricken und Bleiverstemmung in das Tauchrohr befestigt oder auch nur mit Lehm gedichtet. Ich kann zufügen, dass sich diese Anordnung vorzüglich bewährt.

Das Reservoir, aus welchem die Hydraulik mit kaltem Wasser versehen wird, ist meist nur eine grosse und starke Bütte. Ihr Inhalt richtet sich natürlich nach der Grösse der Production und namentlich auch noch darnach, ob die Condensationsvorrichtung mit oder ohne Wasserzufluss eingerichtet ist. In dem letzteren Falle rechnet man pro 1000 c′ Production 20 c′ Wasser, wonach sich in einem speciellen Falle leicht die Grösse des Wasserreservoirs berechnen lässt. In jedem Falle wird dasselbe höher als die Hydraulik placirt. An dem Boden befindet sich, mit einem Hahne versehen, das Ablaufrohr, das das Wasser zur Hydraulik führt, aus welchem man noch Wasser zu der Condensation, zu den Waschern und zum Löschen des Kalkes in das Reinigerhaus ableitet. Sehr bequem ist es durch eine höher liegende Wasserleitung die Bütte unmittelbar ohne Pumpwerk mit Wasser versehen zu können. Wo diess nicht angeht, muss man die Arbeit durch die Dampfmaschine oder in deren Ermangelung durch die Arbeiter versehen lassen. Zur Beobachtung des Wasserstandes in der Bütte dient ein Schwimmer von Holz, der auf eine deutlich erkennbare Weise die Höhe des Wasserstandes anzeigen muss. Die Bütte soll namentlich wegen Feuersgefahr immer möglichst voll gehalten sein.

Siebentes Capitel.

Das Retortenhaus.

Die Bedingungen, denen ein zweckmässig construirtes Retortenhaus bei Holzgasanstalten entsprechen muss, sind die gleichen wie bei den Steinkohlengasanstalten. Die Grösse des Raumes von den Oefen und hinter denselben. Dimensionen einiger bestehender Retortenhäuser.

Nach dem von Schilling Seite 126 über diesen Gegenstand Gesagten erübrigt mir nur wenige Worte zuzufügen, da die an dem angeführten Orte angeführten Bedingungen zur zweckmässigsten Anlage eines Retortenhauses auch bei unserer Fahrication massgebend sind.

Allein in den Grössenverhältnissen eines Hauses treffen wir einige Abänderungen. — Der Raum, den ein Retortenofen einnimmt, ist durch die Länge der Retorten und deren Anordnung gegeben. Wir erinnern uns, dass die gewöhnliche Grösse derselben in der Regel $8\frac{1}{2}'$ bis $9'$ beträgt, und da ohne Ausnahme nur Oefen mit einfachen nicht durchgehenden Retorten vorkommen, so hat die Länge eines Ofens in der Regel $10'-11'$. Ueber die Breite lassen sich, da eine verschiedene Anzahl von Retorten in den Oefen untergebracht wird, keine genaueren Angaben machen; es ist ein Leichtes dieselben für jeden speciellen Fall auszurechnen. Ueber das Schlussmauerwerk am Ende einer Ofenreihe gilt das von Schilling Angegebene.

Was für uns allein von Wichtigkeit und besonders zu beachten ist, betrifft den Raum vor den Oefen und den Raum hinter den Oefen. Bei der eben angeführten Länge der Retorten ist es, um das Ausziehen zu ermöglichen, erforderlich, denselben mindestens zu $14'$ zu nehmen. Bei dem Betriebe ist es aber rathsam, das getrocknete, zur Destillation bereite Material nicht blos zu wiegen, sondern nachzumessen. Bei der alleinigen Gewichtsbestimmung des getrockneten Holzes kommen leicht Täuschungen vor, da man nur nach allgemeinen Annahmen den Gewichtsverlust durch das Trocknen berechnet. Es finden sich dann am Ende des Jahres scheinbar meist grössere Defecte an Holz, die durch eine solche Ungenauigkeit hervorgerufen sind. Das Nachmessen des Holzes ist daher eine sehr gute Controlle. Will man aber das

Holz im Retortenhause zum Messen aufsetzen, so ist bei der angegebenen Grösse des Raumes vor den Oefen die Sache nur schwierig auszuführen, da der Raum ohnedem durch Lademulde, Wage, Kohlenkasten etc. beengt wird. Es ist daher ohne Zweifel besser, den Raum vor den Oefen lieber 18′ weit zu machen.

Der Raum hinter den Oefen wird stets zum Trocknen des Holzes benützt. Entweder überwölbt man denselben zu eigenen Räumlichkeiten, der s. g. „Trockenkammer", welche Einrichtung wir gleich näher betrachten werden, oder er bleibt frei. In jedem Falle, wenn er zum Aufsetzen des Holzes oder zum Einbringen desselben mit eisernen Wagen eingerichtet ist, muss die Entfernung des Ofens von der Wand des Retortenhauses mindestens 6 ½′—7′ betragen, da man sonst nicht Raum genug zum Aufsetzen des Holzes behält, dessen Scheitlänge in der Regel 4′—4 ½′ beträgt.

Folgendes sind, um als Anhaltspunkte zu dienen, die Dimensionen zweier Retortenhäuser:

1. Retortenhaus einer Anstalt für 4 Dreieröfen mit eisernen 8′ 3″ langen Retorten, ohne eigenen Trockenraum.

Innere Länge	75 Fuss hess.	= 61.6 Fuss engl.
„ Breite	40 „ „	= 32.9 „ „
Höhe der Seitenwände eines Ofens .	28 „ „	= 23.0 „ „
Breite eines Ofens . . .	10 „ „	= 8.2 „ „
Tiefe „ „ . . .	12.4 „ „	= 10.2 „ „
Breite des Raumes hinter den Oefen .	7.6 „ „	= 6.25 „ „
„ „ „ vor den Oefen .	20 „ „	= 16.4 „ „

2. Retortenhaus einer Anstalt mit einem Zweierofen und 2 Dreieröfen mit Thonretorten (8′ 4″ lang); gleichfalls ohne Trockenkammer.

Innere Länge	49.5 Fuss preuss.	= 51.0 Fuss engl.
„ Breite	30.5 „ „	= 31.4 „ „
Höhe der Seitenwände	17.0 „ „	= 17.5 „ „
„ eines Ofens	8.2 „ „	= 8.4 „ „
Länge der Ofenseite	19.5 „ „	= 19.8 „ „
„ des daranstossenden Dampfkessels	4.7 „ „	= 4.8 „ „
Tiefe eines Ofens	10.0 „ „	= 10.3 „ „
Breite des Raumes hinter denselben .	4.5 „ „	= 4.6 „ „
„ „ „ vor denselben . .	16.0 „ „	= 16.4 „ „

Achtes Capitel.

Die Trockenkammer.

Zweck und Einrichtung derselben. Das Verbringen des Holzes in die Trockenkammer wird vielfach durch eine Schienenbahn und eisernen Wagen vermittelt. Das Trocknen des Holzes und Vorsichtsmassregeln dabei. Das Austrocknen geschieht auch oft nur auf den Oefen und hinter denselben, ist aber unvollständig. Gefährlichkeit solchen Trocknens. Der Feuercanal muss immer mit einem Backsteinpflaster abgedeckt sein.

Die Erfahrung, dass das Holz eine um so reichlichere Menge von Gas und in besserer Qualität liefert, je mehr es von Feuchtigkeit befreit worden ist, ist die Veranlassung, dass man in allen Anstalten grosse Sorgfalt auf das Trocknen des Holzes verwendet. Das Austrocknen geschieht jedoch nie in der Weise, dass man die mit dem Destillationsmateriale gefüllten Räume besonders zu diesem Zwecke erwärme. Man benutzt in allen Fällen nur die Wärme der von den Oefen abgehenden Feuerluft, indem man den Hauptfeuerungscanal hinter die Oefen und unter die Sohle des Retortenhauses legt. Ueber demselben wird dann der Trockenraum des Holzes, die „Trockenkammer" genannt, hergestellt.

Aus Tafel VI wird die Einrichtung einer solchen ersichtlich sein, die im Wesentlichen nur ein hinter den Oefen sich befindlicher überwölbter Raum T ist. Die Decke wird aus mehreren kleinen Gewölben gebildet, deren Gewölbachsen in der Richtung der Retorten liegen und deren Widerlager t hinlänglich starke, eiserne Balken sind, die theils an dem Ofenmauerwerke, theils an der Längswand des Retortenhauses befestigt sind. Der an beiden Seiten offene Raum wird durch starke, hölzerne Thüren verschlossen. Am Zweckmässigsten verwendet man hierzu Schieberthüren, welche, in einem Falze zur Führung laufend, durch ein Gegengewicht balancirt sind, so dass sie leicht in die Höhe und nieder geschoben werden können. Damit der in dem geschlossenen Raume sich entwickelnde Wasserdampf sich entfernen könne, sind an dem obersten Theile der Thüren kleine Oeffnungen gebohrt.

In die Trockenkammer führt in sehr vielen Anstalten eine Schienenbahn S S, auf welcher mit Holz geladene eiserne Wägen (s. u. Holzschuppen) unmittelbar bis hinter die Oefen geschoben werden können. Wenn das Holz des Wagens, der am längsten in der Trockenkammer verweilte, genügend ausgetrocknet ist, wird dieser Wagen herausgefahren und auf der andern Seite ein mit frischem Materiale gefüllter eingeschoben. Das Trocknen geht so in continuirlicher Weise. Wollte man bei dem Herunternehmen jeder Ladung die Thüre öffnen, so würde dadurch das Holz in der Trockenkammer zu sehr abgekühlt werden.

Die Grösse, die man einer Trockenkammer gibt, ist von der Zahl der Oefen abhängig, die gebaut sind. Stets macht man die Trockenkammer so lange, als die Ofenreihe lang ist. Es ist diess um so nöthiger, als schon in kleineren Anstalten bei starkem Betriebe selbst ein solcher Raum kaum ausreicht, um alles Holz auszutrocknen, das zur Destillation nöthig ist. In grösseren Anstalten wird es jedenfalls nothwendig, das Holz auf die Oefen zu setzen. Man sieht daher bei solchen Etablissements oft von der Einrichtung eines solchen Raumes ab. Man behilft sich damit, das Holz hinter und auf die Oefen zu setzen und errichtet, wenn nöthig, sogar noch Bühnen im Retortenhause, auf die das Holz geschlichtet wird.

Ein scharfes Austrocknen ist aber bei solcher Einrichtung nicht möglich. Das Holz bleibt so lange sitzen, als es nur irgend angeht. Eine continuirliche Reihenfolge des Aufschlichtens und der Wegnahme des abgetrockneten Holzes muss natürlich erfolgen, wenn man sicher sein will, immer ein Holz zu verwenden, das den Umständen nach möglichst trocken ist.

Die Hitze, die der Feuerungscanal ausgibt, ist bei starkem Betriebe oft so beträchtlich, dass kleine Späne, die zwischen den Scheitern des Wagens durch auf das Pflaster der Trockenkammer fallen entzündet werden. Das Holz, ohnedem trocken und warm, geräth dadurch sehr leicht in Brand. Man wende daher die Vorsicht an, den Wagen vor dem Einschieben in die Trockenkammer genau zu durchmustern und herabhängende und seitlich abstehende Späne zu entfernen.

Das Trocknen des Holzes auf und hinter den Oefen ist, neben der Unvollkommenheit des beabsichtigten Zweckes auch insoferne gefährlicher, als dasjenige, wie es in der Trockenkammer geschieht, weil beim Ausziehen der Ladungen auffliegende glühende Kohlentheilchen eine Entzündung hervorrufen können. Grosse Vorsicht namentlich aber erfordert das Trocknen des Holzes unmittelbar über dem Hauptfeuerungscanale, der unter allen Umständen mit einem genügend starken Backsteinpflaster versehen sein muss. Wenn man, wie es Anfangs geschah, nur Sand als Decke des Canals anwendet, so ist eine stetige grosse Gefahr eines Brandes vorhanden. Es ist kaum möglich, dass kleine Holzsplitter aus dem Sande durch gut geführtes Ausrechen desselben entfernt werden können. Diese fangen bei längerem Verweilen an zu glimmen und ein geringer Luftzug reicht hin, dieselbe zu entzünden und einen ganzen Haufen dadurch in Brand zu bringen. Man vermeide daher diese schlechte Anordnung; man sei aber auch bei einer gut angelegten Trockenkammer auf seiner Hut, weil selbst da eine Entzündung der Holzmasse eintreten kann.

Neuntes Capitel.

Der Schornstein.

Der Zweck und die Ausführung der Schornsteine bei Holzgasanstalten sind die nämlichen, wie bei solchen Fabriken, die Steinkohlengas fabriciren. Angaben der Dimensionsverhältnisse einiger ausgeführter Schornsteine bei Holzgasanstalten.

Ohne in die nochmalige Wiederholung über den Zweck und die Ausführung der Schornsteine bei Holzgasanstalten hier einzutreten, weil das von Schilling Seite 129 über diesen gleichen Gegenstand bei Steinkohlengasfabrication Gesagte allgemeine Gültigkeit hat, so dürfte es doch nicht ohne Interesse sein, wenn ich die Grössenverhältnisse einiger zweckmässig construirter Schornsteine für Holzgasanstalten, die ausgeführt sind, hier anfüge.

Eine Anstalt, welche 4 Dreieröfen mit eisernen Retorten ($17'' \times 27'' \times 8' 5''$) besitzt, hat einen Schornstein von $4'$ Durchmesser und $125'$ Höhe. Diess ergibt für jeden Ofen einen Querschnitt von 1 $\square'$, oder die Rostfläche eines jeden Ofens zu 4 $\square'$ gerechnet:

für 1 $\square'$ Rostfläche = 0.25 $\square'$ Schornsteinquerschnitt.

Eine andere kleinere Anstalt mit 4 Oefen (einen I^r, einen II^r und 2 III^r Oefen), die mit Thonretorten ($14'' \times 22'' \times 8' 6''$) versehen sind, hat einen Schornstein von 2 $\square'$ Querschnitt und $60'$ Höhe.

Die Rostflächen sämmtlicher Oefen betragen 8 $\square'$; demnach ist

für 1 $\square'$ Rostfläche = 0.25 $\square'$ Schornsteinquerschnitt vorhanden.

Zehntes Capitel.

Der Holzschuppen.

Grösse des Holzvorraths für eine Anstalt. Der Bezug desselben geschieht meist im Frühjahre und gegen den Sommer hin. Das Aufsetzen des Holzes im Fabrikhofe. Zweckmässige Anlage eines Steinpflasters dazu. Die Construction eines Schuppens. Grösse und Lage desselben. Der Transport von dem Holzschuppen in die Trockenkammer wird zweckmässig durch eine Schienenbahn vermittelt, auf welcher eiserne Wägen gehen. Beschreibung eines solchen. — Die Aufbewahrung der Holzkohlen geschieht auch öfter in dem Holzschuppen.

Der Holzvorrath, dessen eine Fabrik bedarf, wird in allen Anstalten für Jahreslänge bezogen. Da im Winter die Zeit des Holzfällens ist und gewöhnlich im Frühjahre und gegen den Sommer hin die Abfuhr des Holzes aus dem Walde stattfindet, so geschieht in dieser Jahreszeit auch hauptsächlich die Versorgung der Anstalt. Der Vorrath soll dann mindestens für Jahresfrist reichen. Da es aber für eine Fabrik ganz besonders wichtig ist, so viel trockenes Holz vorräthig zu haben, als es nur immer möglich ist, so schadet es selbst nicht, noch weiteres Holz aufzuspeichern. Es ist diess eine Art Reserve, falls der Betrieb sich einmal in der Lage befindet, Holz verwenden zu müssen, das nicht vorher vollständig getrocknet werden konnte.

Die Art und Weise, wie die Aufspeicherung des Holzes im Fabrikhofe geschieht, ist zumeist durch die Grösse des dahin gehörigen Areals bestimmt. In allen Fällen wird das ankommende Holz erst dann unter einen Schuppen aufgesetzt, wenn es in dünnere Scheiter gerissen ist; so lange diess nicht der Fall, bleibt es im Freien. Man setzt es dann in bekannter Weise in Reihen auf. Da die zu unterst liegenden Scheiter, die mit dem Boden in Berührung sind, aber leicht faulen, so ist es zweckmässig, Steinpflaster entsprechend der Länge der Scheiter so anzulegen, dass diese nur mit ihren beiden Enden auf dem erhöht gesetzten Pflaster aufliegen und die Bodenfläche nicht berühren. Dass die Reihen des Holzes nicht zu dicht gesetzt werden sollen, um der Luft den nothwendigen Durchzug nicht zu verwehren, brauche ich wohl kaum zu erwähnen.

Die Grösse, welche man einem Holzschuppen zu geben hat, richtet sich natürlich nach der Production der Anstalt. Zur Berechnung einer ausreichenden Grösse des Schuppens kann man annehmen, dass 10 c′ weiches, gespaltenes und aufgesetztes Holz ca. 1.75—2.0 Centner wiegen; harte Hölzer wiegen nach Verhältniss mehr.

Indessen sind meist nur die kleineren Fabriken in der Lage, den Vorrath ihres gespaltenen Holzes regelmässig wenigstens ein halbes Jahr unter Dach zu bringen. Die grösseren müssen in der Regel hierauf verzichten und geben dem Holzschuppen eben immer nur eine solche Grösse, die sich nach localem Verhältnisse erübrigen lässt.

Die Construction eines solchen Holzschuppens ist sehr einfach und aus beistehenden Scizzen Fig. 29 u. 30, in ¹/₁₄₄ natürlicher Grösse ausgeführt, leicht ersichtlich.

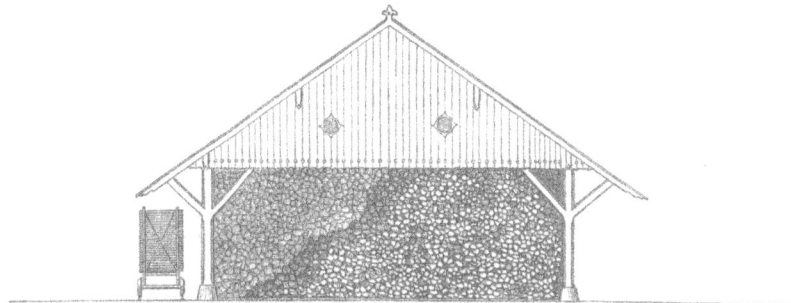

Fig. 29.

Fig., 30.

Fig. 31.

Die Dachconstruction ist so gewählt, dass die Querbalken desselben circa in der Mitte der Dachhöhe liegen, durch ein Hängewerk getragen und ausserdem entsprechend mit den von den Säulen ausgehenden Kopfbändern in Verbindung gesetzt sind. Hierdurch · wird dann eine grössere Ausnützung des Dachraumes bewirkt. Wo man indessen nicht genügenden Raum zur Verfügung hat, kann man auch die Höhe des Schuppens vergrössern. Um den Regen, welcher seitlich einschlagen kann, abzuhalten, ist es aber dann nothwendig, den Schuppen von oben bis auf 10′ Höhe vom Boden zu verschalen. Will man diess nicht, so gibt man aus dem genannten Grunde nach der Wetterseite hin dem Dache einen weiteren Vorsprung, wie diess überhaupt anzurathen ist.

Die Lage des Holzschuppens muss so angeordnet sein, dass derselbe nicht zu weit vom Retortenhause entfernt sei, weil sonst das Beschaffen des Holzes viele Mühe und Beschwerde macht und kostspielig ist. Es ist unstreitig die bequemste Art, diesen Transport in die Trockenkammer durch eine kleine Schienenbahn zu vermitteln, die beide miteinander verbindet. Zum Transportiren des Holzes bedient man sich eines einfachen, in Fig. 32 u. 33 dargestellten, eisernen Wagens.

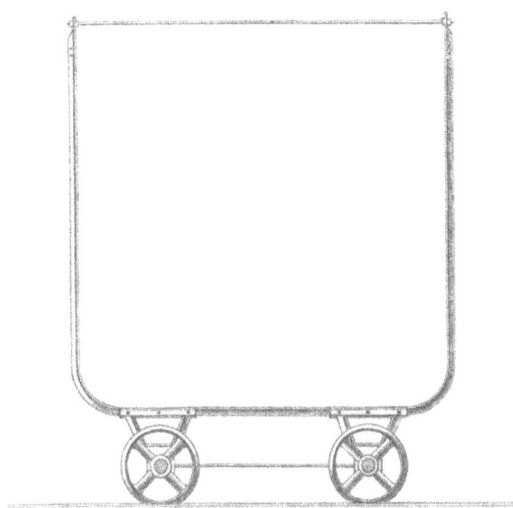 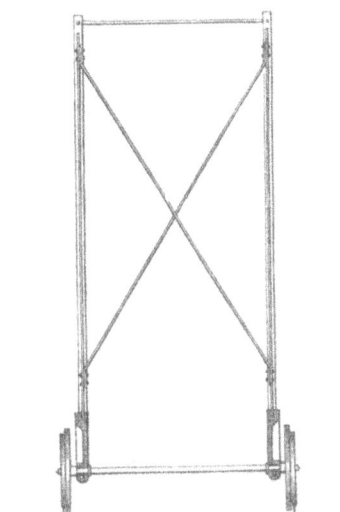

Fig. 32.   Fig. 33.

Fig. 34.

Derselbe besteht aus einem von 2″ breiten Teisen gemachten Gestelle, welches oben durch ⅝″ Schraubenbolzen zusammengehalten und dessen Rück- und Vorderwand durch zwei gekreuzte Stäbe gebildet wird. Vier Supports tragen dasselbe und dienen zur Aufnahme der beiden Achsen mit den darauf festgekeilten Rädern. Dieselben sind in bekannter Weise zum Fahren auf den Schienen und der ebenen Erde eingerichtet.

Der Wagen hat eine Länge im Lichten von 6′, eine Breite von 3′ und eine Höhe von 6′. Die Räder haben bei solcher Grösse 15″ Durchmesser. — Er fasst ca. 15—17 Centner lufttrockenes Holz.

Dieser Wagen wird an dem Holzschuppen mit Holz geladen. Gegen den Regen ist er daselbst durch das vorspringende Dach geschützt. Ist er geladen, so kann man denselben durch eine Thüre im Retortenhause in die Trockenkammer einfahren. Geht diess nicht an, weil dieselbe noch gefüllt ist, so ist es dennoch gut, den Wagen in's Retortenhaus zu verbringen, weil hier das Holz schon etwas trocknen kann

Der Aufbewahrungsort der Kohlen ist meist ein Anbau am Retortenhause, wo sie unter Dach angehäuft werden. In vielen Fabriken hat man noch eine eigene Kohlenhalle, wo dieselben an das Publicum

15

abgegeben werden. Die Lage und Ausführung der Fabrik bedingt die Anlegung solcher Depots. Hat man freie Hand, so führt man zweckmässig einen Schuppen auf, der bis auf 5′ Höhe gemauert und darüber mit einem Lattenverschlage versehen ist. Nur an der vorderen Seite kann derselbe mittelst Thüren geöffnet werden.

In den meisten Fabriken ist indessen auch der Holzschuppen zugleich der Aufbewahrungsort der Kohlen. Selbst wenn eigene Räumlichkeiten dafür vorhanden sind, kann es bei starker Winterproduction vorkommen, dass man Kohlen in den Schuppen verbringen muss. Man hilft sich dann dadurch, dass man zwischen die Pfeiler des Holzschuppens Bretter legt und die Kohlen zwischen den Holzbäuchen und dieser Wand aufschlichtet. Es bedarf wohl kaum der Erwähnung, dass man, wenn diess geschieht, sorgfältig darauf zu sehen hat, dass dieselben gut abgelöscht sind.

Eilftes Capitel.

Die Condensatoren und Waschapparate.

Zweck der Condensation. Eine gute Kühlung ist nothwendig und kann, wenn sie bis zur Temperatur des Bodens getrieben wird, nicht schädlich sein. Die liegende Condensation. Beschreibung einer solchen. Grösse, die man denselben ertheilt. Vortheile und Nachtheile der liegenden Condensationen. Schwierigkeit der Beschaffung genügender Wassermassen zum Kühlen. Luftcondensation daher rathsam. Luftcondensation bei Holzgasanstalten. Wirkung des Waschens des Scrubbers. Füllung desselben mit verschiedenen Materialien. Entleeren desselben. Anwendung der herausgenommenen mit Theer bedeckten Füllung.

Das Gas, welches mit einer grösseren Hitze die Hydraulik verlässt, als sie bei Steinkohlengasbereitung vorkömmt, (sie beträgt gewöhnlich 50—60°, oft sogar 80° Cels.) führt noch in reichlicher Menge Theerdämpfe und ölige Producte mit sich. Auch eine nicht unerhebliche Menge Essigsäure wird sammt Wasserdämpfen noch weiter mitgerissen. Der Zweck der Condensation ist es, diese Stoffe, die eine flüssige Form annehmen, wenn sie auf eine niedere Temperatur abgekühlt werden, dadurch abzuscheiden. Wenn diess in den Apparaten, die das Gas später noch zu passiren hat, stattfinden würde, so könnten sie leicht in denselben Verstopfungen hervorrufen. Wenn auch diess nicht der Fall sein sollte, so müssten dann die Wascher öfter, als sonst nöthig, entleert werden und der Reinigungskalk würde durch Aufnahme der genannten Producte in reichlicherem Masse höchst übelriechend werden und seine Entfernung daher doppelt belästigend für das Arbeiterpersonal sein.

8.

Fig. 2.
Schnitt nach A.B.Fig.1.

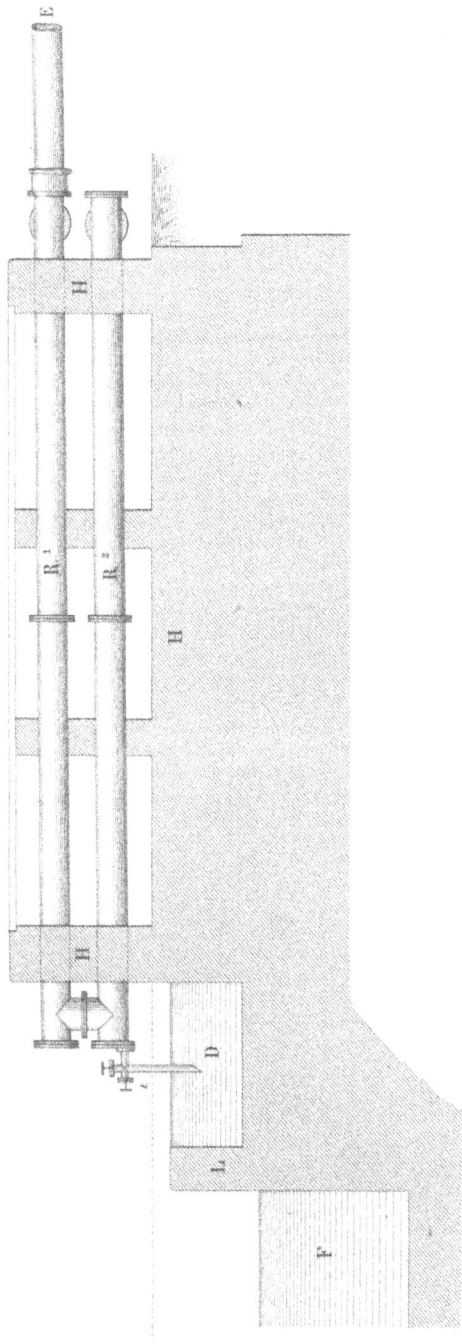

E

H

R¹

R²

H

H

D

z

L

F

Fig.1.
Obere Ansicht.

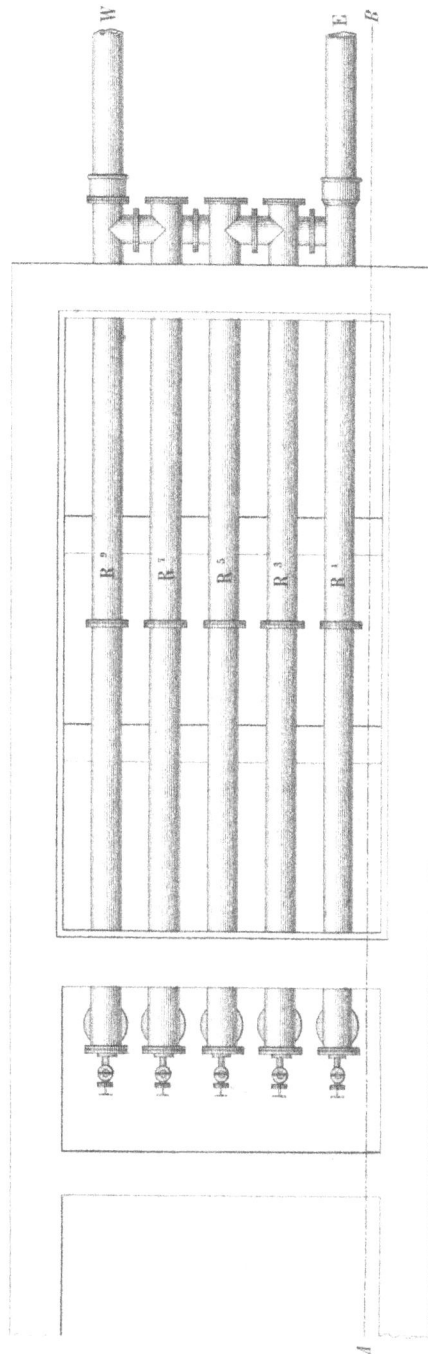

W

E

B

R⁹

R⁷

R⁵

R³

R¹

A

M. 1:24

0 3 6 9 12ᶜ

0 1 2 3 4 5 6 7 8 Zoll.

Die Erfahrung hat mir bei oftmaliger Beobachtung gezeigt und wird dieselbe auch vielfach durch Andere bestätigt, dass die Güte des Holzgases durch eine möglichst weit getriebene Kühlung nicht nothleidet. Es ist bei Verarbeitung verschiedener Kohlensorten zur Gasfabrication üblich und namentlich englische Gastechniker legen darauf Gewicht, dass sie die Kühlung ihres Gases nur möglichst langsam abnehmend und nicht vollständig bis zur Temperatur des Bodens gehen lassen, weil sie glauben, dass die im Gase suspendirten Theertheilchen, welche dadurch weniger vollständig in einer flüssigen Form ausgeschieden werden, die Leuchtkraft des Gases erhöhen. Wie dem auch sei, so ist bei Holzgasfabrication eine solche Rücksichtsnahme nicht geboten. Das unreine Gas führt, selbst wenn es gut gekühlt und mehr als reichlich gewaschen ist, immer noch beträchtliche Mengen dieser Körper mit sich. Wenn nun durch die Reinigung fast ein Viertheil sämmtlicher Production entfernt wird, die als Kohlensäure vorhanden und gleichfalls mit flüchtigen Kohlenwasserstoffen beladen ist, so können dieselben nicht mehr in dem Gase enthalten bleiben, da es schon vollständig mit denselben imprägnirt ist. In der That scheiden sich immer nicht unerhebliche Mengen dieser Stoffe in den Syphons zu den Gasbehältern und selbst in den letzteren Apparaten aus. Ein anderer Grund für eine mögliche Abkühlung des Gases in den Condensationsapparaten ist ferner darin zu suchen, dass ein relativ wärmeres Gas weniger gut gereinigt die Reiniger verlässt als ein kälteres. Die Erhitzung, die die Kohlensäureaufnahme des Kalkes bedingt, ist die Ursache dieses Verhaltens. Da jede Aufnahme von Kohlensäure durch das Reinigungsmaterial aber Zeit erfordert, so wird dieser Vorgang nur auf Kosten des Kalkes stattfinden können, abgesehen davon, dass derselbe durch reichliche Aufnahme theeriger Producte seinen Zweck nicht wohl erfüllen kann. Wir werden diesen Punkt übrigens noch einmal später ausführlicher besprechen; es genügt hier, nur auf die Thatsache hingewiesen zu haben. In jedem Falle ist es aber, wie erörtert, nur vortheilhaft, die Kühlung des Gases möglichst vollständig eintreten zu lassen.

In den meisten jetzt bestehenden Holzgasanstalten ist der Condensationsapparat „liegend". Diese „liegenden Condensationsapparate", von welcher uns Tafel VIII ein Bild gibt, bestehen, ähnlich wie solche bei Steinkohlengasfabrication vorkommen, aus einem gusseisernen Rohrsysteme, das sich in einem gut gemauerten, nicht zu schwachen, mit Cement ausgekleideten Behälter H H befindet und zur besseren Kühlung immer mit Wasser umgeben ist. Die Rohre liegen in 2 Reihen über einander und die Verbindung derselben ist mittelst Flanschenverbindung hergestellt. Die specielle Anordnung der Röhren ist derart, dass das Gas an der höchsten Stelle des ersten Rohres R¹ Tafel VIII Fig. 2 bei E) eintritt, der Röhre entlang geht, durch die Verbindung nach unten fällt und dann in dem darunter liegenden Rohre R² zurücksteigt. Von diesem gelangt es durch die Verbindung in das zweite Rohr der unteren Schichte, geht in diesem nach hinten, steigt wiederum durch die Verbindung in das zweite Rohr der oberen Schichte R³ und vollendet seinen Lauf in einer Weise, der ohne Weiteres aus der Zeichnung leicht zu ersehen sein wird. Der Austritt desselben erfolgt durch das letzte Rohr der untersten Lage (bei W Fig. 2).

Die Rohre haben zum Ablaufe der condensirten Flüssigkeiten immer eine geneigte Lage. Das Gefälle beträgt gewöhnlich auf 5′ Rohrlänge 1″. Um den Abfluss des Theeres u. s. w. aus den Rohren zu bewerkstelligen, dienen die kleinen Tauchrohre t, die immer nur an der unteren Rohrlage nothwendig sind. Es sind diess kleine Kreuzrohre, meist von 1½ bis 2″ Stärke, die an dem Hauptrohre mittelst Flanschen befestigt und durch 2 Bügel, wie aus der Zeichnung ersichtlich, verschlossen werden. Das Rohrende, welches in das Tauchbassin D taucht, ist schief abzuschrägen, wie diess in der Zeichnung dargestellt ist, weil in gerade abgestumpften Rohren der Theer leichter haftet und eine Verstopfung hervorbringt.

Der aus den Tauchrohren abfliessende Essig und Theer geht aus dem Tauchbassin D über eine Scheidewand L weg in das Hauptbassin F, das zum Aufsammeln des sämmtlichen in der Anstalt producirten Theers vorzugsweise dient. Zur Vorsicht bringt man in dem Tauchbassin gewöhnlich noch ein weiteres Ablaufrohr so an, dass, wenn der Abfluss über die Scheidewand nicht stattfinden sollte, die sich sammelnde Flüssiskeit nie bis in die Rohre treten kann. Aber auch ein solches Ablaufrohr gewährt nicht immer vollständige Sicherheit, da es sich gewöhnlich mit der Zeit verstopft und zulegt. Es ist desshalb, namentlich in grösseren Anstalten, empfehlenswerth eine Saugpumpe anzubringen, um den sich ausscheidenden Essig zu dem andern Essig aus der Hydraulik zu führen und beide gemeinschaftlich auf essigsauren Kalk zu verarbeiten. Den Theer muss man in das Hauptbassin in passenden Zwischenräumen überschöpfen. Es ist aber wohl kaum nöthig zu sagen, dass man die Condensation immer fleissig nachsehen und in Ordnung halten muss. — Das Wasser endlich, welches zur Kühlung dient, wird immer an der tiefsten Stelle der cementirten Behälter eingelassen. Durch ein angebrachtes Ablaufrohr kann das heiss gewordene Wasser sich entfernen und es wird diess in dem Maase weggeführt, in welchem das kalte Wasser in das Bassin eintritt. Man hat es, eine genügende Wassermenge vorausgesetzt, daher ganz in der Hand, das Gas, so weit es wünschenswerth ist, zu kühlen.

Die Weite, Länge und Anzahl der Rohre, aus welchen eine gut wirkende Condensation bestehen soll, richtet sich natürlich immer nach der Quantität von Gas, welche dieselbe durchzulassen bestimmt ist. Man rechnet gewöhnlich 9 $\square'$ Rohrfläche für jeden c' ungereinigten Gases, der die Röhre in einer Minute passirt. Es ist diess etwa die dreifache Menge derjenigen Kühlfläche, die man bei Steinkohlengasfabrication in Anschlag bringt. Doch gibt es auch Anstalten, in welchen nur die 2 — 2½ fache Menge der Kühlfläche angewendet wird, die unter gleichen Verhältnissen bei Kohlengasfabrication angenommen wird. Es ist diess aber nur in dem Falle zulässig, wo man, bei kleinerem Betriebe, das Gas schon auf der Hydraulik besser kühlen kann.

Ein Haupterforderniss bei einer jeden Condensation ist es, dass dieselbe leicht zugänglich und leicht zu reinigen ist. Die Erfüllung dieser Bedingnisse kann man den liegenden Condensationen nicht absprechen. Aber es ist nicht zu verkennen, dass die Beschaffung so grosser Wassermassen, die nöthig sind, wenn man das Gas nur einigermassen gut kühlen will, für die meisten Fabriken eine Unmöglichkeit und bei den übrigen zum Mindesten mit unnöthigen Kosten verknüpft ist, soferne man das Wasser durch eine mechanische Kraft besonders beschaffen muss. Es ist jedenfalls ungleich einfacher, das Gas, welches in einem aufrechtstehenden Rohrsysteme circulirt, durch die Luft kühlen zu lassen oder höchstens durch Berieselung mit einer kleinen Menge Wassers, das, wenn es in Dampf verwandelt wird, der Röhre eine grosse Menge Wärme entführt. Dazu kommt noch, dass im Winter, wenn die Production am Grössten ist und die Condensation daher vorzüglich wirksam sein soll, eine solche Art der Kühlung nicht wenig durch die herrschende niedere Temperatur gefördert wird. Es unterliegt wohl keinem Zweifel, dass man Condensationsapparate, in der bezeichneten Weise construirt, vortheilhaft anwenden könne, zumal man auch dabei Apparate hat, die jeden gewünschten Grad der Abkühlung des Gases erreichen lassen. Besonders glaube ich, dass sich der von Kirkham erfundene, und von A. Wright verbesserte Condensationsapparat, von welchem uns Schilling eine genaue Schilderung Seite 138 gibt, in der Praxis bei Holzgas gut bewähren wird.

Wie ich schon erwähnt habe, gehören aufrechtstehende Condensatoren bei Holzgas zu den Seltenheiten. Wo sie angewendet werden, gibt man denselben auch eine Kühlfläche, dass auf 1 c' durchgehendes Gas per Minute mindestens 9 $\square'$ Kühlfläche vorhanden sind. Nähere Details habe ich, da sie sich in Nichts von den Condensationsapparaten bei Steinkohlengas als durch ihre relative bedeutendere Grösse unterscheiden, nicht anzuführen.

Der Wascher oder Scrubber.

Die Apparate, deren man sich zum Waschen des Gases mit Wasser oder richtiger gesagt zum ferneren Kühlen des Gases bedient, womit man zugleich eine Abscheidung schädlich flüssiger Producte erzielt, sind in der Construction genau die nämlichen, wie sie bei der Steinkohlengasbereitung vorkommen.

Die Füllung derselben geschieht ebenfalls meistens mit Coaks. Die Holzkohlen lassen sich dazu nicht gut verwenden, weil sie dem Druck bei dem Aufeinanderliegen nicht wiederstehen können, sondern zerdrückt werden. Die Hobelspäne, die man manchmal mit besonderer Vorliebe in die Wascher bringt, haben den Uebelstand, dass sie sich dicht zusammenlegen, wenn sie mit Theer beladen sind, so dass sie dann nicht nur ihren Zweck möglichst schlecht erfüllen, sondern auch zu Verstopfungen leicht Veranlassung geben. Eine sehr zweckmässige Füllung der Wascher geschieht dadurch, dass man Reiser in die Wascher bringt, in ähnlicher Weise wie bei den Gradirbäuen der Salinen. Diese Reiser, wenn sie mit Theer beladen sind, sinken nie zusammen und sind auch nicht zerreiblich. Sie bieten ferner dem durchgehenden Gase eine genügende Oberfläche dar, während sich Coaks zuletzt ganz und gar verpechen. Die Füllung ist deshalb sehr zweckmässig. In Ermangelung frischer Reiser kann man die abgehenden Besenstumpfen der Fabrik in den Wascher bringen und so ein werthloses Material nützlich anwenden. Die Entleerung der Wascher sollte eigentlich nach Massgabe ihrer verminderten Leistungsfähigkeit geschehen. Es ist dies aber eine schwierige Sache, da man diess direct nur selten beobachten kann. In den meisten Fabriken nimmt man desshalb als Norm, dass sie entleert werden, wenn circa 3—5 Millionen c' Gas durch den Wascher gegangen sind. — Das Entleeren, eine bei der Holzgasbereitung durch die scharfen Dämpfe von Kreosot und anderer Kohlenwasserstoffe höchst belästigende Arbeit, geschieht wie bei der Steinkohlengasbereitung, nachdem der Deckel des Waschers entfernt worden, durch das an demselben angebrachte Mannloch. Das herausgezogene Material kann man, wenn es nach einiger Zeit abgetrocknet ist, schliesslich zur Feuerung benützen.

Zwölftes Capitel.

Der Exhaustor.

Ueber die Zweckmässigkeit ihrer Anwendungen sind die Meinungen direct auseinandergehend. Positive Resultate liegen nicht vor. Die zweckmässigsten Exhaustoren. Beschreibung eines solchen der besonders bei Holzgas-Anstalten üblich ist.

Wir haben in der Verfolgung des Gasbereitungsprocesses aus Holz bereits der Anwendung der Exhaustoren gedacht und sahen uns aus Mangel einer eingehenden kritischen Untersuchung, ob dieselben nützlich seien oder entbehrt werden können, nicht in der Lage, die Frage entscheidend beantworten zu können, deren Lösung als eine dringliche Forderung erscheint.

Bei dem Mangel jedes positiven Anhaltes kann desshalb nur davon die Rede sein, welche von

den Exhaustoren, wenn man solche anwenden will zu den besseren zählen, da hierüber die bei der Steinkohlengasfabrication gemachten Erfahrungen Aufschlüsse ertheilen können.

Die werthvolle Zusammenstellung, die im Journale für Gasbeleuchtung (Jahrg. 1861 Seite 236
u. s. f.) über die Zweckmässigkeit der verschiedenen Exhaustoren gegeben ist, hat es erwiesen, dass von
Allen die nach Grafton'schen Principe construirten die meiste Kraft zum Treiben erfordern, mithin weniger
zweckmässig sind. Wenn ihre Anwendung dennoch vielfach beliebt ist, so geschieht es aus dem Grunde, der
Behauptung nach, dass sie viele theerartige und namentlich belästigende Körper aus dem Gase aufnehmen;
dass der Kalk übelriechender und besonders die Augen der Arbeiter gefährdender sei, wenn dieselbe nicht
statifinde. Dass sie in Bezug auf Absorption der Kohlensäure nicht besonders günstig wirken können,
ist schon besprochen. Ich kann mich desshalb der Ansicht nicht entschlagen, dass es zweckmässiger sein
dürfte, durch Anlage einer guten Condensation und hinreichender Waschapparate das Gas von allen über-
flüssigen, schädlichen und theerartigen Stoffen zu befreien und dann am besten einen Beal'schen Exhaustor
anzuwenden, dessen Vorzüglichkeit besonders allseitig anerkannt worden ist.

Zur Vervollständigung des in Rede stehenden Thema's gebe ich in Folgendem eine Beschreibung
der Exhaustoren, wie sie in Holzgasanstalten vielfach im Gebrauche sind. Tafel IX Fig. 1 stellt die Vorderansicht des Exhaustors; Fig. 2 den Querschnitt desselben und Fig. 3 den Längenschnitt desselben dar.

Auf einer Welle WW Fig. 3 sind die drei Scheiben BB befestigt. Auf den Umfängen der
Scheiben BB und den entsprechenden Vorsprüngen der Stirnwände der Trommel CC, CC sind die Schaufel-
bleche AA angeschraubt und gegen das Auseinandergehen durch die Vorsprünge ff und den Ring gg
gesichert. Das einströmende Gas wird von den Schaufeln gefasst, unter das Wasser gedrückt und entweicht bei m aus der offen gelassenen Stirnwand der inneren Trommel. h und l sind die Räder zur
Hervorbringung der Bewegung, die durch eine Transmission von der Dampfmaschine durch die Riemen-
scheibe k bewirkt wird. i ist die Stopfbüchse. Die Füllung des Exhaustors geschieht durch das Füllrohr y,
durch welches das Wasser in denselben gebracht werden kann, ohne dass er geöffnet zu werden braucht.
n ist ein Schieberventil zum Ablassen des verbrauchten Wassers. Der Exhaustor liefert, wie er hier
gezeichnet, pr. Umdrehung der Trommel 25 c′ Gas.

Fig.1.

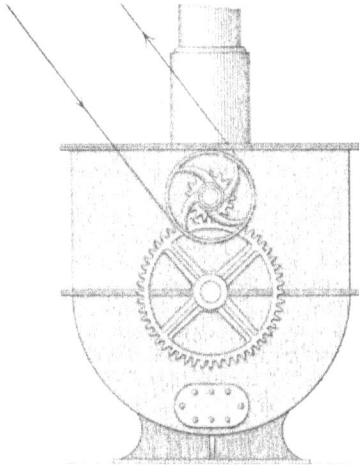

Fig.2.

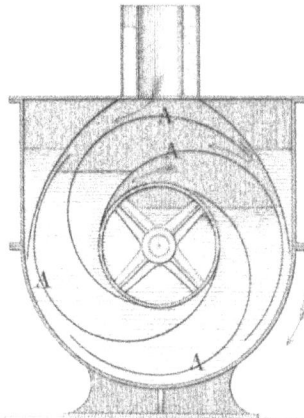

Fig.3.

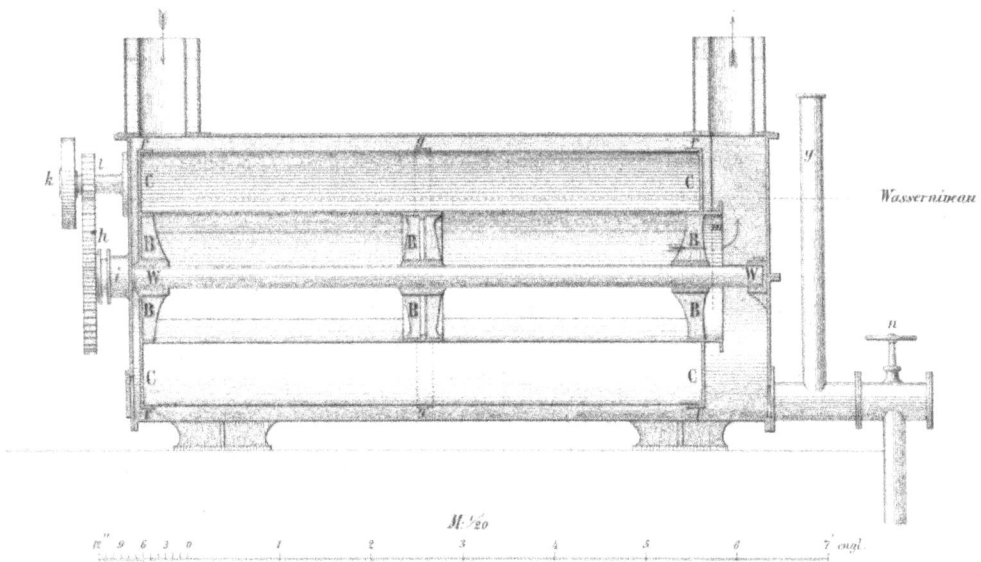

Wasserniveau

M. 1/20

Dreizehntes Capitel.

Die Reinigungsapparate und das Reinigungshaus.

Nasse und trockene Reinigung mit Kalk. Die erstere wegen der Schwierigkeit einer leichten Entfernung des gebrauchten Materials nicht oft anzuwenden. Beschreibung eines Apparates zur nassen Reinigung. Trockne Reinigung. Die Reinigungsapparate bei Holzgas sind nur in der relativ bedeutenderen Grösse von denen der Steinkohlengasanstalten verschieden. Reiniger von Mauerwerk und Holz. Berechnung der nöthigen Grösse eines Reinigers für die Reinigung eines bestimmten Gasquantums. Berücksichtigung der Temperaturzunahme bei dieser Rechnung, die das Gas durch die bei Absorption der Kohlensäure entstehende Wärme erfährt. In verschiedenen Anstalten ist eine ungenügende Hordenfläche zu Reinigung vorhanden. Nachtheile daraus. Construction der Horden und Roste. Die Apparate zum Heben der Deckel sind die nämlichen wie bei Steinkohlengasfabrication. Anzahl von Reinigungsapparaten, die eine Anstalt haben muss. Der Gang des Gases wird so geleitet, dass das unreine Gas immer zuerst einen Reiniger passiren muss, der schon theilweise ausgenützt ist. Das An- und Abstellen der Reiniger. Beschreibung der Ausführung einer Reinigung, wobei die Kästen mit Schieberventilen versehen sind. Dies ist bei kleinen Anstalten üblich. Die Vorschriften zur Ausführrnng eines Reinigungshauses und zur zweckmässigen Lage der Röhren in demselben sind die gleichen wie bei Steinkohlengasanstalten. Ein Vorbau zum Löschen des Kalkes ist sehr empfehlenswerth.

Es ist bereits erwähnt worden, dass die Reinigung des Holzgases ausschliesslich mit gebranntem, ätzenden Kalke bewerkstelligt wird. Die Anwendung dieses Materials kann jedoch auf zwei verschiedene Weisen geschehen, die wir — da sie uns von der Steinkohlengasfabrication her bekannt sind — unter dem Namen „nasse" und „trockne Reinigung" unterscheiden.

Obwohl die erstere den Vorzug bietet das angewandte Material besser auszunützen und wie sehr auch dieser Vortheil ins Gewicht fallen mag, soferne die Quantitäten Kalk, die gebraucht werden, sehr bedeutend sind, so ist doch die Wegschaffung der Massen kohlensauren Kalks haltender Flüssigkeiten nur für kleine Fabriken möglich. Grössere Anstalten können sie nicht anwenden; wenigstens nicht alleinig. Zum Belege dafür darf man nur die Thatsache in Erwägung ziehen, dass man bei gleicher Production die eilf bis vierzehnfache Menge Kalks für Holzgas gebraucht, die man anwenden müsste, wenn man Steinkohlengas damit reinigte.

Die Vorrichtungen, die zum Reinigen des Steinkohlengases auf nassem Wege dienen, insbesondere die Rührvorrichtung von Schilling Seite 154, und die nach Creighton'schem Principe, Seite 156 angeführte Construction für nasse Reinigung können natürlich auch bei Holzgas Anwendung finden. Es bedarf hier nur nicht ausser Acht zu lassen, den Apparaten entsprechend grössere Dimensionen zu geben, da die Kohlensäuremenge die im unreinen Holzgase enthalten ist, mindestens die sechsfache, meist zehnfache Menge der im unreinen Steinkohlengase enthaltenen beträgt.

Einen anderen Apparat zur Reinigung auf nassem Wege finden wir in untenstehender Skizze Fig. 35 dargestellt.

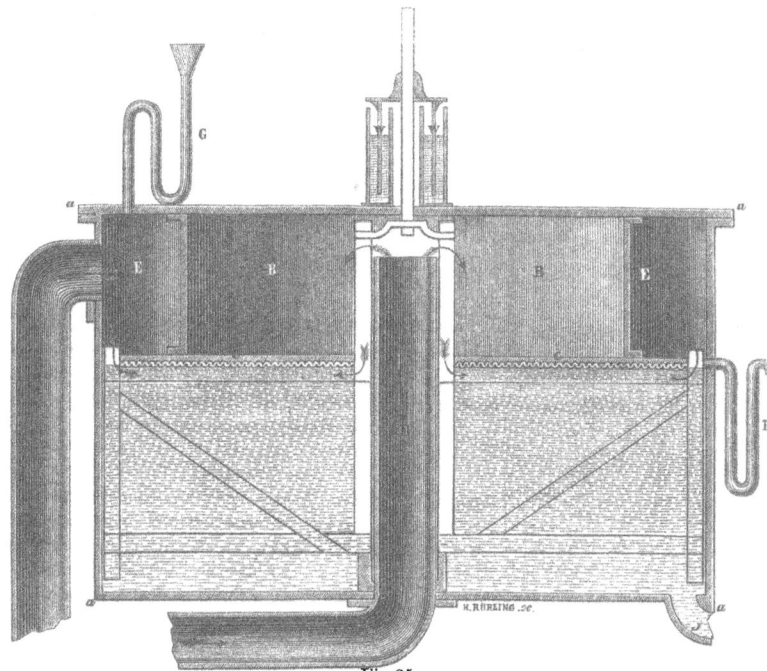

Fig. 35.

Der Apparat besteht aus einem cylindrischen Gehäuse a a a a, welches 3′ hoch ist und einen Durchmesser von 5′ besitzt. Dasselbe ist von Gusseisen hergestellt. Es ist ferner oben mit einem abnehmbaren Deckel verschlossen, an welchem sich ein kleinerer Cylinder angeschraubt befindet. An diesem ist wiederum eine canellirte, runde Platte CC befestigt. Die hierdurch gebildete Kammer BB nimmt das durch das Zuleitungsrohr D kommende Gas zuerst auf und geht dasselbe von diesem durch eine ringförmige Oeffnung, die durch das Zuführungsrohr D und der Platte CC gebildet wird, unter der letzteren her. Dann tritt es abermals aus einer ringförmigen Oeffnung, gebildet aus der Platte CC und dem Mantel zunächst in den Raum EE und von hier in das Abflussrohr F. Der dicht unter der Platte CC gehende Rührer, aus Schmiedeisen gefertigt, bewirkt einestheils ein Aufrühren der Kalkmilch und anderentheils eine innigere Berührung des Gases mit der Flüssigkeit. Derselbe wird, wie aus der Zeichnung ersichtlich, durch eine verticale Welle, die, mit einem Wasserverschluss WW versehen, in den Apparat eintritt, bewegt. Die Unterstützung derselben geschieht durch ein Halslager mit starken Lagerbacken und die Bewegung durch ein paar conische Räder. Der obere Rührarm ist vortheilhaft zu canelliren und der untere abzuschrägen, was letzteres ein besseres Umrühren hervorruft. Die Füllung des Apparats mit frischer Kalkmilch geschieht durch ein heberförmig gebogenes Trichterrohr F. Zum Constanthalten des Niveaus der Flüssigkeit dient das Heberrohr H. Zum Ablassen der gebrauchten Kalkflüssigkeit endlich ist die Abflussröhre J angebracht, die mit einem Hahnen versehen ist, welcher aus der Zeichnung weggelassen wurde.

Die „trockene Reinigung" wird immer mit Kalk ausgeführt, der mittelst Wasser zu einem feuchten Pulver (s. Seite 41) gelöscht worden ist. Dazu dienen die nämlichen Apparate, die wir bei der Steinkohlengasbereitung als s. g. „Reiniger" kennen gelernt haben.

Der in Schilling Seite 157 beschriebene, auf Tafel 26, 27 und 28 dargestellte Apparat ist ebenfalls der Typus für die bei der Holzgasfabrication benützten Reiniger. Diese unterscheiden sich nur in der relativ bedeutenderen Grösse von denen der Steinkohlengasanstalten.

Das Material, aus welchem dieselben gefertigt werden, ist meist das Gusseisen. — Schmiedeeiserne Reinigungskästen anzuwenden ist nicht rathsam. Sie werden leicht durch Oxydation zerstört, zu welchem Vorgange das öftere Warmwerden derselben während des Reinigens beitragen mag. Wie dem auch sei — Thatsache ist es, dass die schmiedeisernen Reiniger jedenfalls eher untauglich werden, als gusseiserne. Daher sind die letzteren vorzuziehen. Die gusseisernen Apparate besitzen eine ausgezeichnete Dauerhaftigkeit; doch sind die grösseren schwieriger und mühsamer, und namentlich auch kostspieliger herzustellen. Desshalb und namentlich weil bei Holzgas zweckmässig die Reiniger von den grössten nur möglichen Dimensionen gewählt sein müssen, würden von Mauerwerk aufgeführte Reiniger oder für kleinere Anstalten Reiniger von Holz empfehlenswerth sein. Die Anwendung der ersteren ist, soviel mir bekannt ist, nirgends versucht; ich glaube sie aber namentlich grösseren Anstalten empfehlen zu sollen, weil sie, im Vergleiche zu ihrer Grösse sehr billig hergestellt werden können und weil man sie, mit gutem Cementverputz, auch leicht dicht halten kann.

Reinigungsapparate von Holz sind dagegen im Gebrauche. Wo dies der Fall ist, ist man mit denselben sehr zufrieden. Sie sind von 2 bis 2½″ starken, guten Eichenbohlen hergestellt. Es ist ein sehr wesentliches Erforderniss, dass man nur das beste, gesundeste und trockenste Holz dazu wähle. Die Ecken an den Kasten werden verzinkt. Die Verbindung in dem Boden und in den Längs- und Querwänden der Bohlen sind immer nach den besten Methoden auszuführen. Gewöhnlich geschieht diess durch Federn und Nuten; seltener in der Weise wie die Planken der Schiffe durch Aneinanderstossen verbunden werden. Ihre übrige Construction ist genau wie die der anderen Reinigungsapparate. Der Deckel wird immer aus Eisenblech gefertigt. — In Bezug auf den Kostenpunct will ich anfügen, dass ein Apparat, ohne Deckel, 10′ lang, 6′ breit und 5′ hoch cca. 300 Gulden kostete.

Die Grösse der Apparate, für Holzgas betreffend, kann ich auch nicht genug die schon von Schilling betonten Worte hervorheben: „Was die Grösse betrifft, die man den Reinigungsapparaten zu geben hat, so kann es nicht eindringlich genug hervorgehoben werden, in diesem Puncte nicht zu sparen. Das Gas muss Ruhe haben um sich zu reinigen. Je geringer die Geschwindigkeit, mit der es sich zu bewegen hat, desto besser die Wirkung. Geräumige Reiniger sind eine Wohlthat für den Betrieb und jeder Luxus, den man in dieser Beziehung treibt, macht sich durch anderweitige Ersparniss wieder bezahlt."

Um eine Berechnung für die Grösse einer Reinigungsmaschine anzustellen, ist es nothwendig das Quantum Kalk zu kennen, das zur Reinigung von 1000 c′ Gas erfordert wird. Wir haben gesehen, dass dieser Betrag sehr wechselnd ist. In den meisten Fällen sind jedoch 60 Pfd. Kalk nöthig. Wir wollen diese Grösse als Norm beibehalten, da es für den Betrieb einer Anstalt um so besser ist, wenn nach einer vielleicht etwas hoch angenommenen Reinigungsquote die Reiniger grösser ausgeführt werden, als gerade nothwendig ist. Die Dicke, die man den Kalklagen ertheilt, ist fast überall 2½″. Diese Höhe ist sehr zweckmässig. Es ist mir auch nur eine Fabrik bekannt, wo man den Kalk auf Moos oder Stroh ausbreitet und desshalb die Lagen weniger dick sind.

In Berücksichtigung, dass 1 c′ Kalk cca. 60 Pfd. wiegt; 1 Pfd. sonach einen Raum von 0.0167 c′ einnimmt und sein Volum beim Löschen um das Doppelte = 0.0333 c′ vergrössert wird, wird, wenn p   die grösste Gasproduction in 24 Stunden

a   die Anzahl von Pfunden Kalk, die 1000 c′ zu ihrer Reinigung bedürfen

r   die Anzahl der Rostlagen

d   die Dicke der Lagen in Fussen,

der Querschnitt für einen Kasten, der der Production in 24 Stunden entspricht, sein:

$$x = 0.0000333 \frac{a.\ p}{d.\ r}.$$

Für 10000 c.′ Gas Production per Tag würde sonach ein Querschnitt des Kastens

$$x = 0.0000333 \times \frac{60 \times 10000}{0.2 \times 5}$$

$$x = 19.98 \ \square′$$

oder in runder Summe 20 $\square′$ nöthig sein, wenn der Reiniger 5 Rostlagen enthält.

Man kann dieses nämliche Verhältniss besser dadurch ausdrücken, dass man die Hordenfläche bezeichnet, die zur Reinigung von einer gewissen Gasmenge erforderlich ist und sagen:

Für 10000 c.′ sind 100 $\square′$ Hordenfläche; für 1000 c.′ sonach 10 $\square′$ Hordenfläche nothwendig.

Bei dieser Berechnung ist eine Thatsache ausser Acht gelassen, die wenigstens nicht ohne Erwähnung bleiben darf. Es ist folgende.

Bei dem Ingangsetzen eines Reinigers wird die unterste Horde stark erwärmt, wenn sich hier die Kohlensäure mit dem Kalke verbindet. Directe Messungen haben mich überzeugt, dass das den heissen Kalk passirende Gas auf 30—45° Cels. erwärmt wurde, wenn es nach dem Exhaustor nur cca. 20° Cels. hatte. Diese Erwärmung hat eine Volumenvermehrung des Gases zur Folge. Nach den Versuchen von Regnault dehnen sich Gase bei einer Temperaturerhöhung um 1° Cels. um $^1/_{273}$ ($= 0.00367$) ihres Volumens aus. Die Volumvermehrung des Gases, das wir noch zu reinigen haben, und die erwärmte Kalklage passirt würde also

$$\frac{(30-20)}{273} \quad \text{bis} \quad \frac{(45-20)}{273}$$

$$= \frac{10}{273} \quad \text{bis} \quad \frac{25}{273}$$

$$\text{im Mittel also} \ = \ \frac{1}{15} \ \text{sein.}$$

Die oben entwickelte Formel würde also bei einer genauen Berechnung abzuändern sein, in

$$x = \frac{15 + 1}{15} \left(0.0000333 \frac{a.\ p.}{d.\ r.} \right)$$

$$x = \frac{16}{15} \times 19.98$$

$$x = 21.30 \ \square′$$

wenn der Reiniger 5 Rostlagen enthielte.

Bei dieser Berechnung würden dann 100 $\square′$ Hordenfläche nur 9940 c′ Gas reinigen. Man ersieht daraus, dass wenn keine bedeutendere Temperaturerhöhungen stattfinden, man bei der Berechnung des Querschnittes eines Reinigerkastens dieselben vernachlässigen kann.

Bei Weitem der grösste Theil der Reinigungsmaschinen, die in den Anstalten aufgestellt sind, haben nicht diese bedeutende, aber doch erforderliche Hordenfläche; von einer bedeutenderen Grösse gar nicht zu reden. In der Regel sind für 10000 c′ Gas Production pr. Tag nur 80 $\square′$ Hordenfläche vorhanden; es fehlt also $^1/_5$ der nöthigen Fläche. Ich glaube mich nicht zu irren, wenn ich dieser fehlerhaften Anordnung die Schuld aufbürde, dass in vielen Anstalten verhältnissmässig zu viel Kalk zur

Reinigung verwandt wird. Eine Bestätigung dieser Ansicht habe ich auch darin gefunden, dass in einer Anstalt, wo die Hordenfläche mit der berechneten Grösse übereinstimmt, das beste Resultat in Bezug auf die Kalkreinigung erzielt wird.*) „Das günstige Ergebniss ist dem zweckmässig und in sehr ausreichender Grösse angeordneten Wasch- und Reinigungsapparate zuzuschreiben" — ist der wörtlich wiedergegebene Satz des Direktors jener Anstalt und zugleich ein schlagender Beweis für die namhaft gemachten Vortheile, die die Anwendung möglichst grosser Reiniger im Gefolge hat.

Die Construction der Horden bei den Holzgasreinigern ist nicht sehr von denen der Steinkohlengasanstalten verschieden. Gewöhnlich bestehen dieselben aus einem Rahmen von 5.75'' Höhe, 2'' Breite und einer Grösse, welche sich nach dem Querschnitte des Reinigers richtet. (Diese Rahmen können bis zu 7' im Quadrate ausgeführt werden.) Die Stäbe eines Rahmens dienen entweder zur directen Lagerung des Reinigungsmaterials oder für einen Rost aus Weidengeflecht. Im ersteren Falle nimmt man die Länge der Stäbe nur zu 3½' höchstens 4½'. Der Querschnitt derselben bildet ein regelmässiges Trapez von 1'' Höhe, dessen parelle Seite 5''' und 3'' lang sind. Das schmale Ende ist bei der Lagerung immer nach unten gerichtet. Die Stäbe lagern immer auf zwei an der längern Seite des Rahmens befindlichen Leisten auf. Bei quadratischen Rahmen, wenn solche grösser als 4' in der Seite sind, wird, um die Stäbe nicht zu lange zu erhalten, eine Theilung derselben und somit eine mittlere Unterstützung durch einen Träger nothwendig. Die Stäbe werden durch keilförmige Klötzchen in einer Entfernung von ½'' gehalten. — Diese Construction der Roste ist empfehlenswerth; sie sind namentlich leichter als eiserne. Die Ausbesserung schadhafter Stellen kann durch Einziehen neuer Stäbchen leicht und schnell geschehen.

Die Roste, die aus Weidengeflecht dargestellt werden, bieten ebenfalls viele Vortheile. Sie sind verhältnissmässig die billigsten. Man trage nur Sorge, dass sie nicht zu leicht oder zu dicht genommen werden.

Zum Aufheben der Reinigerdeckel und zum Herausnehmen einzelner grösserer Horden bedient man sich der nämlichen Apparate wie bei der Steinkohlengasfabrication. Unter ihnen sind die Krahnenvorrichtung und die englische Winde besonders bevorzugt. Da ich hier Nichts besonders hervor zu heben wüsste und diese Apparate in Schilling ausführlich und durch Zeichnungen erläutert beschrieben sind, so können wir diesen Gegenstand hier fallen lassen.

Die Anzahl von Reinigungsapparaten, die eine jede Anstalt haben muss, wenn sie richtig arbeiten soll, sind mindestens drei. Der Kalk eines Kastens ist noch nicht ausgenützt, wenn das durchpassirende Gas schon mehrere Procente Kohlensäure zeigt. Man lässt desshalb das Gas noch längere Zeit durch den ersten Reiniger gehen, wenn der zweite bereits angehängt ist, um allen noch freien Kalk auszunützen und schaltet denselben erst dann aus, wenn auch der zweite Kohlensäure zu zeigen anfängt, oder man sonst überzeugt sein kann, dass der erste vollständig aufgehört hat zu wirken. Der dritte ist unterdess frisch gefüllt worden und während nun in diesem das schon Kohlensäure führende Gas eintritt, kann der erste Apparat geleert und wieder gefüllt werden.

Die zum An- und Abstellen der Reiniger benützten Schieberventile oder der ebenfalls dazu benützte Clegg'schen Wechselhahn sind bereits in Schilling Seite 164 etc. mit Zugrundelegung der Tafeln 30—33 ausführlich abgehandelt worden. Ich darf daher hier ihre nochmalige Beschreibung übergehen.

Was die Anwendung der Apparate in Bezug auf ihre Zweckmässigkeit betrifft, so zieht man es in kleinen Holzgasanstalten gewöhnlich vor, den Clegg'schen Wechselhahn durch Schieberventile zu ersetzen.

Die nebenstehende Tafel 10 wird die Art und Weise veranschaulichen wie dies geschieht.

Die drei Reinigungsapparate, aus Gusseisen hergestellt, ruhen je auf 4 Auflagesteinen auf. Auf der einen Seite der in einer Reihe befindlichen Reiniger lauft das Rohr, das das ungereinigte Gas zu den

---

*) Journal für Gasbeleuchtung Jahrgang 1862, Seite 61.

Reinigern führt; auf der anderen Seite finden wir das zum Fortführen des gereinigten Gases bestimmte Rohr. Der Eintritt des Gases in die Reiniger kann durch Oeffnen der Schieberventile E^I E^{II} E^{III} geschehen oder durch das Schliessen derselben unterbrochen werden. In gleicher Weise hat jeder Reiniger ein Ausgangsventil für das gereinigte Gas. Dieselben sind mit $A^I A^{II} A^{III}$ bezeichnet. In der Bodenplatte des Reinigers I ist ein Verbindungsrohr eingelassen angebracht, das, wie aus der Zeichnung erhellt, neben dem Ausgangsventil des Reinigers III in diesen Reiniger einmündet und gleichfalls mit einem Schieber versehen ist. In gleicher Weise sind die Reiniger II mit Reiniger I, Reiniger III mit II verbunden.

      Bei dem Betriebe wird nun das Gas stets durch

Nro.   I und II gelassen, wenn Nro. III beschickt wird;

durch „   II „ III   „   „ „ I   „   „

durch „   III „ I   „   „ „ II   „   „

      Um erstere Variation zu benützen und das Gas durch Reiniger I und II gehen zu lassen wird das Eingangsventil E^I geöffnet; ebenso das Ventil V^I des Verbindungsrohres nach Reiniger II und dessen Ausgangsventil A^{II}. Das Ausgangsventil A^I Reiniger I; das Eingangsventil E^{II} des Reinigers II; das Ventil V^{II} des Verbindungsrohres R^{II} nach Reiniger III führend werden geschlossen.

      Bei Reiniger III sind alle Schieber geschlossen.

      Um das Gas durch Reiniger II und III zu führen, wird das Eingangsventil E^{II} geöffnet; dann das Ventil V^{II} des Verbindungsrohres R^{II} nach Reiniger III und das Ausgangsventil A^{III} dieses Reinigers III. Das Ausgangsventil A^{II}; das Eingangsventil E^{III} bei Reiniger III und dessen Ventil V^{III} des Verbindungsrohres R^{III} nach Reiniger I werden geschlossen.

      Bei Reiniger I sind alle Ventile abgeschlossen.

      Wenn das Gas durch Reiniger III und I geführt werden soll, werden geöffnet das Eingangsventil E^{III} des Reinigers III, das Ventil V^{III} des Verbindungsrohres nach Reiniger I mit R^{III} bezeichnet und das Ausgangsventil A^I dieses Reinigers I. Geschlossen bleiben: das Ausgangsventil des Reinigers III A^{III}, das Ventil V^I des Verbindungsrohres R^I nach Reiniger II und das Eingangsventil E^I des Reinigers I.

      Bei Reiniger II bleiben alle Ventile geschlossen.

      So complicirt diese Einrichtung auf den ersten Augenblick auch scheinen mag, so hat mir doch die Erfahrung gezeigt, dass diess in der That nicht der Fall ist. In den kleinen Anstalten, von welchen hier nur die Rede ist, wird das An- und Abstellen der Reiniger oft nur den Händen der Arbeiter überlassen bleiben müssen, weil deren Vorgesetzte oft anderweit beschäftigt sind. Das Stellen des Clegg'schen Wechselhahn hat für die Arbeiter seine eigenthümlichen Schwierigkeiten. Vornehmlich gehört dahin der Umstand, dass das Innere des Apparates dem Auge nicht zugänglich ist. Bei der oben beschriebenen Anordnung der Apparate kann man bei Besichtigung der Schieber leichter sehen, wo ein Fehler stattgefunden hat, wenn Störungen im Reinigungshause vorfallen. Es wird dies namentlich erleichtert, wenn durch eine Marke, wie solche an dem Schieberventile der Tafel 30 in Schilling angebracht ist, man unmittelbar sieht, ob der Schieber offen oder zu ist. — Die Einrichtung setzt aber gut gearbeitete Schieberventile voraus. Wenn solche nicht vorhanden sind, so gehört die Wiederherstellung der Schieber zu den widerwärtigsten Geschäften.

      In jedem Falle muss noch im Reinigungshaus ein Syphon angebracht sein, um die condensirbaren Flüssigkeiten aus allen Röhren aufzunehmen.

      Die von Schilling für die Ausführung eines Reinigungshauses gegebenen Vorschriften gelten gleichermassen für Holzgasanstalten. Die Abhaltung alles Feuers und Lichtes im Innern und die Herstellung einer Ventilation in dem Hause auf eine zweckmässige Art sind Haupterfordernisse für eine gute Anlage. Besondere Empfehlung verdient es alle Rohre im Reinigungshause frei und zugänglich zu legen. Die Anlegung kellerartiger Gewölbe ist um so mehr zu berücksichtigen, da man bei ihrer Einführung die Vorrichtung treffen könnte, den aus den Reinigern kommenden benützten Kalk unmittelbar von den Horden in Karren zu werfen, die diesen übelriechenden Stoff in's Freie führen.

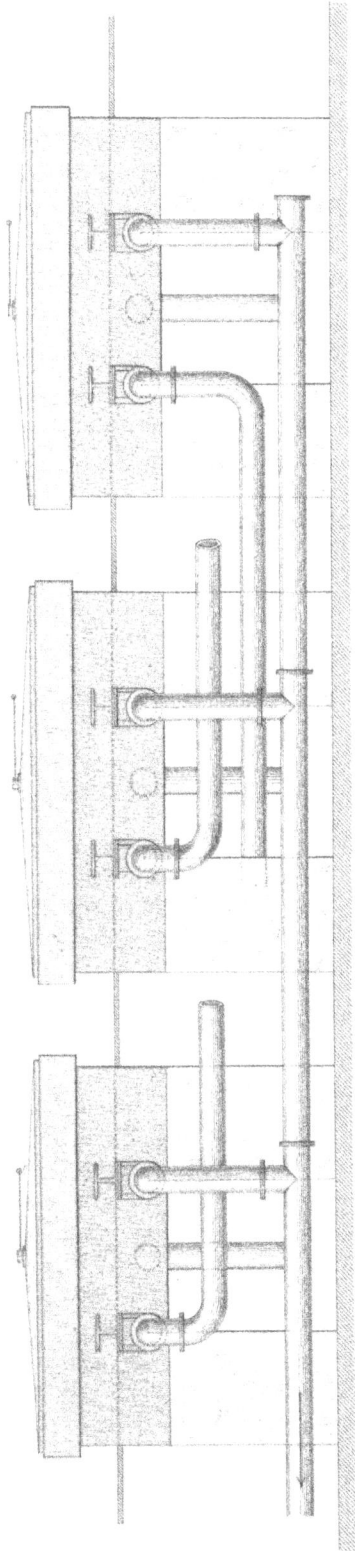

10

Fig.1.

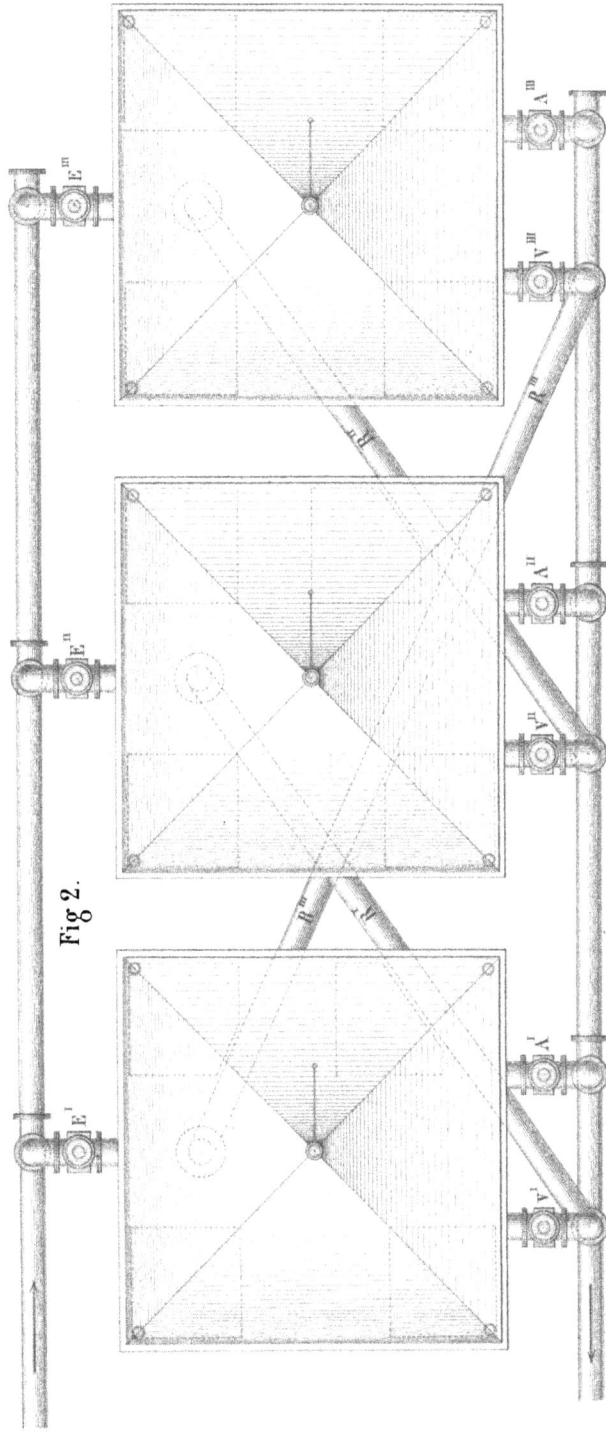

Fig 2.

M. 1:50.

Neben diesen Anordnungen für ein gut construirtes Reinigungshaus muss man auch noch Sorge tragen, einen Vorbau oder eine einfache bedeckte Halle anzulegen, in welcher der Kalk abgelöscht wird. Das Verstäuben, das bei dem Löschen stattfindet, ist für die Arbeiter sehr belästigend. Der feine Staub setzt sich aber auch leicht in die Vorrichtungen zum Heben der Deckel, die nur sehr mühsam zu reinigen sind, namentlich da, wo sie mit Oel geschmiert werden. Dass dieser Vorbau jedenfalls einen geeigneten, aber verschliessbaren Zugang zu dem Reinigungshause haben muss, ist wohl selbstverständlich. Man kann dann auch, wenn er nicht zu klein angelegt ist, die Aufspeicherung des frisch ankommenden Kalkes in demselben bewerkstelligen.

Das zum Löschen des Kalkes dienende Wasser wird in diesen Vorbau durch eine Rohrleitung geführt, die von dem im Retortenhause befindlichen grossen Reservoir gespeist wird. Eine Wasserbütte, zum schnelleren Nachgeben grösserer Wassermengen bei dem Kalklöschen bestimmt, ist ebenfalls erforderlich.

Vierzehntes Capitel.

Die Fabrications-Gasuhr.

Die Einrichtung derselben ist die nämliche wie bei Steinkohlengasfabrication. Die Temperatur, mit welcher das gereinigte Gas die Uhr passirt, ist grösser als bei jener Fabrication. Berechnung des wirklichen Durchgangs von Gas.

Den Apparat, der zum Messen des in einer Anstalt producirt werdenden Gases dient, haben wir als Fabricationsgasuhr in ausführlicher Beschreibung in Schilling Seite 169 kennen gelernt. Es wird mir daher wohl verstattet sein, die unnöthige Wiederholung des an bemerkten Stellen Gesagten hier zu vermeiden.

Der Umstand verdient allein noch Erwähnung, dass bei der Production des Holzgases das Gas meist mit sehr beträchtlicher Wärme die Uhr passirt. Die Ursachen dieses Verhaltens sind uns bekannt. Ich habe öfter Gelegenheit gehabt zu sehen, dass das die Uhr passirende Gas bis zu 42° und 45° Cels. warm war.

Unter solchen Umständen treten mehrere Erscheinungen ein, die der Beachtung werth sind. Das heisse und gereinigte Gas führt aus den Reinigern kommend, Wasserdämpfe und Dämpfe flüchtiger Kohlenwasserstoffe mit sich, die in dem Wasser der Gasfabricationsuhr abgekühlt und condensirt werden. Es erfolgt desshalb eine Volumvermehrung des Wassers und eine Erhöhung des Niveaustandes, dem Volumvermehrung man nur durch fleissiges Nachsehen begegnen kann. Die flüssigen Kohlenwasserstoffe scheiden sich als Oele, und, weil sie meist leichter sind als Wasser, auf dessen Oberfläche aus; nur die schwereren sinken zu Boden. Es ist desshalb zweckmässig auf Niveauhöhe einen kleinen Messinghahn zum Ablassen der Oele anzubringen; die auf dem Boden befindlichen Oele können durch den am Boden befindlichen Haupthahn der Uhr entfernt werden.

Unter den erwähnten Umständen tritt ferner scheinbar eine bedeutende Leckage ein, wenn sich das Gas in den Gasbehältern und dem Rohrsysteme auf Bodenwärme abkühlt. Den Fehler, der zu dieser Täuschung Veranlassung gibt, kann man aber leicht beseitigen, wenn man mit Hülfe einer kleinen Rechnung die wirklich producirte Gasmenge feststellt. Wir erinnern uns, dass die Gase um jeden Grad des Celsius Thermometers sich um $^1/_{273} = 0.00367$ ihres Volumens ausdehnen. Bezeichnet daher V' das bei einer Temperatur t (in Celsius Graden) gemessene Gas und sei b die Bodenwärme oder der niedrigste Grad der Wärme dem das Gas ausgesetzt wird, so wird (unter der Vernachlässigung der Druckverhältnisse des Gases, die nicht in's Gewicht fallen) das wirkliche Volum des Gases V

$$V = \frac{V'}{(1 + 0.00367)\ (t-b)}$$

sein.

Fünfzehntes Capitel.

Die Gasbehälter.

Die Construction und Ausführung der Gasbehälter bei Holzgasanstalten sind die gleichen wie bei Steinkohlengasanstalten. Berechnung des Druckes, den eine Gasglocke gibt.

Es ist wohl kaum nöthig zu sagen, dass sich die Gasbehälter der Holzgasanstalten in nichts Wesentlichem von denen der Steinkohlengasanstalten unterscheiden. Es würde darum ein unfruchtbares Bemühen sein, die Abhandlung, die Schilling ausgearbeitet und mit zahlreichen Specificationen versehen hat, durch Zusätze der letzteren Art erweitern zu wollen. Einige wenige Worte werden genügen alles Wissenswerthe zu berühren.

Was zunächst die Grösse betrifft, die man den Gasbehältern zu geben hat, so gilt auch hier als Regel, dieselben so gross zu machen, dass sie mindestens die Hälfte des Consumo der längsten Nacht fassen können. Die schnelle Production von Holzgas gestattet es zwar leichter, wenn der Consumo stattfindet, in wirksamster Weise Gas nachzuliefern; wenn aber, wie es gewöhnlich ist, der Hauptconsum in die ersten Stunden des Abends fällt und keine gleichmässigere Vertheilung des Verbrauchs stattfindet, so hat man trotzdem alle Mühe, das Aufsitzen zu verhindern, wenn man nicht eine Reserve unnöthigerweise mitheizen will. Es ist allen Fachgenossen bekannt, welch' eine kostspielige und fehlerhafte Anordnung im Betriebe es ist, wenn man den fehlenden Gasometerraum durch Nachschüren von Oefen ersetzt oder ersetzen muss. Daher ist es immer und unter allen Umständen rathsamer, das Verhältniss zwischen Grösse der Gasbehälter und Consumo in der stärksten Nacht beizubehalten, als kleinere Gasometer zu bauen.

Die Berechnung des Druckes, den eine Gasbehälterglocke gibt, resp. auf das in ihr enthaltene Gas ausübt, bedarf, wenn dieselbe zur Benützung für Holzgas dienen soll, einer kleinen Abänderung. Die Ursache liegt in der Verschiedenheit der specifischen Gewichte des Holz- und Steinkohlengases. Wir haben gesehen, dass das des ersteren zwischen 0.58 — 0.75 schwankt. Ich glaube mich nicht zu irren und der Wahrheit am Nächsten zu kommen, wenn ich das beim Betriebe am häufigsten gefunden werdende specifische Gewicht zu 0.70 annehme.

Um an einem Beispiele die Veränderung des Druckes, die aus der Verschiedenheit des specifischen Gewichts beider Gasarten hervorgeht, kennen zu lernen, wollen wir die von Schilling Seite 193 u. s. f. angegebenen Verhältnisse zur Berechnung des nämlichen Factors für Steinkohlengas beibehalten.

Bezeichnet

p = die Höhe der Wassersäule resp. das Maas für den Druck, in Zollen

W = das Gewicht der Glocke in Pfunden

d = den Durchmesser derselben in Fussen

so ist:
$$56.6 \frac{d^2 \pi}{4} \times \frac{p}{12} = W$$

oder
$$p = \frac{0.848\ W}{d^2\ \pi} = 0.27\ \frac{W}{d^2}$$

wobei angenommen ist, dass der englische Cubikfuss Wasser 56.6 Pfund Zollgewicht wiegt.

Beträgt z. B. das Gewicht einer Glocke von 50′ Durchmesser 244 Centner, so ist der Druck, den sie gibt

$$p = 0.27\ \frac{24400}{2500} = 2.6''. \hspace{3cm} \text{I.}$$

Hier ist freilich nicht berücksichtigt, dass die Glasglocke durch ihr Eintauchen in Wasser etwas an Gewicht verliert. Der Druck, den die Formel gibt, ist strenge genommen nur für den Fall giltig, dass die Glocke sich ganz ausserhalb des Wassers befindet. Je weiter sie eintaucht, desto leichter wird sie. Die Gewichtsabnahme ist gering, so dass man sie für die Praxis in den meisten Fällen vernachlässigen kann. Will man sie jedoch in Berechnung ziehen, so geschieht das auf folgende Weise:

Ein c′ Schmiedeeisen wiegt 441 Pfd.

Ein c′ Wasser „ 57 „

Ein Pfund Schmiedeeisen verliert also im Wasser $\frac{57}{441}$ = 0.13 Pfd.

Bezeichnet

S = das Gewicht der Seiten von der Gasbehälterglocke in Pfunden

H = die ganze Höhe der Seiten

h = die Höhe derselben über Wasser

so ist der Ausdruck für den Gewichtsverlust des eingetauchten Theils

$$\frac{S\ (H - h)}{H} \times 0.13$$

Nun verhält sich das ganze Gewicht der Glocke zum ganzen Drucke, wie der Gewichtsverlust derselben zum Verlust an Druck, d. h.

$$W : \frac{0.27\ W}{d^2} = \frac{0.13\ S\ (H - h)}{H} : x$$

also
$$x = \frac{0.27 \; W \times 0.13 \; S \; (H-h)}{d^2 \; H}$$

$$x = \frac{0.035 \; S \; (H-h)}{d^2 \; H.} \qquad\qquad \text{II.}$$

Ausser diesem ist noch ferner zu berücksichtigen, dass das Gas als specifisch leichterer Körper im Vergleiche zur Luft schon vermöge seiner Natur einen Druck nach aufwärts ausübt, welcher ebenfalls von dem durch Formel I gefundenen Druck p abgezogen werden muss.

Ein c′ Luft wiegt 0.07256 Pfund

Ein c′ Gas von 0.7 spec. Gew. wiegt 0.05079 Pfund

Jeder c′ Gas drückt also mit der Differenz dieses Gewichtes, d. h. mit

0.02177 Pfund aufwärts.

Sonach wird das Gewicht der Glocke bei dem Stande über Wasser = h verringert um

$$0.02177 \; h \times \frac{\pi \; d^2}{4} = 0.017 \; h \; d^2$$

Es verhält sich aber wieder das ganze Gewicht der Glocke zu dem ganzen Drucke, wie der Gewichtsverlust zu dem Druckverlust; d. h.

$$W : \frac{0.27 \; W}{d^2} = 0.017 \; h \; d^2 : x'$$

$$x' = \frac{0.27 \times 0.017 \; W \; h \; d^2}{W \; d^2}$$

$$x' = 0.0046 \; h. \qquad\qquad \text{III.}$$

Unter Berücksichtigung dieser beiden vermindernden Einflüsse ergibt sich als Formel für den corrigirten Druck

$$p = \frac{0.27 \; W}{d^2} - \left(\frac{0.035 \; S \; (H-h)}{d^2 \; H} + 0.0046 \; h \right) \qquad\qquad \text{IV.}$$

Für das oben gewählte Beispiel der Gasometerglocke von 50′ Durchmesser und 244 Centner Gewicht ergibt sich statt des gefundenen Druckes von 2.6″ hiernach der corrigirte Druck, wenn dieselbe 20′ hoch und halb voll ist und das Gewicht der Seiten 108 Centner beträgt.

$$p = 2.6 - \left(\frac{0.035 \times 10800 \times 10}{2500 \times 20} + 0.0046 \times w \right)$$

$$p = 2.6 - (0.0756 + 00.046)$$

$$p = 2.5198''.$$

Sechszehntes Capitel.

Der Regulator und Druckmesser.

Die Construction u. s. w. dieser Apparate ist die nämliche, wie solche bei Steinkohlengas ausgeführt werden. Da diese Apparate in Schilling Seite 195 ausführlich geschildert sind, so können wir die Betrachtung derselben hier übergehen.

Siebenzehntes Capitel.

Die Leitungsröhren.

Bedingungen, denen eine gute Rohrleitung entsprechen muss. Die Berechnung der Rohrweiten geschieht nach der bekannten Pole'schen Formel. Eine Zusammenstellung von Rohrweiten für verschiedene Flammen und Rohrlängen, wie sie häufig bei Installationen vorkommen. Tabelle für die Ausströmungsmengen grösserer Rohre. Zuleitungen und dahin Gehöriges. Ermittlung des muthmasslichen Consumes einer Anstalt. Consum von Strassenflammen und Privatflammen. Ort der Errichtung einer Anstalt. Die Ausführung des Rohrsystemes geschieht, wie bei einem solchen einer Steinkohlengasanstalt. Berücksichtigung der Höhenlage der Rohre. Dichtung mit Gummiringen. Bericht darüber von S. Blochmann. Prüfung der hergestellten Rohrleitungen. Syphons. Bemerkung über Leckage.

Es ist mir abermals die Aufgabe zugetheilt, weil von Schilling in ausführlichster Weise besprochen, des Rohrsystemes nur mit wenigen Worten gedenken zu dürfen.

Es ist schon erörtert worden, dass eine gute Rohrleitung den Bedingungen entsprechen muss:

1. das sich das Gas an allen Punkten derselben unter möglichst gleichem Drucke befindet und
2. dass der Gasverlust so gering wie möglich ist.

Um zunächst der ersten Bedingung zu genügen sind:

1. die Dimensionen der Rohre und
2. die Höhenlage derselben hauptsächlich zu berücksichtigen.

Der Druck, der von einer Anstalt gegeben wird, ist die einzige Kraft, die zur Förderung des Gases dient. Die Reibung desselben an den Wänden der Rohre und der Stoss an den Biegungsstellen sind die denselben vermindernden Factoren. Wenn es möglich wäre, die beiden Momente auch nur annähernd genau zu berechnen, so liesse sich die für ein Röhrennetz erforderliche Weite feststellen. Aber dies ist nicht der Fall.

Zur Berechnung der Rohrweiten für einen bestimmten Consum bei einer gewissen Länge der Rohre dient die von Pole angegebene Formel. Sie ist als die beste von allen Technikern anerkannt, und wird sowohl zur Berechnung der Weiten für kleinere als für grössere Rohre benützt. Die Entwicklung der Formel kann aber an dieser Stelle unterbleiben, weil sie in Schilling Seite 203 gegeben ist. Allein die Function, die dem spec. Gewichte in dieser Formel zukommt, erfordert eine Berücksichtigung. Es muss an dieser Stelle nochmals hervorgehoben werden, dass das spec. Gewicht des Holzgases immer grösser ist, als das des Steinkohlengases; dass dasselbe zwischen 0.55 und 0.725 schwankt, so dass man desshalb für s in die Formel

$$d = \sqrt[5]{\frac{Q^2\, s\, l}{(2338)^2\, h}}$$

einen solchen für s gefundenen Werth einzusetzen hat. In der Regel rechnet man s = 0.70. Es wird dann keine Schwierigkeit bieten die erforderlichen Rohrweiten berechnen zu können. Wie es aber auch schon Schilling für Steinkohlengas anführt, hat es sich auch bei Holzgas bestätigt, dass die genannte Formel für kleinere Rohre zu hohe, für grössere Rohre (namentlich über achtzöllige) zutreffende Werthe gibt.

17

Die nachstehende kleine Zusammenstellung gibt die für verschiedene Flammenzahlen und Röhren-
längen zu wählenden Rohrweiten an, wie sie bei Installationen am Häufigsten vorkommen:

	Länge der Röhren.					
	10′	20′	30′	50′	80′	100′
Innerer Durchmesser der Röhren.	Flammen.					
$1/4''$	1	—	—	—	—	—
$3/8''$	3	2	2	1	—	—
$1/2''$	5	5	4	4	3	3
$3/4''$	7	7	7	6	5	4
$1''$	25	20	20	16	14	12

Für Doppelarme müssen auch bei kleinen Entfernungen $3/8''$ Röhren genommen werden. Für
Lüstre sind

von   3—6   Flammen $1/2''$ Röhren
,,   6—10   ,, $3/4''$,,
,,   10—20   ,, $1''$,,

zu nehmen, wenn die Entfernung vom Hauptrohre nicht grösser als 20′ ist.

Die auf pag. 131 stehende Tabelle gibt eine von mir gemachte Berechnung der Gasmengen in c′,
welche bei einem specifischen Gewichte des Gases von 0.70 unter $1 1/2''$ Wasserdruck bei verschiedenen
Längen und Durchmessern pro Stunde geliefert werden.

Um die Ausflussmengen von Gas für einen anderen Druck und für ein anderes specifisches
Gewicht als das angegebene zu finden, dienen die von Schilling Seite 208 mitgetheilte Tabellen.

Die Zuleitungsrohre, die man wegen häufiger Naphtalinverstopfungen bei Steinkohlengas weiter
wählt, als es gerade nothwendig ist, nimmt man auch bei Holzgas in weiteren Dimensionen, obwohl man
auf diesen Umstand keine Rücksicht zu nehmen braucht. Naphtalinverstopfungen sind bei dieser
Fabrication noch nicht beobachtet worden, obwohl sich Naphtalin unter den Destillationsproducten des
Holzes findet. Die Laternenzuleitungen nimmt man immer zu 1″, weil man dann im Stand ist noch
nebenher eine Privatleitung von 3—5 Flammen zu speisen und weniger leicht ein Eingefrieren des Rohres
zu befürchten hat. Bei Zuleitungen für Private rechnet man die Rohrweite gewöhnlich nach den folgenden
Verhältnissen:

Bis zu 15 Flammen   1″;
von 15   ,,   ,, 25   ,, $1 1/4''$;
,,   25   ,,   ,, 40   ,, $1 1/2''$;
,,   40   ,,   ,, 60   ,,   2″.

Unter Berücksichtigung der namhaft gemachten für Holzgas nothwendigen Abänderungen wird
man nun im Stande sein, die Anlage eines Rohrsystemes zu projectiren.

Die Ermittlung des muthmasslichen Consumos einer Anstalt hängt: 1. von der Zahl und Brennzeit
der öffentlichen Laternen und 2. von dem Consum bei Privaten ab.

In Bezug auf den ersteren muss ich anfügen, dass die Strassenflammen auch bei Holzgas in der
Regel $4 1/2$ c′, in grösseren Städten 5, sogar meist $5 1/2$ c′ per Stunde consumiren. Die Contracte der Stadt-
gemeinde mit der Anstalt geben hierin die nöthigen Anhaltspuncte. An sehr vielen Orten ist als Norm
die Lichthelle von 14 Stearinkerzen, 6 auf 1 Pfd. vorgeschrieben, die 22‴ engl. Duodecimalmaas hoch

Ausflussmengen in c′ bei 1.5″ Wasserdruck und 0.70 spez. Gewicht.

Länge der Röhren in Fussen.	Durchmesser der Röhren in Zollen.															
	II.	III.	IV.	V.	VI.	VII.	VIII.	IX.	X.	XII.	XIV.	XVI.	XVIII.	XX.	XXII.	XXIV.
60	2,174	6,882														
90	2,039	5,637	11,540	20,167												
120	1,764	4,865	10,760	17,263	27,424											
150	1,580	4,347	8,936	15,532	24,443	36,220	50,586									
300	1,117	3,078	6,312	11,050	17,247	25,612	35,747	47,940	62,132							
450	912	2,517	5,144	9,000	14,204	19,954	29,188	39,224	52,215	80,432	118,015					
600	790	2,167	4,468	7,790	12,314	18,078	25,253	33,932	44,197	69,547	102,440	142,995	191,675			
750	707	1,948	3,997	6,982	10,976	16,195	22,628	30,715	40,036	62,349	91,648	127,890	170,100	223,425	285,870	
900	645	1,776	3,648	6,373	10,054	14,688	20,579	27,705	35,998	56,818	83,613	116,750	156,482	203,950	258,560	372,390
1,200	559	1,532	3,156	5,508	8,674	12,900	17,798	23,970	31,169	49,254	72,825	101,250	132,408	177,300	223,830	326,485
1,500	502	1,360	2,828	4,867	7,747	11,424	15,988	21,366	27,928	44,089	64,782	90,895	121,090	156,310	200,270	292,715
1,800	455	1,256	2,576	4,484	7,100	10,410	14,510	19,507	25,494	41,165	59,008	82,696	110,817	144,000	182,910	266,730
2,100	419	1,164	2,377	4,087	6,548	9,667	13,344	18,055	23,572	37,282	54,737	76,794	102,515	133,230	168,030	246,815
2,400	—	1,084	2,234	3,875	6,183	9,039	12,626	16,914	22,035	34,682	51,223	71,873	95,882	124,500	158,120	231,215
2,700	—	1,026	2,090	3,650	5,765	8,536	11,642	15,980	20,754	32,833	48,210	67,610	90,770	117,860	150,050	216,420
3,000	—	968	1,988	3,490	5,487	8,097	11,232	15,150	19,729	31,175	45,595	63,942	85,919	114,530	141,360	206,975
5,280	—	—	1,495	2,625	4,150	6,088	8,526	11,518	16,141	23,427	34,400	48,210	64,751	84,040	106,650	155,875
7,920	—	—	1,229	2,145	3,351	4,958	6,886	9,338	12,042	19,185	28,122	39,393	52,713	68,666	86,808	127,305
10,560	—	—	1,066	1,857	2,860	4,268	5,985	8,094	10,505	16,631	24,375	34,107	45,658	59,440	75,025	109,975
15,840	—	—	—	—	2,398	3,515	4,919	6,537	8,578	13,466	19,883	26,600	37,328	48,160	61,378	90,060
21,120	—	—	—	—	—	3,013	4,266	5,707	7,436	11,621	17,074	23,940	32,876	42,020	53,040	77,941
26,400	—	—	—	—	—	—	—	5,088	6,661	10,330	15,316	21,317	27,809	37,408	47,740	69,281
30,000	—	—	—	—	—	—	—	—	—	9,777	14,311	20,005	26,980	34,845	44,642	64,951

brennen sollen. Zum Ersatze dieser Lichtstärke sind 3.8—4.0 c′ Gas erforderlich; in der Regel aber macht man die Flammen so stark, dass sie 4½ c′ per Stunde verzehren. — Die Entfernung zwischen 2 Laternen nimmt man gewöhnlich zu 120′ quer über die Strasse gemessen. Grössere Entfernungen kommen nur in den wenigst belebten Strassen grösserer Städte vor, wenn die Lichtentwicklung einer Flamme nicht durch Bäume oder sonstige Hindernisse beeinflusst ist oder in kleineren Städten, wo eine reichlichere Beleuchtung weniger nothwendig und die möglichste Sparsamkeit in der öffentlichen Beleuchtung geboten ist. An solchen Orten nimmt man gewöhnlich 1100 bis 1200 Brennstunden pro Flamme per Jahr an. Gewöhnliches Maas sind 1400 Brennstunden. Grössere Städte haben sogar 1600 bis 1800 Brennstunden pro Jahr und darüber. Aus der Zahl der Laternen und dem Consumo derselben lässt sich leicht der Consum der öffentlichen Beleuchtung pro Stunde im Maximum berechnen. — Der Consum bei Privaten lässt sich weit schwieriger bestimmen. Es gibt hier keine eigentliche Berechnung desselben, da der nach und nach stattfindende Zuwachs an Flammen durch Verhältnisse der verschiedensten Art bedingt ist. In Erwägung der gewerblichen und pecuniären Verhältnisse der Bevölkerung, ihrer Sitten und Gebräuche, der Aussicht auf eine mehr oder minder grosse Ausdehnung der Stadt, der Zunahme der Bevölkerung und industrieller Unternehmungen wird man aber doch eine annähernde Bestimmung machen können, wenn man die zu projectirende Anlage mit einer solchen vergleicht, die unter ähnlichen Verhältnissen entstanden ist. Glaubt man das Maximum der Flammenzahl bestimmt zu haben, die die Anstalt zu versorgen hat, so kann man auch, wie bei Steinkohlengas, den Consum zu 4 c′ pro Flamme und Stunde berechnen, um den allgemeinen Consumo der Privaten für eine Stunde der Maximalbeleuchtungszeit zu finden. In welcher Weise man auch die Berechnung dieser Grösse vornehmen mag, so muss man in jedem Falle die Verhältnisse einer Anstalt grösser wählen. Aber Vorschriften von allgemeiner Gültigkeit lassen sich darüber nicht geben; man muss diese Verhältnisse bei umsichtigem Ermessen aller Umstände auf dem Wege der Abschätzung anordnen.

Der Ort der Errichtung einer Holzgasanstalt ist zwar durch locale Verhältnisse bedingt, und erfordert es das Interesse der Anstalt, dieselbe nicht zu weit von der Stadt weg anzulegen. Ich kann es jedoch nicht unterlassen in dieser Beziehung eines beachtenswerthen Punctes zu erwähnen. Die übelriechenden Abwasser einer Holzgasanstalt, die meist nicht geruchlos entfernt werden können, wenn anders ihre Menge nicht zu geringe ist; der penetrante Geruch des Gases bei dem Ausblasen der Reiniger und das durchsickernde Wasser aus den Gasbehälterbassins geben oft zu Klagen der Bewohner der Nachbarschaft Veranlassung, die in keiner Weise belästigt sein will. Der Empfindlichkeit des Publicums, die sich leicht auf weitere Kreise erstreckt, vorzubeugen, liegt im Interesse der Anstalt selbst. Man möge desshalb bei der Wahl des Ortes, wo eine Anstalt zu errichten ist, diesen Punct nicht auser Acht lassen.

Die weitere Ausführung der Anlage eines Rohrsystemes geschieht in der schon in Schilling Seite 215 genau geschilderten Weise. Die Grösse des Hauptrohrs bis zur Stadt bestimmt man mit Hülfe der Pole'schen Formel (mit Correction). Die weitere Verzweigung des Rohrsystemes geschieht dann unter Zugrundelegung der für einzelne Districte festzustellenden Consumos und unter Berücksichtigung der Höhenlage der verschiedenen Beleuchtungsorte. Abermals ist es aber erforderlich, hierbei das grössere specifische Gewicht des Holzgases nicht ausser Acht zu lassen und bei Steigung einer Röhre nur eine geringere Drucksvermehrung, bei Senkung einer solchen einen grösseren Druckverlust in Anschlag zu bringen. Bei einem spec. Gewicht des Gases zu 0.70 ergibt sich für je 10′ Rohrlänge bei einer Steigung eine Zunahme des Drucks um ¹/₂₀″ oder nur die Hälfte des für Steinkohlengas gefundenen Werthes. Auf 20′ Steigung berechnet sich demnach erst eine Druckvermehrung um 1‴. Für eine Senkung, die ebenso tief ist, kann man demnach auch 1‴ Druckverlust rechnen.

Wie bei Anlage eines Rohrsystemes, das zur Führung von Steinkohlengas bestimmt ist, nimmt man auch bei Holzgas im Allgemeinen an, dass der Druckverlust am äussersten Puncte der Leitung nur 0.5″ betragen solle.

Das Material, aus welchem die Leitungsrohre gefertigt sind, ist durchweg das Gusseisen. Andere

Rohre von Thon u. s. w. haben sich nicht bewährt. Versuche mit asphaltirten Rohren, die sich namentlich bei kleinen Fabriken ihres billigen Preises wegen empfehlen dürften, sind meines Wissens noch nicht angestellt worden.

Die Dichtigkeit der Rohre wird in bekannter Weise mittelst einer Luftpumpe bei 1 Atmosphäre Druck probirt. Wenn diese dicht befunden sind, werden sie erwärmt mit einem Theeranstriche versehen, der wesentlich zur grösseren Haltbarkeit beiträgt. Auch die Zuleitungsrohre in die Wohnungen werden meist aus Gusseisen dargestellt, da diese ohne Zweifel sich im Boden bei Weitem besser halten als schmiedeiserne Röhren. Für die Leitungsröhren in den Häusern sollte man immer nur schmiedeiserne Rohre wählen. Sie gewähren unbestreitbar den Vortheil grösserer Dichtigkeit gegenüber den Blei- und Zinnrohren. Die ersteren namentlich haben öfter undichte Stellen, durch welche Gas entweicht; sie sind leichter Beschädigungen ausgesetzt und es ist beobachtet worden, dass sie von Ratten benagt wurden, wenn sie sich in Fussböden oder anderen diesen Thieren zugänglichen Orten befanden. Da das Holzgas, wenn es ausströmt und eingeathmet wird, viel gefährlicher wirkt als Steinkohlengas, so sollten schon aus diesem Grunde nur schmiedeiserne Rohre zu Privatleitungen verwendet werden. Dass sie die meiste Sicherheit gegen Feuersgefahr bieten ist dann noch ein weiterer Vorzug. Messing- und Kupferrohre kommen in der Regel nur bei Lampen etc. vor.

Ueber die Verbindung der Gussrohre unter sich, soferne sie mit Theerstrick und Bleiverdichtung geschieht, kann ich nichts Besonderes anführen, was nicht schon erwähnt wäre. Ich muss jedoch der in neuerer Zeit mit vielfacher Vorliebe ausgeführten, viel vortheilhafteren Dichtung der Röhren mit Gummiringen noch gedenken. Zunächst darf ich es als Thatsache anführen, dass bei Gebrauch von Gummiröhren dieselben viel leichter durch Holzgas angegriffen werden als durch Steinkohlengas. Ich habe solche gesehen, die bei längerem Gebrauche fast ganz aufgelöst waren. Welche Stoffe im Gase diese Veränderung hervorbringen ist noch zu ermitteln. Benzol scheint es nicht zu sein, weil es im Holzgase in geringerer oder wenigstens nicht in grösserer Menge als im Steinkohlengase enthalten ist. Unbestreitbar bleibt aber die Erfahrung, dass das vulcanisirte Kautschuk von Holzgas am leichtesten angegriffen wird. Directe Versuche haben dies auch schon dargethan.

Wir entnehmen dem vom Herrn Blochmann verfassten „Berichte über die Verdichtung von Gasröhren mittelst Gummiringen"*) eine Zusammenstellung der proc. Zunahme, die Gummiringe erfuhren, wenn sie den bezeichneten Gasarten ausgesetzt waren.

Es ergab sich eine Zunahme in Procenten

	bei Holzgas	bei Boghead	$^3/_4$ Boghead $^1/_4$ Steink.	und Steinkohlengas
1. hinter der Vorlage	394 %	?	?	249%
2. hinter dem Kühler	418 %	550 %	307 %	294 %
3. hinter dem Wascher	55 %	478 %	138 %	347 %
4. hinter den Reinigern	30 %	98 %	31 %	30 %
5. am Regulator	25 %		41 %	29 %

Die Zerstörung der Gummiringe in kurzer oder längerer Zeit scheint unausbleiblich, wozu wahrscheinlich die im Rohrsysteme ausgeschiedenen flüssigen Kohlenwasserstoffe noch mehr beitragen, als die Einwirkung des Gases selbst.

Diese Ansicht hat auch in dem erwähnten Berichte ihren Ausspruch gefunden: „Was die Einwirkung der Gasarten anbetrifft, so scheint es als ob das Holzgas sich weniger eigne, da von den beiden Gasanstalten, welche, bei Holzgasfabrication, sich der Gummiringe für die Rohrleitung bedient haben, die eine Anstalt berichtet, dass sie sich genöthigt gesehen habe, die Leitung von Neuem mit Blei und Stricken

*) Journal für Gasbeleuchtung. 1861. Seite 223.

zu verdichten: die andere auf Grund ihrer Erfahrungen, die für eine solche Unternehmung erforderliche Dauer in Zweifel zieht." Unter diesen Umständen, und weil günstigere Erfahrungen bei alleiniger Bereitung von Holzgas nicht vorliegen, wird man Bedenken tragen müssen, Gummiringe zu Dichtung des Rohrsystems anzuwenden. Ob die Qualität des benutzten Fabricats (die allerdings in öfteren Fällen Vieles zu wünschen übrig lässt) in vorzüglicher Weise bei den erhaltenen, ungünstigen Resultaten mitgewirkt hat, kann nicht entschieden werden. Wenn auch mit weniger Aussicht auf Erfolg. wäre es dennoch sehr wünschenswerth die Versuche nochmals zu wiederholen.

Die Verbindung der gusseisernen Rohre mit schmiedeeisernen ist in Schilling Seite 221 erwähnt.

Die Prüfung einer jeden hergestellten Rohrleitung ist von grosser Wichtigkeit. Sie darf in keinem Falle vernachlässigt werden. Entweder wird in einem solchen Falle der Fabrik ein Schaden zugefügt, indem undichte Stellen zur Gasentweichung Veranlassung geben, oder es treten noch schlimmere Folgen, wie Beschädigung der Gesundheit der Personen, Explosionen etc. ein.

Die Prüfung der Hauptrohre muss immer geschehen bevor Gas in die Leitung einströmt. Mit Hülfe einer Luftpumpe wird in einen gelegten und abgeschlossenen Rohrstrang Luft eingepresst und der Druck am Manometer beobachtet, der nach längerer Zeit sich nicht verändern darf, wenn keine Luft mehr zugepumpt wird. Die Prüfung der Privatleitungen findet sich gleichfalls in Schilling Seite 221 erörtert. Man kann in späterer Zeit auch noch die Dichtigkeit der Leitung im Allgemeinen mit Hülfe des Compteurs probiren, der, wenn der Haupthahn geöffnet ist, keinen Durchgang von Gas durch die Uhr anzeigen darf.

Die in der Rohrleitung von geringerem oder grösserem Durchmesser sich ausscheidenden Flüssigkeiten werden in Syphons aufgesammelt. Die Construction eines solchen ist in Schilling Seite 222 angegeben.

Ein fleissiges Nachsehen des Syphons ist bei Holzgas geboten, da sich hierbei durchschnittlich mehr Flüssigkeiten ausscheiden als bei Steinkohlengas.

Zur Ableitung des Wassers, das sich in Privatleitungen ausscheidet, dienen die bekannten Wassersäcke, über die ich Weiteres wohl nicht anzufügen brauche.

Auch die von Schilling erwähnten Vorsichtsmassregeln, die das Einfrieren der Leitungen verhindern, kann ich hier übergehen, da sie allgemein bekannt sind.

Die geringe Ausdehnung, die die Holzgasbeleuchtung bis jetzt noch inne hat, erlaubt mir nicht Fälle von besonderen Schwierigkeiten in der Rohranlage hier aufzuzählen. Sie werden sich übrigens, wie kaum zu erwähnen, wie in den in gleichen Fällen getroffenen Ausführungen bei Steinkohlengas bewerkstelligen lassen.

Die Berechnung des Gasverlustes ist, wenn wir das schon Erörterte berücksichtigen, ohne Schwierigkeit. Dass in vielen Fällen ein scheinbar grösserer Verlust als bei Steinkohlengas vorkommt, rührt daher, dass bei einer starken Consumption das Gas die Gasbehälter wärmer verlässt, als dies bei der vorhin genannten Fabrication stattfindet. Dieser Umstand macht sich um so fühlbarer, weil sich in den meisten Fällen das Eingangsrohr in nächster Nähe des Ausgangsrohres befindet und das heisse Gas unmittelbar bei seinem Eintritt in den Gasometer durch das Ausgangsrohr zur Stadt geführt wird. Die Abkühlung, die ein so warmes Gas in dem Boden erfährt, ist dann meist sehr beträchtlich. Dass der richtige Wasserstand in den Uhren durch fleissiges Nachfüllen hergestellt, und dass die Regulirung der Strassenflammen in bester Weise geschehen sein muss, wenn man sich keiner Täuschungen bei Berechnung der Leckage hingeben will, brauche ich kaum noch zu erwähnen.

11

Seiten-Ansicht nebst Durchschnitt nach A.B.

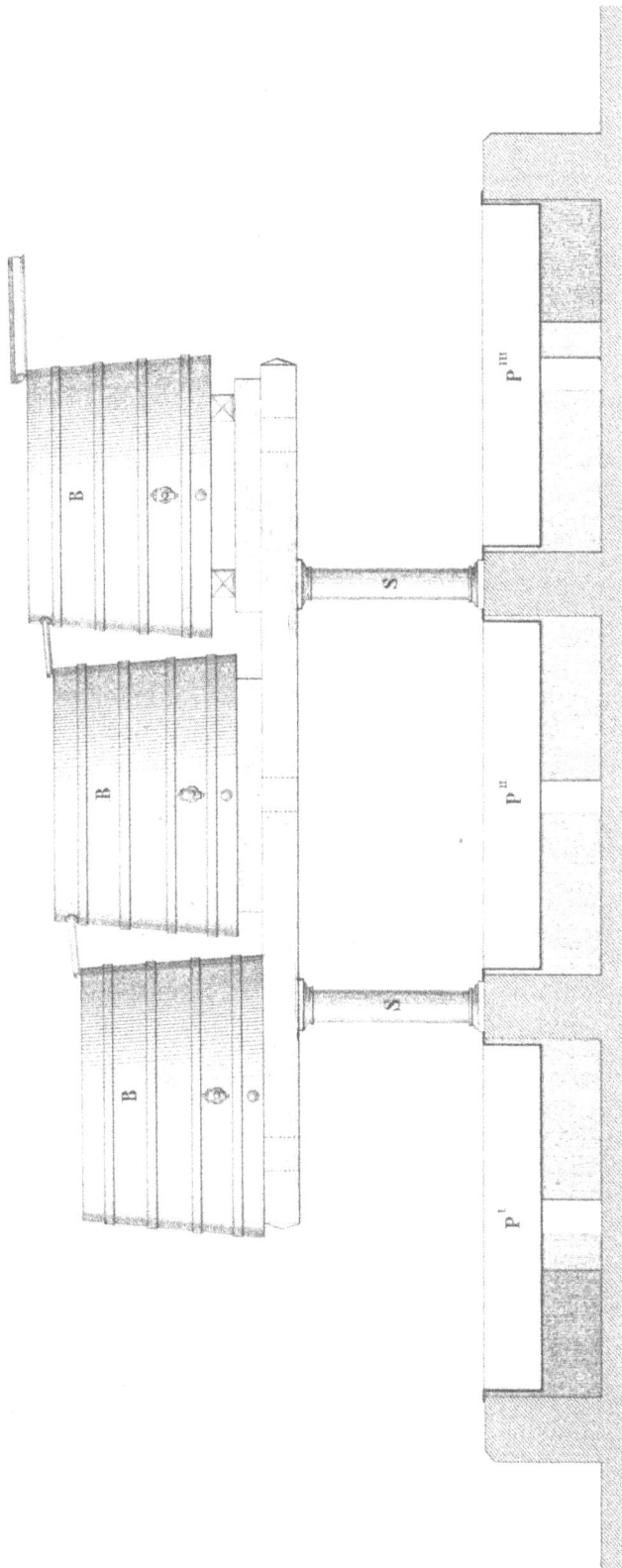

Fig. 2. Grundriss.

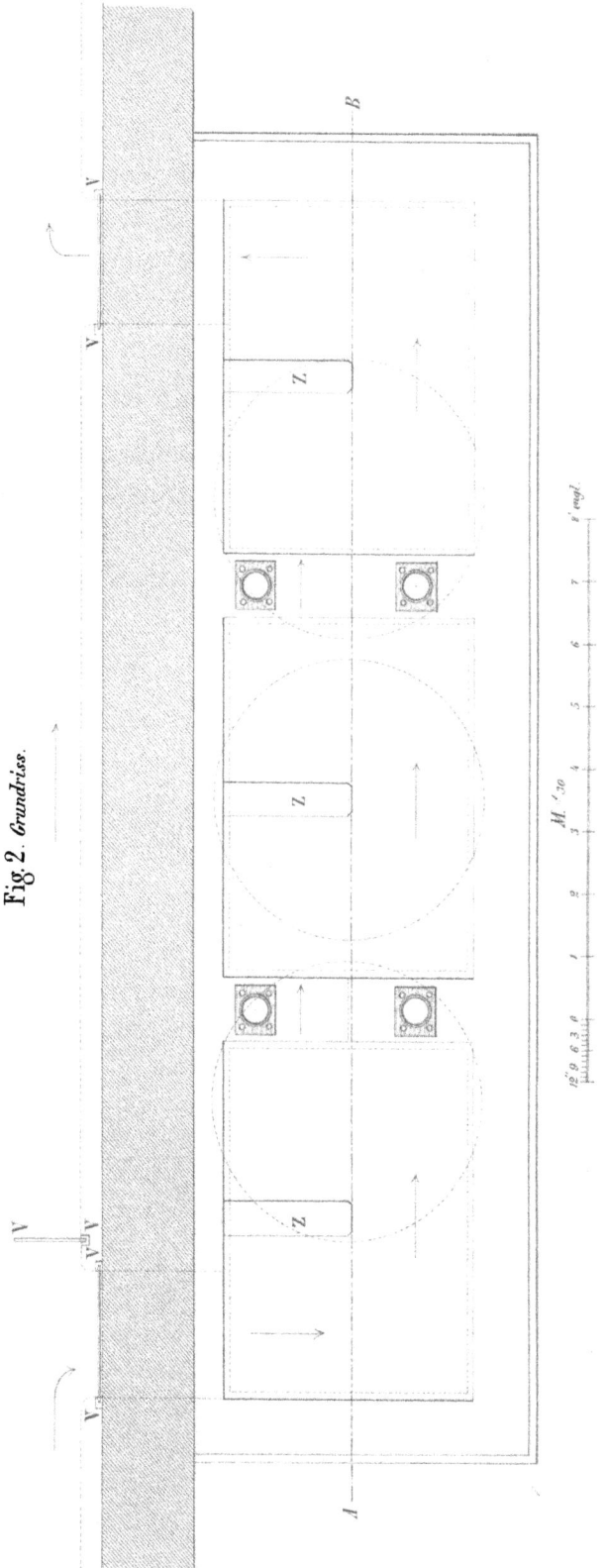

Achtzehntes Capitel.

Das Essighaus.

Zweck und Ausführung desselben. Beschreibung eines solchen Hauses, das mit drei Pfannen versehen ist. Die Pfannen. Ihre Aufstellung. Die Bütten zum Aufsammeln des Essigs. Deren Grösse und Aufstellung. Entfernung des bei der Fabrication entstehenden übelriechenden Dampfes.

Die Verarbeitung des bei der Fabrication gewonnen werdenden Essigs geschieht in eignen Räumlichkeiten, die man mit dem Namen „Essighaus" belegt. Der Essig nämlich, der als solcher nicht verkäuflich ist, wird in diesen Räumen in eine festere Gestalt gebracht, indem er an Kalk gebunden und die erhaltene Flüssigkeit zum Trocknen verdampft wird. Der niedere Preis des auf diese Weise erhaltenen Rohproductes erlaubt es nicht, eigne Feuerung für diese Operation anzuwenden. Man benutzt in allen Fällen nur die Wärme der von den Oefen abgehenden Feuerluft, die man unter den zum Abdampfen bestimmten Pfannen, d. h. Essigpfannen hin und her gehen lässt, ehe sie in den Schornstein entweicht.

Die Einrichtung eines solchen Essighauses, das mit 3 Essigpfannen versehen ist, zeigt Tafel 11. Der Feuerungscanal, der hier an der Längsseite des Essighauses liegt, kann durch einen, wie aus der Zeichnung ersichtlichen angebrachten Schieber V geschlossen und die erhitzte Luft dadurch genöthigt werden, unter den Essigpfannen PPP einzutreten. Dieselben haben meist eine rectanguläre Form. Sie sind aus $\frac{1}{8}$" starkem Eisenbleche gefertigt. Der Boden, die Längs- und Querwände der Pfannen sind mittelst Winkeleisen aneinander genietet.

Die Grösse und die Anzahl der Pfannen richtet sich nach der Grösse der Production. So sind z. B. für einen Betrieb von 3 Million c′ Consum pro Jahr 3 Pfannen, die ungefähr 7′ lang, 3′ 6″ breit und 14″ tief sind, reichlich ausreichend. Eine andere Anstalt mit 20 Millionen c′ Production pro Jahr besitzt 5 Essigpfannen, die 9′ 6″ lang, 5′ breit und 12″ tief sind. Blechstärke $\frac{1}{8}$". Das Gewicht einer solchen Pfanne mit Boden beträgt 635 Pfd.; ohne denselben nur 300 Pfd. Doch sei erwähnt, dass man bei den Pfannen, in welchen das Eindicken der bereits gesättigten Kalklösung vor sich geht, meist $\frac{3}{16}$" starkes Blech anwendet.

Dieselben ruhen mit ihrem oberen, wie gesagt, aus starkem Winkeleisen gebildeten Rande auf einem Backsteinmauerwerk auf, das aus gut gebrannten Steinen hergestellt sein muss. Sie sind in der Mitte durch die Zungen ZZZ unterstützt, die zu gleicher Zeit die Feuerluft nöthigen, unter den Böden der Pfannen zu circuliren, wodurch die Hitze möglichst vollständig benutzt wird. Der Feuerzug tritt dann wieder in den Hauptcanal ein. Ein Schieber bei dem Eintritte desselben gestattet eine Regulirung der Hitze oder einen vollständigen Abschluss, zu welchem Zwecke noch ein Schieber am Ausgange V vorhanden ist.

Ueber den Pfannen befinden sich, auf von den Säulen SSS unterstützten Längsbalken aufruhend, die Bütten BBB, die bestimmt sind, den von der Hydraulik abrinnenden Essig aufzunehmen. In unserer Zeichnung ruhen dieselben mit ihrem hinteren Theile in einer zu diesem Zwecke gemauerten Nische in der Mauer auf, wie dies öfter angeordnet wird. Ihre Aufstellung geschieht immer etageförmig. Ihre Grösse richtet sich nach der Production des Essigs. Man kann auf 100 Holz circa 27 Pfd. Essig rechnen; für 1000′ mithin in runder Summe 0.75 c′ Flüssigkeit. Sie haben einige Zolle über dem Boden einen Hahn zum Ablassen der geklärten Flüssigkeit, da der erstere sich bald mit einer Theerlage bedeckt.

In den meisten Fabriken wird der Essig von der Hydraulik durch eine Holzrinne in diejenige Bütte geführt, die am Höchsten steht. Durch ein Ablaufrohr wird dann der Essig aus der ersten in die zweite und aus der zweiten in die dritte überfliessen lassen, wenn die vorderen Bütten gefüllt sind. Es ist diese Anordnung aber nicht zweckmässig. Das Absitzen des Theers wird durch die stets erneuerte Bewegung der Flüssigkeit gestört. Darum ist es vortheilhafter, den Essig in eine Bütte jedesmal besonders einfliessen zu lassen und bei einiger Aufmerksamkeit ist dies leicht zu handhaben. Man erhält dann jedenfalls einen theerfreieren Essig zur Verarbeitung. Wenn man indessen mit 3 Pfannen arbeitet sind 3 Bütten kaum ausreichend. Gestattet es der Raum, so kann man noch einige seitlich im Essighause anbringen; wo nicht können sie in der Nähe des Essighauses im Freien aufgestellt werden, wenn man sie gut bedeckt. Immer aber müssen sie höher als die Essigpfannen stehen, um das Einfliessenlassen des Essigs in die Pfannen zu ermöglichen. Um dies zu bewerkstelligen ist es aber nicht rathsam eiserne Rohre zu verwenden. Rohre dieser Art, selbst von grösseren Dimensionen, verlegen sich leicht mit Theer. Eine Holzrinne ist hierzu besser geeignet und gewährt die Erleichterung, dieselbe stets sauber halten zu können.

Die Verarbeitung des Essigs haben wir schon besprochen. Die Pfannen müssen fleissig nachgesehen werden, wenn die Fabrication von Essigkalk lohnend und keine Verluste durch unnöthige Zerstörung der Pfannen entstehen sollen. Sollten diese am Boden durch eine Kruste stark verlegt sein, so kann man sie leicht ohne Anwendung eines Eisens oder sonstigen Werkzeugs davon befreien, wenn man sie bis auf die Kruste leert und reines Wasser einfliessen lässt. Es geschieht aber noch öfter, dass eine Pfanne bei längerem Gebrauche rinnt. Der durchsickernde essigsaure Kalk, in dem Feuerungscanale in kohlensauren Kalk umgewandelt, verlegt dann den Canal. Desshalb ist es nicht unzweckmässig an dem Mauerwerk der Pfannen leichter zugesetzte Oeffnungen anzubringen, durch welche man, wenn Störungen eintreten, dieselbe leicht beseitigen kann, ohne die Pfannen herausnehmen zu müssen.

Die bei der Verarbeitung des Essigs entstehenden übelriechenden Dämpfe führt man durch hölzerne Schornsteine ins Freie. Es ist dies die einfachste und, wie ich glaube, zweckmässigste Errichtung. Man hat zwar Vorrichtungen angebracht, die dieselben in den Kamin ableiten; aber sie sind aus folgenden Gründen nicht empfehlenswerth. Die Pfannen nämlich werden, falls die Dämpfe in den Schlot geführt werden sollen, mit einem hölzernen Deckel versehen, den ein Aufsatzrohr zum Auffangen der Dämpfe trägt. Den in einem Hauptzuge gesammelten Aufsatzrohren gestattet man durch eine Oeffnung mit dem Feuerungscanal zu communiciren. Der üble Geruch wird zwar einigemal vermieden, aber da die Pfannen stets bedeckt gehalten werden, so ist ihre Beaufsichtigung nicht wenig erschwert. Dann pflegen es die Arbeiter sich leicht zu machen. Es wird nicht in den Pfannen gerührt und nicht nachgesehen. Wenn diess aber doch geschieht, so hat man die Belästigung der Dämpfe im Essighause nach wie vorher. Aus diesen practischen Gründen ist die genannte Einrichtung wenig empfehlenswerth.

Den erhaltenen und gut ausgetrockneten essigsauren Kalk muss man bald in Fässer oder Kisten verpacken, da er sonst leicht Feuchtigkeit aus der Luft anzieht.

Neunzehntes Capitel.

Die Gasuhren.

Zweck und Ausführung dieser Apparate sind die gleichen wie bei Steinkohlengas.

III.

A n h a n g.

An die Holzgasfabrication reihen sich naturgemäss noch eine grössere Anzahl verschiedener Zweige der Gasfabrication aus Körpern von verschiedenartigem, aber pflanzlichem Ursprunge an, welche im Wesentlichen als eine mehr oder minder reine Holzfaser oder als eine mehr oder minder chemisch veränderte Pflanzenfaser characterisirt sind.

Unter die ersteren Stoffe zählen die Abfälle von Holz: als Sägemehl, Späne- und Rindentheile; Tannäpfel und Flügel der Samen von Nadelhölzerarten, welch' letztere nur eine mit harzigen Stoffen imprägnirte Holzfaser sind. — Unter die letzteren gehören die verschiedenen Arten von Torf, von Braunkohlen u. s. w., die durch eine langsam vorschreitende chemische Metamorphose aus dem Holze oder was dasselbe sagen will, aus der Holzfaser entstanden sind.

Wir haben in den vorstehenden Blättern die Principien erörtert, vermöge welcher man dahin gelangt, aus der Holzfaser die günstigsten Resultate in Bezug auf die Ausbeute an Gas und Güte der gewonnen werdenden Nebenproducte zu erzielen. Es sind diese Grundsätze vollkommen die gleichen, mit deren Anwendung man auch bei den eben genannten Stoffen die nämlichen Resultate erzielt. Es würde daher ein nutzloses Bemühen sein, das Gesagte zu wiederholen. Wir rufen uns in das Gedächtniss zurück, dass leitender Grundsatz bei allen diesen Processen ist:

1. möglichst trocknes Material anzuwenden und

2. die Zersetzung der Stoffe in niederer Temperatur einzuleiten und durch eine nachherige stärkere Erhitzung die gebildeten Producte in ein leuchtfähiges Gas umzuwandeln.

Es ist darum auch nicht nur erklärlich, sondern es erscheint als ein unabweisbares Erforderniss, dass man sich der gleichen Apparate zur Gasfabrication aus den genannten Stoffen bedient, die man bei Holzgasbereitung benutzt. Wir haben daher auch hier keinen besonderen technischen Theil der Fabricationen zu schildern und werden uns begnügen einzelne kleine Abänderungen in den Apparaten anzugeben, wo solche vorkommen und nützlich anzubringen sind.

18

Gas aus Sägemehl.

Die grossen Mengen dieses Materials, die an Schneide- oder Sägemühlen etc. gewonnen werden und in sehr vielen Fällen unbenutzt bleiben, sind die Veranlassuug gewesen, Versuche darüber anzustellen, ob sie sich nicht zweckmässig zur Gasbereitung verwenden liessen.

Es ist leider eine unangenehme Thatsache, dass die Beschaffung der Sägespäne in die Fabrik nicht ohne Kosten, meist sogar nur mit solchem Geldaufwande ermöglicht ist, dass die Fabrication sich nicht nutzbringend ausbeuten lässt. Denn es kommt dabei vornämlich in Betracht, dass die gewonnen werdenden Kohlen sich weder verkaufen lassen, noch allein zur Feuerung in den Oefen dienen können, dass sie desshalb als fast völlig werthlos anzusehen sind. Dabei kommt es auch öfter vor, dass das Sägemehl nur in nassem Zustande zu erhalten und das Trocknen desselben umständlich und mühsam ist.

Um bei solchen Verhältnissen einige Anhaltspuncte zu haben, ob die Gasfabrication mit dem genannten Materiale lohnend sein kann oder nicht, wurden die folgenden Versuche angestellt und dabei die mitgetheilten Resultate erhalten.

Ein Sägemehl, von weichen Hölzern herrührend, wurde gewogen, dann scharf getrocknet und wieder gewogen. Der Gewichtsverlust betrug darnach 25—33 Procent. Aus 100 Pfd. solchen scharf getrockneten Sägemehls wurden erhalten:

bei dem ersten Versuche 420 c′ Gas;
bei dem zweiten Versuche 440 c′ Gas.

Die Lichtstärke des gewonnenen Gases war befriedigend. Zum Ersatze von

10 Kerzen *) Lichtstärke wurden gebraucht 3.4 c′ Gas pro Stunde
14 ,, „ ,, ,, 5.2 c′ ,, ,, .

Das unreine Gas enthielt 20—22 Proc. Kohlensäure.

Versuche aus Sägemehl und Holztheer Gas darzustellen, führten zu folgenden Ergebnissen:**)

Es wurden aus 100 Pfd. getrockneten Sägemehls 375 c′ Gas erhalten.

Als man 165 Pfd. Sägemehl und 60 Pfd. Holztheer gut gemischt destillirte, erhielt man aus der Masse 900 c′ Gas. Da man aus 165 Pfd. Sägemehl allein 620 c′ Gas erhalten hätte, so gaben die 60 Pfd. Theer 280 c′ Gas oder 100 Pfd. Theer 466 c′ Gas.

Eine Mischung aus 100 Pfd. nicht getrockneten Sägemehls und 200 Pfd. Theer erhielt man nur 1240 c′ Gas oder pro Centner der Mischung 413 c′ Gas.

Bei der Wiederholung des nämlichen Processes in den nämlichen Mischungsverhältnissen erhielt man nur 1200 c′ Gas oder pro Centner der Mischung 400 c′ Gas.

Die Lichtstärke des gewonnenen Gases war sehr beträchtlich. Das unreine Gas enthielt 17 Proc. Kohlensäure.

Der Rückstand der Mischung in den Retorten war eine coaksähnliche, blasige, leichte Masse von gutem Brennwerthe.

---

*) Bei dieser und den folgenden Angaben ist immer als Einheit die Flamme einer Stearinkerze, 6 auf das Pfund, mit 22‴ engl. Duodec. Maas Flammenhöhe angenommen.

**) Diese Versuche wurden s. Z. in der Giessener Gasfabrik unter Leitung des Directors Herrn Brehm ausgeführt.

Gas aus Spänen von Holz und Rindentheilen.

Die Abfälle, die man bei dem Spalten des Holzes in die Scheiter erhält. wie solche zur Destillation benutzt werden, können zweckmässig zur Gasbereitung verwendet werden. Da die Ausbeute an Gas nur gering ist, sofern eine geringe Gewichtsmenge der Späne einen grossen Raum ausfüllt und man daher die Retorte nur mit wenig Material laden und daraus nur eine geringe Gasausbeute erzielen kann, so eignet sich deren Destillation besonders in solchen Zeiträumen, wo man wenig Bedarf an Gas hat und bei Destillation von Holz leicht in die Lage kommt still liegen zu müssen.

Die Späne würden zwar zum Behufe der Destillation zweckmässig zu trocknen sein; doch abstrahirt man davon in der Regel, da sie namentlich im Sommer vergast werden, wo sie dann ohnedem nicht gar zu feucht sind. Sie können aber für sich allein nicht gut in die Retorte verbracht werden, weil sie sich bei dem Einschieben sehr leicht sperren. Man gibt desshalb in der Regel eine Unterlage von wenig Scheitern auf die Ladmulde, die das Schieben erleichtern.

Die Ausbeute an Gas aus dem genannten Materiale ist, wie sich dies nicht anders erwarten lässt, sehr schwankend. Man erhält im Durchschnitte 380—450 c′ Gas pro Centner.

Das ungereinigte Gas enthält in der Regel 20—25 Proc. Kohlensäure.

Das specifische Gewicht eines reinen Gases fand ich = 0.620.

Zum Ersatze von:

10 Kerzen Lichtstärke waren 3.4—3.8 c′ Gas pro Stunde;
14 „ „ „ 4.6—5.0 c′ ,. .: „

erforderlich.

Die Kohlen, die man erhält, dienen zweckmässig zur Feuerung des Dampfkessels. Sie haben die Eigenschaft sich leicht wieder zu entzünden, wenn sie auf grossen Haufen liegen.

18*

Gas aus Tannäpfeln.

In manchen Gegenden sind die Tannäpfel um billigen Preis zu haben, und da sie in sehr kurzer Zeit eine grosse Menge guten Gases liefern, so empfiehlt sich ihre Anwendung in vielen Fällen. In der Regel gast eine Ladung von 50 Pfd. in 30 bis 45 Minuten aus. Bei ihrem Laden ist es aber nöthig sich einer rings geschlossenen oder oben nur schmal geöffneten Ladmulde zu bedienen, weil sie von einer gewöhnlichen leicht abrollen und ausserdem sich schnelle entzünden, so dass die Masse nur mit Mühe in die Retorte zu bringen ist.

Die Ausbeute an Gas. die man erhält, hängt wesentlich von dem mehr oder minder harten Klengen ab, dem sie ausgesetzt wurden, da hierbei ein Theil der flüchtigen, harzigen Producte verloren geht. So lieferten z. B. 100 Pfd. Tannäpfel einmal nur 380 c′ Gas, weil sie nicht offen, auch nicht ganz trocken, aber stark erhitzt waren; bei guten, nicht zu stark erwärmten Tannäpfeln steigt die Ausbeute bis zu 520 c′ pro Centner. Ihre Kohle kann zwar nicht verkauft aber zweckdienlich zur Feuerung des Dampfkessels verwendet werden.

Das ungereinigte Gas enthielt im Mittel verschiedener Versuche 22 Procent Kohlensäure. Das gereinigte Gas zeigt ein specifisches Gewicht von 0.620—0.680.

Zum Ersatze von

10 Kerzen Lichtstärke sind 3.2—3.3 c′ pro Stunde;
14 ,,   ,,   ,, 3.9—4.4 c′ ,,   ,,

nothwendig.

Einer chemischen Analyse zu Folge bestand das Gas aus:

Schweren Kohlenwasserstoffen	=	8.10 Proc.
Wasserstoffgas	=	39.01 ,,
Leichtes Kohlenwasserstoffgas	=	15.42 ,,
Kohlenoxydgas	=	37.47 ,,
		100.00 Proc.

Gas aus den Samenflügeln verschiedener Tannen- und Fichtensamen.

In den Klenganstalten werden oft grosse Mengen dieser Samenflügel als Abfälle erhalten, die für dieselben völlig werthlos sind, sich aber zur Gasbereitung sehr wohl eignen. Zwar steht das gewonnen werdende Gas in Hinsicht seiner Güte, dem Holz- und dem Tannenäpfelgase etwas Weniges nach; doch lässt es sich wohl verwenden und wird seine Darstellung namentlich im Sommer vortheilhaft, weil die Samenflügel weniger Gas liefern und man dadurch nicht genöthigt ist, leer zu heizen, wie solches bei ausschliesslicher Bereitung des Gases aus Holz im Sommer öfter vorkommt.

Das Laden der Flügel geschieht immer in der Weise, dass man sie auf einer Unterlage von Scheitern in die Retorten schiebt. Man kann sich dabei der gewöhnlichen Ladmulde bedienen. Mehr wie 50 Pfd. lassen sich aber nicht in den grösseren Retorten verladen. Bei dem Ausziehen der ausgegasten Ladung fliegen leicht die kleinen Theilchen im brennenden Zustande in der Luft umher, wesswegen man vorsichtig sein muss, damit sich das zum Trocknen im Retortenhause aufgesetzte Holz nicht entzünde. Die Kohle, die man erhält, ist völlig werthlos. Sie ist aber ganz besonders dadurch ausgezeichnet, dass sie sich bei längerem und dichteren Aufeinanderliegen sehr leicht entzündet, wesswegen man sie nur an völlig sichere Orte verbringen darf, wo man keine Feuersgefahr zu befürchten hat.

Die Ausbeute an Gas ist sehr schwankend. Man erhält von 100 Pfd. (in 2 Ladungen getheilt) 350—420 c′ Gas.

Das unreine Gas enthält 20—25 Proc. Kohlensäure.

Ein gereinigtes Gas zeigte bei einer Bestimmung ein specifisches Gewicht von 0.573.

Zur Ersetzung von

$$10 \text{ Lichtstärken waren } 3.6—4.2 \text{ c′ pro Stunde;}$$
$$14 \quad „ \quad „ \quad 4.6—5.0 \text{ c′ } „ \quad „$$

nöthig.

Die chemische Analyse eines guten Gases zeigte folgende Bestandtheile:

Schwere Kohlenwasserstoffe	=	7.00 Proc.
Wasserstoffgas	=	40.91 „
Leichtes Kohlenwasserstoffgas	=	25.09 „
Kohlenoxydgas	=	27.00 „
		100.00 Proc.

Gas aus den Rückständen der Maceration trockner Rüben.

Bekanntlich verarbeiten manche Zuckerfabriken getrocknete Rübenschnitzeln, besonders in den Sommermonaten. Wenn man diese Schnitzel nach dem Auslaugen auspresst und mittelst künstlicher Wärme trocknet, so stellen sie eine mehr oder weniger reine Pflanzenfaser dar, und der Gedanke daraus eben so wie aus Holz Gas zu erzeugen lag nahe. In der That wird diese Fabrication an mehreren Orten ausgeführt.

Die Resultate, die ich bei einem Versuche mit circa 20 Centner solcher Schnitzeln erhielt und die von Stammer *) bestätigt und erweitert worden sind, sind folgende:

Wir erhielten bei 1 1/2 stündiger Ladzeit und bei heller Kirschrothglühhitze der Retorte aus 900 Pfd. Schnitzeln 3760 c' bayer. = 3400 c' engl., mithin aus 100 Pfd. Schnitzeln 379 c' engl.

Die Entwicklung des Gases geht im Anfange sehr rasch (in den ersten 10 Minuten erhält man 1/3 sämmtlicher Production), nimmt aber späterhin bedeutend ab, und bei der dichten Aufeinanderlagerung der einzelnen kleinen Schnitzeltheile werden die unteren Schichten oft nur mangelhaft zersetzt.

Eine Durchschnittsbestimmung der Kohlensäure im ungereinigten Gase ergab, dass dasselbe 22—23 Proc. Kohlensäure enthält; Stamer gibt an 23—24 Proc.

Das dargestellte gereinigte Gas ist zwar recht schön, erreicht aber doch nicht die Güte des Holzgases.

Für den Ersatz der betreffenden Leuchtkraft waren erforderlich bei:

	A. Schnitzel-Gas	B. Holzgas
von 10 Kerzen	2.8—3.0 c' engl. pr. Std.	2.7 c' engl. pr. Std.
„ 14 „	3.8—4.0 c' „ „ „	3.6 c' „ „ „

Aus einem Centner des getrockneten Materials erhielten wir 36—40 Pfd. Kohle. Dieselbe ist wegen bedeutenden Aschengehalts und ihrer Feinheit nicht zur Feuerung zu verwenden. Sie lässt sich aber recht wohl als Dünger benutzen.

Bei unserem Versuche erhielten wir pro Centner Material 2 1/2 Pfd. Theer. Das wässrige Destillat betrug dem Gewicht nach 22 Pfd. pro Centner; es reagirt alkalisch und enthält neben essigsaurem Ammoniak die kohlensaure Verbindung dieser Base. Die Menge dieser Salze ist ausserordentlich gering. Stamer macht daher den Vorschlag, durch Zusatz von Kalk bei der Destillation des Materials den ganzen Stickstoffgehalt der Schnitzeln als ammoniakalisches Wasser zu gewinnen, und dann die Flüssigkeit mit der zurückbleibenden Kohle zu mischen und als Dünger zu verwenden. Er beabsichtigt dadurch den doppelten Vortheil zu erzielen, den Stickstoff und die Salze der Runkelrübenrückstände dem Boden wiederzugeben und die ammoniakalischen Stoffe durch die Kohle an den Boden zu fesseln. Es ist mir nicht bekannt geworden, ob dieser Vorschlag ausgeführt worden ist und sich bewährt hat.

---

*) Dingler's Polytechn. Journal. Bd. 155. Seite 350.

Gasbereitung aus Torf.

———

Entstehungsperiode des Torfes und Ausbreitung der Torfmoore. Entstehungsgeschichte derselben. Eintheilung verschiedener Torfarten:

I. nach Unterscheidungsmerkmalen der Vegetabilien, denen er seinen Ursprung verdankt in: Moos-, Haide- und Wiesentorf;

II. nach den äusseren Merkmalen (von Kamarsch) in: Rasentorf, braunen oder schwarzen Torf und alten Torf. Characterisirung dieser verschiedenen Hauptgruppen.

Die physicalischen Eigenschaften des Materials; insbesondere das spec. Gewicht verschiedener Torfarten. — Die chemischen Eigenschaften. Grösserer Kohlenstoffgehalt als das Holz bedingt durch die Entstehung. Mittheilung verschiedener Analysen. Aschengehalt der Torfe. Zusammenstellung von Aschen-Analysen verschiedener Torfe in Bezug auf die Quantität desselben und ferner auf die Quantität und qualitative Zusammensetzung derselben. In der Asche ist ein hoher Phosphorsäuregehalt und der fast vollständige Mangel an kohlensauren Alkalien characteristisch. Wassergehalt der Torfarten in frischem und lufttrocknem Zustande. Entfernung des Wassergehalts durch das Comprimiren. Kurze Anführung verschiedener Wege hierzu.

Werthbestimmung des Torfs zur Gasbereitung. Einfluss des Aschen- und Wassergehalts darauf. Ausbeute an Gas. Grundzüge zur Bereitung desselben sind die gleichen, wie bei Holzgas. Die Producte die bei der Gasbereitung auftreten.

Schilderung der Gasbereitung aus Haspelmoorer Torf. Berührung der wichtigsten physicalischen Eigenschaften desselben. Grösse der Ladung und Ladezeit. Ausbeute an Gas. Die Gasentwicklung in verschiedenen Zeiträumen der Destillation verglichen mit Holz. Die Kohlensäuremengen im ungereinigten Gase. Sie ist nach verschiedenen Zeitperioden der Destillation verschieden. Belege hierzu. Reinigung des Gases mittelst Kalk (auf trocknem Wege.) Schwefelwasserstoff kann durch die Laming'sche Masse entfernt werden. Vergleichende photometrische Versuche zwischen Torf- und Holzgas. Theer und Ammoniakwasser. Die Torfkohle mit ihren Eigenschaften.

Schilderung des Gasbereitungsprocesses aus einem gewöhnlichen braunen Torfe. Physikalische Eigenschaften des angewandten Materials. Ladung, Ladezeit und Ausbeute an Gas. Kohlensäuregehalt des ungereinigten Gases und in verschiedenen Perioden der Destillation. Trockne Reinigung mit Kalk nebst Angabe der gebrauchten Menge dieses Materials. Quantitative Zusammensetzung des gereinigten Gases. Geringerer Kohlenoxydgehalt wie bei Holzgas. Bemerkung wegen Brenner. Vergleichende photometrische Bestimmungen zwischen diesem Torf- und Holzgas. Ausbeute an Theer und Ammoniakwasser. Die Torfkohle mit ihren Eigenschaften.

Schilderung der Gasbereitung aus Rasentorf nach J. N. Schilling. Material, Ladung und Ladezeit. Ausbeute an Gas. Reinigung auf trocknem Wege mit Kalk. Reinigungsquote dieses Materials. Ausbeute an Theer. Einige Bemerkungen bezüglich der benützten Apparate.

———

Die Entstehungsperiode der Torfmoore, die uns das Material zu der in den folgenden Blättern zu schildernden Gasbereitung liefern, ist jünger wie die der Steinkohlen, liegt aber jedenfalls sehr weit entfernt und kann nicht geschichtlich nachgewiesen werden. Den Römern schon waren die Torfmoore Deutschlands bekannt. Plinius sagt von den Bewohnern der Nordseeküsten: „Sie besitzen kein Vieh, von dessen Milch ihre Nachbarn sich nähren; sie liegen der Jagd nicht ob, weil ihr Land den Wäldern und jagdbaren Thieren fern ist. Zum Fischfang flechten sie Netze aus den Binsen ihrer Sümpfe, deren Schlamm sie mit den Händen formen und unter dem trüben Himmel im Winde trocknen. Mit dem Brande dieser Erde kochen sie ihre Speisen und erwärmen die von dem Eise des Nordens starrenden Glieder."

Die Bildung des Torfes findet sich nicht nur an gewissen Orten, sondern ganz allgemein und zwar da, wo die Umstände derselben günstig sind. Unter den Tropen finden wir Torfmoore, die denen der gemässigten Gegenden völlig gleich sind, und hauptsächlich auf ihren Rasenoberflächen entwickeln sich die baumartigen Farren der heissen Zone. Die Torfbildung geht vor sich auf hohen Bergen z. B. den Alpen, dem Harz und Fichtelgebirge, und zwar in muldenförmigen Vertiefungen und selbst an leichten Abhängen, welche mit niedrigen dichtgedrängten Pflanzen besetzt sind, deren schlammiger Filz stets von Wasser und feuchter Atmosphäre zur Umwandlung in Torf disponirt wird. So scheinen sie nur in den Aequinoctialgegenden zu fehlen. Am meisten jedoch finden sich die Torfmoore in niedrigen Ebenen, wo das Wasser nur einen schwierigen Abfluss hat und dabei Becken von geringer Tiefe bildet. Griesebach*) erzählt uns, dass er an der hannöverisch-holländischen Küste zwischen Hesepertwist und Ruetenbrock einen Punct besucht hat, wo, wie auf hohem Meere, der ebene Boden am Horizont von einer reinen Kreislinie umschlossen ward, und kein Baum, keine Hütte, kein Gegenstand von einer Kindes Höhe auf der scheinbar unendlichen Einöde sich abgrenzten. Auch die endgelegenen Ansiedlungen, die, in Birkenhölzern verborgen, lange Zeit noch wie blaue Inseln in der Ferne erschienen, sinken zuletzt unter diesem freien Horizonte herab. Dieses Schauspiel, auf festem Boden ohne seines Gleichen, überall hin auf abgerundete Haiderasen und über dem Schlamme gesellig schwebende Cyperaceen das Auge einschränkend, zugleich seltsam das Gemüth mit der Gewalt des Schrankenlosen ergreifend, versetzt uns in ursprüngliche Natur- zustände, wo eine organische, jedoch einförmige Kraft Alles überwältigend gewirkt hat. Es ist dies das Gebiet der grössten Ansammlung von Torfsubstanz, die Deutschland besitzt. Man kann diese organische Masse, welche zwischen dem ostfriesischen Geest und dem Huimling von der Hunte bis zu den Marschen am Dollart ausgedehnte Becken ausfällt, auf 50—60 Quadratmeilen Oberfläche schätzen!

Eine besondere Ausdehnung auf dem Continente haben die Torfmoore in den flachen Küsten- länder Hollands, des nördlichen Deutschlands, die wir eben erwähnten, und die sich bis nach Russland hineinziehen. Die Torffläche des Königreichs Hannover z. B. nimmt nahezu den sechsten Theil des ganzen Gebiets ein. Sehr ausgedehnte Torflager finden sich ferner noch in Bayern in den Niederungen der Iller, Lech und Donau; in Oesterreich; in den Niederungen des Rheins (Hessen) u. s. w.

Die Entstehung des Torfes geschieht vornehmlich in ruhenden, stagnirenden Gewässern, die nicht zu tief sind. Wo sich eine solche Wasseransammlung findet, sehen wir dieselbe bald mit einer Vegetation bedeckt, die den Grund zur nachherigen Torfbildung legt. Am meisten sind es die bekannten Arten von Sphagnum (Sphagnum cymbifolium, molluscum, acutifolium etc.), die zuerst auftreten. Bei ihrem Absterben bilden die Ueberreste, welche einer Vermoderung anheimfallen, eine Schichte, die für das Wasser ebenso undurchdringlich wie der Thon ist, die aber dasselbe begierig aufsaugt. Auf dieser Schichte, der ersten Anlage zur Entstehung der Moore, sammeln sich dann auch bald andere Pflanzen, namentlich die Heiden (Ericaarten) an, und bei deren Absterben vereinigen sich die Reste auch dieser Pflanzen mit dem zuerst gebildeten Torfe aus Sphagnumarten. Das Wasser, in welches diese Masse versinkt, bereitet denselben ein schützendes Grab, da es die vollständige Zerstörung durch den Sauerstoff der Luft ausschliesst und bei der stetigen, aber unzähligen Wiederholung dieses Verlaufs bilden sich im Laufe der Zeit die unabsehbaren Torflager.

In ähnlicher Weise geschieht nach Elie de Beaumont die Entstehung der Torfmoore in Wasser- becken von nicht zu grosser Tiefe. In solchen stagnirenden Gewässern bildet sich eine zweifache Vegetation: die eine, welche durch Wasserpflanzen (Algen, Conferen) hervorgebracht wird, entsteht an dem Grunde; die andere, durch Landpflanzen erzeugt, bildet sich an der Oberfläche. Haben sich die Landpflanzen entwickelt, so bilden sie einen oberflächlichen Rasen, der an Festigkeit immer mehr zunimmt, so dass

---

*) Ueber die Bildung des Torfs in den Emsmooren, Göttingen 1846, die auch von uns vielfach benutzt wurde; ebenso wie Uhlenhuth, Photogen und Paraffinfabrication, Quedlinburg 1858, was wir hier ein für allemal erwähnen wollen.

man über denselben weggehen kann. Das Wachsen des Torfes erklärt sich nun sehr leicht. Wir haben eine oberirdische und unterirdische Vegetation, getrennt durch einen schmalen Wasserstreifen; die obere Pflanzendecke sendet ihre Wurzeln nach unten, die untere ihre neuen Triebe nach oben. Die Verschlingung beider findet in der beide trennenden Wasserschichte statt; es entsteht somit ein Flechtwerk verschiedener Vegetationen, welches durch neue Bildungen, namentlich von der Oberfläche her verstärkt dichter wird und durch die Zersetzung der alten Bildungen die Mächtigkeit des Torfs mehrt. Der Torf schichtet sich in der Weise, wie er entsteht; er erhebt sich vom Grunde aus mehr und mehr, bis die Oberdecke $\frac{1}{2}$—1 Fuss über dem Wasserspiegel hervorsieht.

Dieses Wachsen des Torfes hat man beobachtet. In 100 Jahr alten Gruben im Oldenburgischen fand man ihn auf 4 Fuss; in Bayern in 45 Jahren auf 2—3 Fuss; in den Alpen in 30—40 Jahren auf 4—5 Fuss angewachsen.

Die Entstehung des Torfes, sein Wachsen und Absterben erinnert lebhaft an jene Vegetationsverhältnisse, welche zur Zeit der Steinkohlenperiode stattfanden. Die Torfpflanze geht mit allem Pflanzlichen einer Vernichtung auf eine andere Art entgegen, wie wir dies bei den höher organisirten Pflanzen gewohnt sind. Auf trocknem Boden verwesend, d. h. durch den Sauerstoffgehalt der Luft verzehrt, werden die Reste genannter Pflanzen grösstentheils in Gase, in Kohlensäure und Ammoniak, aufgelöst. Die Torfpflanzen dagegen werden eine lange Zeit conservirt, ehe sie dieser vollständigen Auflösung anheimfallen. Wir erinnern uns, dass ein stagnirendes Wasser die Grundbedingung für die Entstehung des Torfes ist. Die Menge von Sauerstoff, welches dasselbe ursprünglich enthält, wird von der absterbenden Torfpflanze bald weggenommen; da das Wasser aber unbewegt bleibt, so wird nur an seiner Oberfläche Sauerstoff neu aufgenommen und die tiefer im Wasser liegenden Theile sind vor dem vernichtenden Einflusse des Sauerstoffs geschützt. Es kann demnach nur eine Entmischung in der Masse der Pflanze selbst stattfinden; nur der in ihr enthaltene Sauerstoff kann sich mit dem in ihr gleichfalls enthaltenen Kohlenstoff zu Kohlensäure verbinden. Die Menge desselben wird aber nur gering sein; ebenso auch das Product der Verbindung von ihrem Wasserstoff und Kohlenstoff zu Sumpfgas. Somit wird die Torfpflanze ihrer Hauptmasse nach conservirt, indem das überstehende und ruhende Wasser sie vor der vollständigen Zernichtung bewahrt.

Die Eintheilung der verschiedenen Torfarten geschieht entweder nach botanisch - microscopischen Untersuchungen oder nach den äusserlichen Eigenschaften, die dieselben besitzen.

Die erstere Eintheilung, deren Unterscheidungsmerkmale die Vegetabilien sind, denen der Torf seinen Ursprung verdankt, unterscheidet nach Stenstrupp:

Torf aus Wald-, Wiesen- und Hochmooren. Die ersteren bestehen im Wesentlichen aus vermoderten Bäumen und den Gewächsen des Waldes.

Die Erzeugnisse der beiden letzteren Theile Grisebach ein, in:

A. Moortorf. Wesentlicher Bestandtheil: die Arten von Sphagnum. Vorkommen in einzelnen Lagern oder Nestern.

B. Haidetorf oder Ericentorf. Wesentliche Bestandtheile: die zersetzten Wurzeln und Stämme von Erica Tetralix L. und Calluna vulgaris L. Hauptbildungsmaterial der Hochmoore.

C. Wiesentorf. Wesentliche Bestandtheile: Wurzeln und Stämme von Glumaceen. Hauptbildungsmaterial der Grünlandsmoore.

Eine Unterscheidung, welche von den botanischen Bestandtheilen abstrahirt, dagegen mehr auf die äusserlichen Eigenschaften basirt ist, wurde von Karmarsch in seiner verdienstvollen grossen Arbeit über die hannöverischen Torfarten*) eingeführt.

---

*) L. Mittheilungen des Gewerbe-Vereins für das Königreich Hannover 1835—1844. Hefte 5, 6, 8, 9, 13, 14, 19, 20, 21, 22, 30, 33, 34, 37. Tabellarisch geordnet ebendaselbst 1853, Heft 6.

Er unterscheidet:

A. **Rasentorf.** Aus sehr wenig veränderten (mehr vertrockneten als zerstörten) Moosen u. s. w. bestehend, welche meist sehr deutlich darin zu erkennen sind. Er ist von Farbe hell graugelb, bräunlichgelb, braungelb oder gelbbraun (daher auch weisser oder gelber Torf); weich, schwammig und sehr elastisch; von gleichförmigem fein- aber nicht sehr kurzfaserigem Gewebe. Wurzeln kommen in diesem Torfe manchmal vor; aber immer sind es dünne, einzeln in der Masse zerstreute und sehr oft fehlen sie gänzlich.

B. **Torf von brauner oder schwarzer Farbe.** Er steht auf einer noch nicht bis zur gänzlichen Vernichtung der organischen Formen gediehenen Zersetzungsstufe — junger brauner und schwarzer Torf genannt, weil allem Anscheine nach der über seiner Bildung verflossene Zeitraum kürzer gewesen ist, als die Bildungsperiode der noch folgenden Gattung.

a. Manche Sorten dieses Torfes scheinen durch eine weiter fortgeschrittene Zersetzung des Rasentorfs entstanden zu sein, wobei die dunklere Farbe sich erzeugte und die Elasticität der nassen Substanz sich einigermassen verminderte, so dass ihr eigner Druck sie dichter zusammenpresste, während die faserige Structur zwar noch ziemlich unverändert geblieben ist, die Fasern aber mürbe, zerreiblich geworden und zum Theile schon in eine fast erdähnliche Masse verwandelt sind.

Andere bestehen aus einer kurzfaserigen, zuweilen der erdigen Beschaffenheit angenäherten Masse, welche mehr oder weniger

b. mit dicken, hellbraunen, zähen, bastartig aussehenden Büscheln langer Fasern; oder

c. mit Wurzeln, Halmen, Stengeln, Blättern, ja oft

d. mit ziemlich dicken, wenig veränderten holzigen Zweigen, nicht unbeträchtlichen Holzstücken durchzogen ist.

Solche der eigentlichen Torfsubstanz fremde Theile machen oft die überwiegende Menge aus, indem alsdann nur die Zwischenräume mit stärker verweseter, kurzfaseriger oder erdähnlichen Materie ausgefüllt sind. Wegen der vielfachen, unmerklichen Uebergänge einer der vorgenannten Texturformen in die anderen sind scharfe Grenzlinien zwischen denselben nicht zu ziehen. Gleichwohl unterscheidet Karmarsch vier Varietäten, um kurze Ausdrücke für eine Andeutung der Beschaffenheit dieser Torfe zu gewinnen und nennt:

Fasertorf, die oben unter a und b angeführten Sorten, soferne darin keine oder sehr wenig Wurzeln, Holztheile u. s. w. enthalten sind;

Wurzeltorf, die reichlich mit Wurzeln und ähnlichen Theilen gemengten Sorten;

Blättertorf, die eine grosse Menge vertrockneter oder halbverweseter Blätter enthalten; endlich

Holztorf, die durch zahlreiche Holztheile ausgezeichneten Sorten.

Als gemeinsames, äusseres Kennzeichen aller dieser so sehr verschiedenen Torfe ist kaum etwas Anderes anzugeben als die braune Farbe (in allen Abstufungen vom Gelbbraunen bis zum Braunschwarzen) und die meist geringe Härte und Festigkeit.

C. **Alter Torf.** Torfgattungen, in denen nur geringe oder gar keine Spuren der ursprünglichen organischen Structur erhalten sind. Hier ist die Zersetzung so weit vorgeschritten, dass die faserige Textur vollständig oder beinahe vollständig der erdähnlichen Platz gemacht hat, die dann manchmal so dicht ist, dass die Bruchflächen glatt sind und wachsartigen Glanz zeigen, während die Bruchstücke vollkommen scharfe Kanten haben. Wohl erkennbare organisirte Ueberreste finden sich entweder gar nicht oder doch sehr selten, und die, welche darin vorkommen, sind sehr schwer zerstörbare Wurzeln oder Stengel. Die Farbe geht vom Braunen bis in das Pechschwarze. Einige Sorten dieser Gattung sind sehr leicht zerbrechlich, während andere wieder so hart sind, dass sie nur durch starke Hammerschläge zertheilt werden können. Obgleich auch hier vielfache Uebergänge von der matterdigen zu der dichten Textur stattfinden, so kann man doch mit einiger Bestimmtheit zwei Varietäten des alten Torfs unterscheiden, für welche die Namen Erdtorf und Pechtorf bezeichnend sind.

Der **Erdtorf** hat eine erdähnliche Textur mit matten und rauhen Bruchflächen, bei gänzlicher oder fast gänzlicher Abwesenheit von Fasern. Da indessen dieses Gefüge durch Zerstörung einer ursprünglich faserigen Substanz gebildet ist, so finden sich häufig noch Ueberreste dieser letzteren und machen es oft schwer mit völliger Bestimmtheit zu sagen, ob eine Torfsorte richtiger zum Erdtorfe zu zählen oder als kurzfaseriger Fasertorf anzusehen sei, zumal wenn die Reste der Fasern zwar dem Auge noch erkennbar, aber durch weit fortgeschrittene Vermoderung schon so mürbe geworden sind, dass sie beim Zerdrücken des Torfs gänzlich in Staub zerfallen.

Der Pechtorf stellt durch sein dichtes Ansehen, seine Härte, die glatten, sogar deutlich glänzenden Bruchflächen und die scharfeckigen Bruchstücke, bei bedeutender Schwere, gleichsam ein Mittelglied zwischen den anderen schwarzen Torfgattungen (namentlich dem Erdtorfe) und der Steinkohle dar.

Die physicalischen Eigenschaften der Torfarten haben wir, was Farbe, Härte u. s. w. betrifft, schon hinlänglich aus dem bis jetzt Gesagten kennen gelernt. Je mehr in einem Torfe die unvermoderten Pflanzenreste vorwalten, um so weniger wird sich die dann nur meist aus faserigen Massen bestehende Torfsubstanz dicht aneinander lagern können; er wird im trocknen Zustande eine trockne schwammartige Beschaffenheit haben, während die völlig in structurlose Torfsubstanz übergeführte Faser eine ziemlich homogene, erdige, braune oder schwarze Masse bildet. Je mehr diese vor den erkennbaren Wurzelresten vorwaltet, um so gleichmässiger und enger lagern sich die Theilchen an einander, schwinden bei dem Trocknen zusammen und bilden dann eine dichte, schwere, harte Masse. Im Allgemeinen ist der Torf eine wenig feste und dichte Substanz.

Je nach seiner Textur und je nach der Menge der ihm beigemengten, fremdartigen Bestandtheile ist denn auch das specifische Gewicht des Torfes sehr verschieden. Diese letzteren finden sich nicht selten in den Torfablagerungen in der Form von Sandschichten oder, wenn das Meerwasser ein Torfmoor zeitweise überfluthet hat, auch aus Muschelablagerungen.

Das specifische Gewicht der oben erwähnten vier Hauptarten ist nach Karmarsch in folgender Tabelle zusammengestellt:

Gattung des Torfs.	Specifisches Gewicht.	Gewicht eines massiven hannöverischen Cub.-Fusses*).
Rasentorf.	0,113 — 0,263	6 — 14 Pfund.
Junger, brauner Torf.	0,240 — 0,676	13 — 36 ,,
Erdtorf.	0,410 — 0,902	22 — 48 ,,
Pechtorf.	0,639 — 1,039	33 — 55 ,,

Wie wir schon erwähnt haben, ist der Torf (wie Braunkohle, Steinkohle und Anthracit) ein Product der Holzfaser, gebildet unter einem Zersetzungsprocess innerhalb der Faser selbst, dessen Vorgang der Art ist, dass innerhalb der in der Faser auf eigenthümliche Weise gebundenen Elemente (Wasserstoff, Kohlenstoff und Sauerstoff) sich zuerst die Verwandtschaft des Sauerstoffs zu Kohlenstoff und Wasserstoff geltend macht unter Bildung von Kohlensäure und Wasser; sodann ein Theil des Wasserstoffs sich mit Kohlenstoff zu kleinen Mengen Sumpfgases verbindet, welche Producte dann aus der Verbindung austreten, in der sie in der Faser existirten. Wir erinnern uns, dass die Holzfaser aus 52,65 Proc. Kohlenstoff, 5,25 Proc. Wasserstoff und 42,10 Proc. Sauerstoff besteht. Da sich bei der Bildung von Kohlensäure 1 Aequivalent oder 6 Gewichtstheile Kohlenstoff mit 2 Aequivalenten oder 16 Gewichtstheilen Sauerstoff verbinden und gasförmig entweichen, so muss in der zurückbleibenden Masse e i n e v e r h ä l t n i s s m ä s s i g e A n h ä u f u n g v o n K o h l e n s t o f f s t a t t f i n d e n. Während die Holzfaser etwa 50 Proc. Kohlenstoff enthält finden wir beim Torfe 60 Proc.; bei der Braunkohle 70 Proc.; bei der Steinkohle 80—90 Proc.;

---

*) 1 Cub.-Fuss hannöverisch = 0.880 Cub.-Fuss engl.

beim Anthracite sogar 96 Proc. Je nachdem der Zersetzungsprocess weiter vorgeschritten ist, wird auch das Verhältniss der Elemente im Torfe ein anderes sein; doch hält sich dieses Verhältniss innerhalb geringer Schwankungen.

Die folgenden Analysen von Regnault, Mulder, Brix etc. mit einem reinen Materiale (also nach vollständigem Austrocknen desselben und Abzug der Asche) angestellt, werden dies bestätigen:

Fundort des Torfs.		Kohlenstoff.	Wasserstoff.	Sauerstoff u. Stickstoff.	Beobachter.
Vulcaire	{	59,57	5,96	34,47	Regnault.
	{	60,40	5,86	33,64	Mulder.
Long	{	60,06	6,21	33,73	Regnault.
	{	60,89	6,21	32,90	Mulder.
Champ de Feu	{	60,21	6,45	33,34	Regnault.
	{	61,05	6,45	32,50	Mulder.
Friesland		59,42	5,87	34,71	,,
Friesland		60,41	5,87	34,02	,,
Holland		59,27	5,41	35,35	,,
Linum-Flatow 1. Sorte		56,69	4,73	38,58	Brix.
,, ,, 2. ,,		59,48	5,36	35,16	,,
,, ,, 3. ,,		60,40	5,08	34,52	,,
Buchfeld-Neulangen 1. Sorte		57,18	5,20	37,62	,,
,, ,, 2. ,,		55,25	5,91	38,84	,,
Kilbeggan, Westmeath		61,04	6,67	30,47	Kane.
Kilbaha, Clare		56,63	6,33	34,48	,,
Cappoge, Kildare		51,05	6,85	39,55	,,
Ochta (östl. Russland)		39,08	3,79	51,09	Woskressensky.

In diesen angeführten Analysen ist der Stickstoffgehalt des Torfes unbestimmt geblieben. Von Kane und Sullivan, Ronalds u. a. M. finden wir hierüber folgende genauere Angaben der Analysen meist irländischer Torfsorten, die mit einem ganz reinen, aschenfreien und bei 100° c. getrocknetem Materiale angestellt worden sind.

Fundort.	Kohlenstoff.	Wasserstoff.	Sauerstoff.	Stickstoff.	Beobachter.
Obere Schichte von Phillipstown	58,694	6,971	32,883	1,4514	Kane und Sullivan
Schwerer Torf ,, ,,	60,476	6,097	32,546	0,8806	,, ,,
Obere Schichte Wood of Allen	59,920	6,614	32,207	1,2588	,, ,,
Schwerer Torf ,, ,. ,,	61,022	5,771	32,400	0,8070	,, ,,
Obere Schichte von Twicknevin	60,102	6,723	31,288	1,8860	,, ,,
Leichter Torf von Sharnon	60,018	5,875	33,152	0,9545	,, ,,
Schwerer Torf ,, ,,	61,247	5,616	31,446	1,6904	,, ,,
Tuam, Irland, 2¹/₂' von der Oberfläche	57,207	5.655	28,949	3,067	Ronalds.
,, ,, 3¹/₂' ,, ,, ,,	58,306	5,821	29,669	2,509	,,
,, ,, 4¹/₂' ,, ,, ,,	59,552	5,502	28,414	1,715	,,

In der chemischen Zusammensetzung der Holzfaser kommt, wie wir wissen, eine geringe Menge unorganischer Bestandtheile vor, die bei dem Verbrennen als Asche zurückbleibt. Sie beträgt in der Regel kaum 1 Procent. Da der Torf in der Weise aus der Holzfaser entstanden ist, dass ein Theil der Bestandtheile in Folge eines Zersetzungsprocesses als Gase ausgeschieden wird, so muss in dem zurückbleibenden Reste organischer Bestandtheile eine relative Anhäufung der vollständig zurückbleibenden unorganischen Bestandtheile stattfinden. Der Aschengehalt muss also grösser sein. Doch wird der von den organischen Theilen herrührende Aschengehalt dadurch bedeutend verringert, dass der Theil der Salze, welcher löslich ist, ausgespült wird, also namentlich die Alkalien, die in der Asche der Pflanzen einen nicht unbeträchtlichen Theil ausmachen. In dem Torfe findet sich aber nicht nur der Theil, der nicht löslichen Bestandtheile der Pflanzenasche, wie z. B. Kieselsäure, Eisenoxyd, phosphorsaurer und schwefelsaurer Kalk, sondern ein weit bedeutenderer Gehalt an mineralischen Bestandtheilen. Dieselben sind lediglich mechanische Beimengungen, die bei der Ablagerung des Torfes aus der erdigen Umgebung durch das Wasser ihm zugeführt worden sind. Die oberen Schichten enthalten gewöhnlich weniger unorganische Bestandtheile als die unteren, die häufig so damit überladen sind, dass sie völlig werthlos werden.

Folgendes ist eine Zusammenstellung der Analysen über die Quantitäten der Asche verschiedener Torfsorten:*)

Torfart.	Aschengehalt in Procenten.	Beobachter.
Torf aus dem Biermoore bei Salzburg	1.0—1.5	Rg.
Dichter, schwarzer Torf von Neumünster	2.2	Suersen.
,, ,, ,, ,, Sindelfingen	7.2	Schübler.
Brauner lockrer Torf von Schwenningen	2.3	,,
Sehr alter Torf von Vulcaire bei Abbeville	5.58	Regnault.
,, ,, ,, ,, Long	4.61	,,
Weniger alter Torf von Champ de Feu	5.35	,,
Torf aus der Umgegend Berlins; erste Lage	9.23	Achard.
,, ,, ,, ,, ,, ; zweite Lage	10.2	,,
,, ,, ,, ,, ,, ; dritte Lage	10.3	,,
Alter, schwarzer Torf von Möglin	14.4	Einhof.
Junger, brauner ,, ,, ,,	14.4	,,
Moor im Eichsfelde, erste Sorte	21.5	Buchholz.
,, ,, ,, zweite Sorte	23.0	,,
,, ,, ,, dritte Sorte	30.5	,,
,, ,, ,, vierte Sorte	30.0	,,
41 verschiedene Sorten aus dem Erzgebirge	1.0—24.0	Winkler.
3 ,, ,, aus Friesland und Holland	4.61—5.58	Mulder.
27 ,, ,, aus dem Moor bei Allen (Irland)	1.120—7998 Durchschnitt 2.62	Kane und Sullivan.
3 ,, ,, von Tuam (Westküste von Irland)	3.695—4.819 Durchschnitt 4.545	Ronalds.
9 ,, ,, vom Schnaditzer Moor, bei Schwemsal	5.300—37.10 Durchschnitt 18.47	Wellner.
243 ,, ,, aus Hannover	0.5—50	
Rasentorf	1.5 selten bis 5	Karmarsch.
Junger, brauner Torf	1.5-14; selten bis 50	
Erdtorf	1.25—39	
Pechtorf	1.2—8.0	

*) Muspratt, techn. Chemie. Bd. 2. Seite 599.

Wie aus diesen Analysen ersichtlich ist liefern nur wenige, reine Torfsorten eine geringe Menge Asche von etwa einem Procente. Die durchschnittliche Aschenmenge beträgt 10—12 Proc.; doch gehört ein Torf von 20 Proc. Aschengehalt nicht zu den Seltenheiten. Mitunter steigt derselbe sogar bis zu 50 Procent.

Wie die Quantität, so ist auch die Qualität der Asche nicht nur in verschiedenen Torfsorten und Torflagern, sondern in ein und demselben Torfe verschieden, und die qualitativen Analysen zeigen daher auch sehr wechselnde Verhältnisse.

Die umfangreichsten und mit der grössten Sorgfalt ausgeführten Analysen von Aschen irischer Torfarten haben Kane und Sullivan geliefert, die wir bei dem Mangel einer solchen Arbeit für deutsche Torfsorten hier mittheilen wollen. Wir fügen noch bei, dass dies die analytischen Resultate der in vorstehender Tabelle angeführten Aschen der 27 irischen Torfsorten sind.

	I.	II.	III.	IV.	V.	VI.	VII.
Spec. Gewicht.	0,297	0,405	0,669	0,450	0,351	0,661	0,335
Kali	0,362	1,323	0,461	0,401	0,221	0,198	0,491
Natron	1,427	1,902	1,399	1,330	0,712	0,590	1,670
Kalk	26,113	36,496	40,920	37,873	33,240	25,680	33,037
Magnesia	3,392	7,634	1,611	5,127	1,904	1,207	7,523
Thonerde	4,180	5,411	3,793	0,271	0,240	0,371	1,686
Eisenoxyd	11,591	15,608	15,969	14,802	12,760	18,746	13,281
Phosphorsäure	1,461	2,571	1,406	1,257	1,222	0,874	1,438
Schwefelsäure	12,403	14,092	14,507	11,814	21,470	23,630	20,076
Chlorwasserstoffsäure	1,568	1,482	0,983	1,367	0,840	0,622	1,747
In Säuren lösliche Kieselerde	0,980	3,595	1,111	1,002	1,672	0,896	2,148
In Säuren unlösliche Kieselerde u. Sand	22,519	2,168	2,107	4,722	13,147	14,430	7,683
Kohlensäure	13,695	7,761	15,040	19,722	12,060	12,240	8,340
Summa	99,691	100,043	99,307	99,688	99,488	99,654	99,120

	VIII.	IX.	X.	XI.	XII.	XIII.	XIV.
Spec. Gewicht.	0,476	0,655	0,434	0,984	0,681	0,523	0,274
Kali	0,211	0,247	0,641	0,347	0,181	0,291	0,966
Natron	0,651	0,496	1,875	0,679	0,550	0,586	1,038
Kalk	29,716	24,944	22,702	45,581	29,323	38,692	35,113
Magnesia	1,204	1,285	6,809	1,256	3,425	2,372	4,687
Thonerde	0,298	0,360	1,109	0,129	0,672	0,408	1,627
Eisenoxyd	20,372	19,405	29,854	15,974	19,095	15,537	14,322
Phosphorsäure	1,066	0,242	2,019	0,188	0,975	0,878	0,828
Schwefelsäure	22,664	10,742	16,381	44,371	16,238	14,822	25,409
Chlorwasserstoffsäure	0,439	0,335	1,591	0,337	0,636	0,657	1,090
In Säuren lösliche Kieselerde	0,645	1,082	0,737	1,043	3,255	5,808	5,607
In Säuren unlösliche Kieselerde u. Sand	11,180	26,789	14,505	2,653	8,884	14,181	4,340
Kohlensäure	10,782	13,890	1,470	16,120	15,984	5,842	5,003
Summa	99,228	98,817	99,693	99,678	99,218	100,074	100,030

	XV.	XVI.	XVII.	XVIII.	XIX.	XX.	XXI.
Spec. Gewicht.	0,394	0,437	0,323	0,924	1,058	0,481	0,629
Kali	0,407	0,665	0,668	0,280	0,744	1,667	0,271
Natron	2,074	2,605	1,709	2,180	0,704	2,823	1,491
Kalk	33,397	33,554	31,553	30,744	40,623	20,907	13,667
Magnesia	11,293	9,229	9,439	9,237	4,352	15,252	16,994
Thonerde	1,627	0,677	1,707	2,027	1,671	2,034	0,259
Eisenoxyd	18,500	18,366	6,012	19,797	10,368	17,040	26,644
Phosphorsäure	0,744	1,300	1,286	1,290	1,114	1,447	1,339
Schwefelsäure	13,550	23,505	25,602	20,857	24,208	23,375	22,691
Chlorwasserstoffsäure	2,804	3,263	0,698	3,128	1,052	1,424	1,180
In Säuren lösliche Kieselerde	5,998	4,449	5,159	3,096	6,317	6,634	2,719
In Säuren unlösliche Kieselerde u. Sand	6,593	3,040	6,282	3,163	3,710	10,682	11,673
Kohlensäure	3,006	—	9,864	3,570	4,981	6,721	—
Summa	99,993	99,653	99,979	99,369	99,844	100,006	98,964

	XXII.	XXIII.	XXIV.	XXV.	XXVI.	XXVII.
Spec. Gewicht.	0,280	0,546	0,855	0,402	0,441	0,858
Kali	0,146	0,247	0,219	0,370	0,028	0,158
Natron	0,446	1,150	0,855	2,628	2,832	0,527
Kalk	8,492	22,332	40,079	27,732	26,551	12,432
Magnesia	4,702	5,608	4,035	6,875	12,580	3,095
Thonerde	10,705	0,932	0,895	1,521	3,298	5,991
Eisenoxyd	15,052	29,970	14,160	7,451	12,116	30,725
Phosphorsäure	1,557	0,699	0,632	1,670	2,022	0,526
Schwefelsäure	13,974	31,612	22,295	20,389	22,401	14,518
Chlorwasserstoffsäure	0,196	0,993	0,781	2,932	2,581	0,151
In Säuren lösliche Kieselerde	12,476	2,751	1,295	7,709	5,474	9,101
In Säuren unlösliche Kieselerde und Sand	31,198	3,775	5,496	10,088	17,711	22,721
Kohlensäure	—	—	9,101	10,460	1,220	—
Summa	98,928	100,069	99,843	99,825	98,751	99,945

I. Leichter, schwammiger Torf, obere Lage, von röthlich brauner Farbe, fast gänzlich aus Sphagnum bestehend, von dem die einzelnen Individuen noch deutlich kenntlich sind. Aus der Gegend von Monastrevin.

II. Leichter Torf, von der Oberfläche des Moores, kleine Ericenwurzeln und Blätter von Carex und verschiedene Grasarten enthaltend, aus dem Mount-Lucus-Moore bei Philippstown, King's County.

III. Dichterer Dorf, von röthlich brauner Farbe, in dem die Structur des Mooses noch deutlich wahrgenommen werden kann. Vom selben Fundorte wie Nr. II.

IV. Leichter, röthlich brauner, faseriger Moostorf, in dem das Sphagnum fast unverändert ist, mit Blättern von Carex und anderen Pflanzen und Wurzeln von Erica. Von Twicknevin, Kildare.

V. Obere Schichte eines faserigen, rothen Torfes, gänzlich aus Sphagnum, Hypnum und anderen Moosen bestehend. Von der Derrymullen Station. (Irish Amelioration Society).

VI. Dichter, braunschwarzer Torf, in welchem die organische Structur fast gänzlich untergegangen ist; es finden sich nur einzelne Blätter von Carex und Gräsern, manchmal Zweige von Haselnuss und Birke. Vom Wood of Allen, am grossen Timahoe-Moore.

VII. Leichter Torf der oberen Lage, vom Wood of Allen. Die Substanz ist sehr porös und faserig, Sphagnum und Hypnum sind deutlich darin zu erkennen.

VIII. Mittlere Lage desselben Moores, von dunkelröthlicher Farbe. Die Masse ist ziemlich compact, aber faserig; die Structur des Mooses ist kaum mehr darin wahrzunehmen. Es finden sich nur einzelne Ericenwurzeln und kleine Hasel- und Ellernzweige mit Fichtenschuppen.

IX. Untere Lage von derselben Localität. Diese Varietät ist compact und dicht, von tief schwarzbrauner Farbe, mit fast vollkommen muscheligem Bruch, beim Reiben Pechglanz annehmend. Alles Vegetabilische ist fast gänzlich zerstört.

X. Guter fester Torf von schwarzbrauner Farbe, fast gänzlich aus Moos bestehend, mit einer Anzahl Wurzeln von Erica und Carex. Findet sich im Riversdale-Moore bei Kimegad und wird namentlich in Dublin als Brennstoff benutzt.

XI. Pechtorf von demselben Fundorte wie Nr. X. Ausserordentlich hart und fest, mit fast gänzlich zerstörter vegetabilischer Structur, auf dem muscheligen Bruch harzartigen Glanz zeigend. Einschlüsse von Kiefernschuppen, Ellern- und Birkenzweigen u. s. w. Werthvolles Brennmaterial.

XII. Sehr dichter, röthlich brauner Torf von Anadruce und Cloncreim am Royal-Canal. Die vegetabilische Structur ist nur noch an einzelnen Stellen wahrnehmbar.

XIII. Ziemlich dichter Torf, von röthlich brauner Farbe und dichtem Gefüge, aus den Mooren von Rathconnel, Wood Down und Great Down bei Mullingas. Sphagnum ist kaum darin zu erkennen, dagegen kommen Wurzeln und Stämme von Ericen sehr wohl erhalten darin vor.

XIV. Obere Schichte eines faserigen Torfes aus der Nähe von Banagher. Schwammige Masse von gelblich rother Farbe, fast gänzlich aus unverändertem Sphagnum bestehend, mit einzelnen Wurzeln von Erica, Carex u. s. w.

XV. Ziemlich dichter Torf von röthlich brauner Farbe, vom selben Fundorte wie der vorhergehende. Die vegetabilische Structur ist noch wahrnehmbar, ohne indessen mit blossem Auge genau bestimmt werden zu können. Scheint grösstentheils aus Moosen zu bestehen, mit einzelnen Ericenwurzeln.

XVI. Dichterer Torf wie der vorhergehende, von derselben Localität. Die Hauptbestandtheile sind nicht mehr zu erkennen, obgleich die organische Structur sichtbar ist. Mit vielen Wurzeln und Blättern von Carex.

XVII. Leichter Torf, von röthlich brauner Farbe. Obere Schichte der Moore von Clonfert und Kilmore, an der Mündung des Suck bei Banagher. Schwammige Masse aus fast unverändertem Sphagnum, mit einzelnen Wurzeln und Stämmen der Ericen bestehend.

XVIII. Torf von derselben Gegend. Ziemlich dicht aber faserig, vom Hellröthlichbraunen in's Schwarze übergehend.

XIX. Ausserordentlich dichter Torf mit erdigem, muscheligem Bruch vom Athlone-Moore. An den meisten Stellen ist aller Organismus völlig zerstört. Es zeigen sich nur hie und da Ueberbleibsel von Carex, Ericen u. s. w.

XX. Ziemlich fester Torf, in dem keine Moose entdeckt werden können, der aber reich an Ueberresten von Carex Erica, Gräsern u. s. w. ist. Von den Curragh- oder Clonbourne-Mooren bei der Shannon-Brücke.

XXI. Dichter Torf von röthlich brauner Farbe aus Mooren von den Ufern des Shannon. Vermoderte Reste von Carex, und Gräsern können deutlich wahrgenommen werden. Sphagnum ist kaum zu erkennen. Dient als Brennmaterial für Dampfschiffe.

XXII. Leichter faseriger Torf von röthlich brauner Farbe, der augenscheinlich aus sehr vielen verschiedenen Pflanzen gebildet ist. Die Structur des Mooses ist deutlich erhalten. Mit Sphagnum und Hypnum, Carex, Gräsern, Ericen, Birkenrinde, Ellernzweigen. Vom selben Fundorte wie Nr. XXI.

XXIII. Sehr dichter Torf von schwarzbrauner Farbe von fester, aber sehr deutlicher Structur. Mit vielen Resten von Carex und Erikenwurzeln. Ausgezeichnetes Brennmaterial. Vom selben Fundorte wie Nr. XXI.

XXIV. Sehr dichter schwarzbrauner Torf. Ebenfalls von den Ufern des Shannon. In dieser Sorte ist die vegetabilische Structur fast gänzlich zerstört. Er hat einen erdigen Bruch und ist mit Zweigen und Rinden von Haselnuss, Birken und Ellern erfüllt; manchmal finden sich Kiefernrinde, Carex und Gräser darin.

XXV. Ziemlich dichter, röthlich brauner Torf, von demselben Fundorte wie die vorigen. Die Structur ist nicht deutlich; es finden sich aber Carexblätter und verschiedene Wurzeln und Zweige darin.

XXVI. Ziemlich compacter und mässig schwerer Torf von dunkel röthlich-brauner Farbe. Erdiger Bruch. Mit vielen Blättern, Stielen und Wurzeln von Carex u. s. w.

XXVII. Dichter pechschwarzer Torf. Die Structur des Mooses ist gänzlich zerstört. Erdiger, zum Muschligen neigender Bruch, beim Reiben Pechglanz annehmend. Reste von Carexblättern und einzelne Ueberreste von Rinden. Die Fundorte der beiden letzten Sorten sind dieselbe wie Nr. XXI.

Aschenanalysen deutscher Torfsorten sind nur wenige veröffentlicht. Einhof fand für die Asche eines Torfes von Möglin in 100 Theilen:

Kalkerde	15.25	Theil;
Thonerde	20.5	„ ;
Eisenoxyd	5.5	„ ;
Kieselerde	41.0	„ ;
Phosphorsaure Salze	15.0	„ ;
Chlorcalium und Gyps	1.55	„ .

Wolff fand in 2 Torfsorten aus der Mark in 100 Theilen:

Kalk	15.25	Theil;	20.00	Theil;
Thonerde	20.50	„ ;	47.00	„ ;
Eisenoxyd	5.50	„ ;	7.50	„ ;
Kieselerde	41.00	„ ;	13.50	„ ;
Phosphorsauren Kalk und Gyps	3.10	„ .	2.60	„ .

In einer Torfasche von Schwenningen fand Schübler sogar einen Gehalt an phosphorsauren Salzen von 34 Procenten (?).

Unter den wechselnden Bestandtheilen in der Torfasche ist dieser oft hohe Gehalt an phosphorsauren Salzen, der sie zu einem ausgezeichneten Dungmittel macht, so wie der fast völlige Mangel an kohlensauren Alkalien eigenthümlich, die nicht nur in der Holzasche vorhanden sind, sondern sich auch in den Braunkohlen und Steinkohlenasche wiederfinden. Von dem in den letzteren Aschen sich findendem schädlichen Schwefelgehalt ist der Torf, wie seine Asche meist frei.

Der aus den Torfmooren in verschiedenen, uns hier nicht weiter interessirenden Verfahrungsarten gehobene Torf, der in eine Form gebracht und an der Luft getrocknet wird, verliert bei diesem Processe bis zur Hälfte seines Gewichtes an Wasser. Immer bleibt aber auch in dem anscheinend trockensten Torfe ein bedeutender Rest von mechanisch eingeschlossenem Wasser. Der Wassergehalt des Torfes, wie er zum Verkaufe kommt, schwankt zwischen 20 bis 40 Proc. Ein völliges Austrocknen des Torfes findet aber selbst bei langem Lagern desselben unter einem bedeckten Orte nicht statt, da auch der Torf sehr hygroscopisch ist und aus der Luft selbst Feuchtigkeit absorbirt. Der Wassergehalt des gewöhnlichen lufttrocknen Torfs schwankt zwischen 20 und 30 Procent. Karmarsch fand im Torfe, der schon 2 Jahre lang in einem trocknen Raume aufbewahrt gewesen war, durchschnittlich 16—18 Proc. Wasser.

Da der auf gewöhnliche Weise lufttrocken erhaltene Torf immer noch einen bedeutenden Wassergehalt zurückhält und eine mehr oder weniger lange Zeit bedarf um auszutrocknen, so hat man es durch Pressen des Torfes versucht, den grössten Theil des Wassers sogleich zu entfernen. Es wird dadurch zugleich die Dichtigkeit des Materials, die für die Güte desselben so wesentlich ist, bedeutend vermehrt.

Zahlreich sind die Methoden und ihrem Principe nach auch wesentlich verschieden, die angewendet werden, um den Torf in comprimirtem Zustande zu erhalten. Die einen bewirken die Wasserentziehung und Comprimirung zusammen durch alleiniges Pressen des Torfs (Gwynne); andere bewirken die Operationen der Wasserentziehung und die Verdichtung getrennt für sich (Gwynne und Exter); noch andere wenden zu der Wasserentziehung eine erhöhte Wärme an, wodurch aus dem Torfe bituminöse und theerige Producte entwickelt werden, die als ein kräftiges Bindemittel bei der Comprimirung wirken. Es kann hier der Ort nicht sein, diese, theilweise selbst noch sehr mangelhaft bekannten Verfahrungsweisen zu schildern. Da wir jedoch in Folgendem die Fabrication von Leuchtgas aus dem in weiteren Kreisen bekannten und vorzüglichen comprimirten Torfe von Haspelmoore bei München aufführen werden, so sei es desshalb erlaubt, die Gewinnung dieses Materials hier flüchtig zu skizziren.

Das Verfahren, welches Herrn Exter neuerdings patentirt worden ist, bezweckt die Herstellung

20

eines sehr dichten Torfs durch Pressmaschinen, nachdem die Masse vorher zerkleinert und getrocknet
worden ist.*) Die oberen Schichten des genannten Lagers, welche aus einer filzigen, wurzelreichen Masse bestehen,
werden von den unten liegenden Moorschichten, soweit die Bearbeitung des Torfes durch Handarbeit
geschieht, sorgfältig getrennt und jede dieser Massen einer gesonderten aber doch gleichen Bearbeitung
unterworfen. Wie der Lehm bei'm Ziegelschlagen, wird der Torf zu einer gleichmässigen Mischung von
den Arbeitern gehörig umgestochen. Durch eine Dampfmaschine von 40 Pferdekräften wird der Torf aus
den Stichgruben mittelst Wagen, die an Seilen gezogen werden, nach der Fabrik gebracht und daselbst
durch ein Walzwerk gemahlen. Der gemahlene Torf wird getrocknet und darauf durch besondere
Vorrichtungen in viereckige Pressröhren gebracht und hier der Einwirkung eines Kolbens ausgesetzt, der
oben durch ein Excentrik in Bewegung gesetzt wird. Die Excentrikpresse wird durch eine Dampfmaschine
von 15 Pferdekräften in Arbeit gesetzt. Unter ihrer Einwirkung erhält der Torf das Aussehen und die
Form von kleinen Tafeln aus einer sehr compacten, fast glänzenden Masse. Dieselben haben eine
Quadratform von 3″ Seite; ihre Dicke beträgt $1/2$″. Ein solches Stück wiegt etwa $1/2$ Pfd., und die
Maschine ist im Stande in einer Stunde 30 Centner derselben zu fertigen.

Der so gepresste Torf hat ein grösseres spec. Gewicht als die Steinkohle; ich fand es bei einer
Bestimmung = 1.47. Sein Wassergehalt beträgt in lufttrocknem Zustande 11—13 Proc. Eine Analyse
zur Bestimmung des Aschengehalts ergab 10.2 Proc. Asche. — Ein anderer, nach dem Challeton'schen**)
Verfahren dargestellter comprimirter Torf hatte nach Bargum ein spec. Gewicht = 1.143; sein Wassergehalt betrug 23.2 Proc.; sein Aschengehalt 9.63 Proc.

Von einer Bestimmung des Werthes verschiedener Torfsorten zur Gasbereitung kann bei den
wenigen und vereinzelt stehenden Fällen, in denen die Torfgasbereitung über den Versuch damit hinausging,
nicht die Rede sein. Resultate, die bei dem alleinigen Betriebe einer Anstalt mit Torf während längerer
Zeit erhalten wären, liegen nicht vor. Es erübrigt uns desshalb hier nur die Momente näher zu
bezeichnen, die für eine solche Bestimmung von entscheidendem Einflusse sind.

In erster Linie kommt hierbei der Aschengehalt des Materials in Betracht, das zur Destillation
verwendet werden soll. Ein Torf, der schon zu den besseren zählt und z. B. nur 10 Proc. Asche enthält,
liefert bei der Destillation ungefähr 30 Proc. Kohle und man hat natürlich den ganzen Aschengehalt aus
100 Theilen Torf in der Kohle. Der Aschengehalt einer solchen Kohle erhöht sich demnach auf 33 Proc.
Da eine so stark aschenreiche Kohle zu den meisten Zwecken nicht mit den Coaks oder gar Holzkohlen
concurriren kann, deren Aschengehalt in der Regel zwischen 5 und 10 Proc. schwankt, so ist aus diesem
Grunde ein grosser Theil verschiedener Torfsorten ganz von der Verwendung zur Gasbereitung ausgeschlossen.

Denn die Kohle von aschenreichem Torfe hat, wie wir hier zufügen müssen, auch die leidige
Eigenschaft schon nach kurzem Lagern zu Pulver zu zerfallen. Auch andere, übrigens nicht schlechte
und nicht aschenfreie Torfe geben eine Kohle, die das gleiche Verhalten besitzt; sogar manche Kohlen
comprimirter Torfe haben den Uebelstand leicht zu zerbröckeln und zu zerfallen. Es ist dieser Umstand,
der die ganze Gasfabrication in Frage stellt, soferne dann die Kohle nicht preiswürdig verkauft werden
kann, wohl zu berücksichtigen und man versäume nicht diesen wichtigen Gegenstand durch einen Versuch zu
constatiren, wenn man die Güte oder Verwendbarkeit einer speciellen Torfart zu Beleuchtungszwecken prüfen will.

Ueber den schädlichen Einfluss, den ein grosser Wassergehalt des Torfes ausübt, gilt in allen
Puncten das über den bezüglichen Gegenstand bei der Holzgasfabrication Erwähnte. Nasser Torf giebt
ein schlechtes, schwachleuchtendes Gas, das in ungereinigtem Zustande höchst beträchtliche Mengen von
Kohlensäure führt und eine wenig dichte Kohle, die leicht zerfällt. Je trockner das Material angewandt wird, um
so relativ grösser fällt die Grösse der Gasausbeute und damit zugleich die Güte der erhaltenen Production aus.

---

*) Zeischrift des öster. Ingenieur-Vereins 1855. Fürther Gewerbezeitung 1857.
**) Das Challeton'sche Verfahren wird in Montauger, Neufchâtel und in Frankreich mehrfach angewandt.

Ueber die Nebenproducte, die bei der Werthbestimmung eines Materials zur Gasbereitung nicht ausser Acht gelassen werden dürfen, haben wir das Wichtigste, was die Güte der Kohle betrifft, schon erwähnt. Die Ausbeute an Theer, den man erhält, und an einem ammoniakalischen Wasser, das zu chemischen Zwecken verwendbar, ist bei verschiedenen Torfsorten nicht näher ermittelt; sie wird aber bei verschiedenen Torfen wohl weniger differiren, wenn wir das reine Material ins Auge fassen, als die Ausbeute differirend ausfällt, wenn wir einen Torf in mehr oder weniger trocknem Zustande destilliren.

Da die Ausbeute nur sehr weniger Torfsorten ermittelt ist und man nach den vorliegenden Angaben selbst darüber sich kein vollgültiges Urtheil erlauben kann, ob ein jüngerer oder ein älterer Torf oder welche Torfart im Allgemeinen die grösste Menge des besten Gases und die werthvollsten Nebenproducte liefert, so erübrigt uns nur das Bekannte, und soweit es das von uns schon früher gegebene betrifft*), wesentlich vervollständigt vorzuführen. Es sollen die folgenden Mittheilungen zugleich als Anhaltspuncte zur Beurtheilung der angeregten Frage nicht minder wie dazu dienen, ein Material zur Vergleichung abzugeben, falls man eine specielle Torfart zur Gasbereitung verwenden wollte. Er wird jedoch der leichteren Uebersichtlichkeit wegen besser und namentlich auch kürzer sein, unmittelbar die Beschreibung des Verfahrens, das sich als das beste bewährte, und die erhaltenen Resultate betriebsmässiger Torfgasfabrication nebst den erwähnenswerthesten Versuchen hierzu, folgen zu lassen.

Die Grundzüge des Verfahrens, Gas aus Torf darzustellen, sind, wie schon erwähnt, die gleichen wie bei der Gasbereitung aus Holz.

Wenn wir in einer entsprechenden Retorte, die nur zum dritten Theile mit Torf angefüllt sein darf und auf die nöthige Temperatur der Kirschrothglühhitze erwärmt ist, die Destillation ausführen, so erhalten wir die Producte, die, soweit sie bis jetzt bekannt sind, sich in folgendem Schema zusammengestellt finden. Man erhält nämlich:

    1. Das Leuchtgas.
    2. Flüssige Producte.
        a. den Theer,
        b. ein ammoniak- und essigsäure-haltendes Wasser.
    3. Die Torfkohle.

Folgendes Schema giebt eine Uebersicht der entstehenden Producte:

Torf { Torfmasse { Kohlenstoff (C), Wasserstoff (H), Sauerstoff (O), Schwefel (S), Aschenbestandtheile } Leuchtgas {

lichtgebende:
Aethylen (Elayl) ($C_4 H_4$)
Propylen ($C_6 H_6$)
Butylen ($C_8 H_8$) etc.
    Kohlenwasserstoffdämpfe:
Benzin ($C_{12} H_6$) u. a. M.

verdünnende Bestandtheile:
Leichtes Kohlenwasserstoffgas ($C_2 H_4$)
Wasserstoffgas (H)
Kohlenoxydgas (CO.)

verunreinigende:
Kohlensäure (CO_2)
Ammoniak ($NH_4 O$)
Schwefelwasserstoff (HS)
    Unwesentliche Bestandtheile:
Stickstoff (N) und
Sauerstoff (O) etc.
}

*) Journal für Gasbeleuchtung Jahrg. 1859 S. 78.

Torf

Hygroscopisches Wasser
{ Wasserstoff H
  Sauerstoff O }

Theer

Kohlenwasserstoffe (flüssige feste):

Naphtalin ($C_{20} H_8$)
Paraffin ($C_{24} H_{24}$)
Benzol ($C_{12} H_6$) }
Toluol ($C_{14} H_8$)? } ($C_n H_{n-6}$)

Säuren oder Alcohole:

Phenylalcohol ($C_{12} H_6 O_2$)
Cressylalcohol ($C_{14} H_8 O_2$)

Basen:

Ammoniak ($N H_4 O$)
Methyplamin ($C_2 H_5 N$)?
Propylamin ($C_6 H_9 N$)?
Phenylamin ($C_{12} H_7 N$)?

Ammoniak-Wasser

Kohlensaures Ammoniak ($2\ NH_3\ 3\ CO_2 + 2\ HO$)
Schwefelammonium ($NH_4 S$)
Essigsaures Ammoniak ($NH_4 O.\ C_4 H_3 O_3$)
Methylalcohol ($C_2 H_4 O_2$)?

Kohle

Kohle (C).

Aschenbestandtheile:
Kalk (Ca O), Magnesia (Mg O) etc.
Phosphorsäure PO_5 etc.

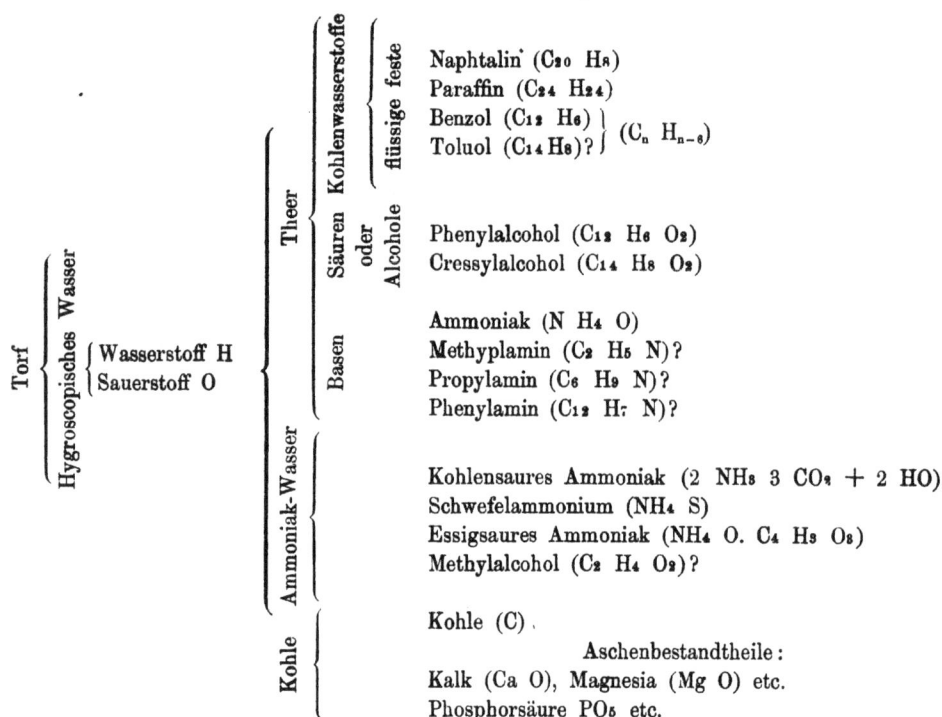

Ein Blick auf die in vorstehendem Schema zusammengestellten Körper zeigt uns, dass es sämmtlich uns schon bekannte Körper sind, die theilweise bei der Steinkohlen-, theilweise bei der Holzgasbereitung auch auftreten oder beiden gemeinsam sind. Bemerkenswerth und besonders hervorzuheben sind allein die quantitativen Unterschiede, die wir unter den Bestandtheilen der wässerigen Destillationsproducte des Holzes und des Torfes finden. Bei dem letzteren finden wir unter diesen einen Körper, der aus dem Holze nur in sehr geringer Menge entsteht; es ist dies das Ammoniak, welches aus dem Stickstoffgehalte des Torfes gebildet wird. Dagegen ist die Menge von Essigsäure die wir bei Torf erhalten viel geringer als die Quantität derselben, die wir aus einer gleichen Gewichtsmenge bei Holz erhalten. Im Uebrigen müssen wir wegen Mangels allgemeiner analytischer Resultate über diese und andere verschiedenen quantitativen Verhältnisse auf das Folgende verweisen.

I. Gasbereitung aus dem comprimirten Torfe von Haspelmoor.

Dieser nach der erwähnten Methode dargestellte Torf bestand aus circa 6″ langen 4″ breiten und 1—2″ hohen, sehr compacten Stücken. Nach einer von mir ausgeführten Analyse betrug der Aschengehalt des bei 100° getrockneten Materials 10.2 Proc. In dem lufttrocknen Zustande, in welchem die Ziegel ankamen, enthielten sei 12—13 Proc. Wasser. Sie wurden jedesmal einem 3tägigen Trocknen in der Trocknenkammer ausgesetzt und verloren dabei nur 5 Proc. Wasser; das zur Destillation verwendete Material enthielt demnach noch 7—8 Proc. Feuchtigkeit.

Zu einer Ladung für eine Retorte, die sonst mit 100 Pfd. Holz angefüllt wurde, liess ich 120 Pfd. Torf nehmen. Die Stücke wurden nicht zerbrochen; die Destillation geht auch so leicht und gut von Statten und es findet sich ohnedem immer Bruch vor.

Nach mehrfachen Versuchen, die ich hier übergehen will, wurde es festgestellt, dass die 2stündige Ladzeit die beste sei. Die Ausbeute an Gas ist aus der folgenden Zusammenstellung der Betriebsresultate zu ersehen.

Es lieferten:

960 Pfd. Torf	4400 c′ engl. Gas,	
1440 ,, ,,	7200 ,, ,, ,,	
1080 ,, ,,	5270 ,, ,, ,,	
600 ,, ,,	2280 ,, ,, ,,	
600 ,, ,,	2640 ,, ,, ,,	
600 ,, ,,	2640 ,, ,, ,,	
1440 ,, ,,	6590 ,, ,, ,,	
1560 ,, ,,	7900 ,, ,, ,,	
600 ,, ,,	2810 ,, ,, ,,	
960 ,, ,,	4210 ,, ,, ,,	
600 ,, ,,	2810 ,, ,, ,,	

10440 Pfd. Torf: 48750 c′ engl. Gas:

mithin 100 Pfd. Torf 467 c′ engl. Gas.

Die Gasentwicklung geht im Anfange wie bei Holz rasch vor sich; doch nimmt sie so keinen schnellen Verlauf, sondern gleichmässiger und stetiger ab als bei diesem.

Bei gleicher Destillationszeit und möglichst gleicher Temperatur der Retorte entwickelten:

		120 Pfd. Torf:	100 Pfd. Holz:
in der	1—10 Minute	88 c′ engl. Gas	148 c′ engl. Gas
,, ,,	10—20 ,,	73 ,, ,, ,,	128 ,, ,, ,,
,, ,,	20—30 ,,	72 ,, ,, ,,	122 ,, ,, ,,
,, ,,	30—40 ,,	64 ,, ,, ,,	92 ,, ,, ,,
,, ,,	40—50 ,,	60 ,, ,, ,,	52 ,, ,, ,,
,, ,,	50—60 ,,	49 ,, ,, ,,	11 ,, ,, ,,
,, ,,	60—70 ,,	41 ,, ,, ,,	8 ,, ,, ,,

in der 70—80 Minute 35 c′ engl. Gas   4 c′ engl. Gas

,, ,,   80—90   ,,   28 ,, ,,   ,,   2 ,, ,,   ,,

,, ,,   90—100   ,,   22 ,, ,,   ,,   — ,, ,,   ,,

,, ,, 100—110   ,,   19 ,, ,,   ,,   — ,, ,,   ,,

,, ,, 110—120   ,,   13 ,, ,,   ,,   — ,, ,,   ,,

                       564 c′ engl. Gas.   567 c′ engl. Gas.

Das sich entwickelnde unreine Gas enthält eine noch beträchtlichere Menge von Kohlensäure wie das Holzgas. Auch kommt in demselben eine Spur Schwefelwasserstoff vor. Im Durchschnitt betrug der Kohlensäure und Schwefelwasserstoffgehalt = 25—27 Procent.

Die Entwicklung der Kohlensäure während des Destillationsprocesses ist, wie bei Holz, zu Anfange der Operation am reichlichsten; sie nimmt nach und nach ab. Bei einem Versuche, den ich zur Bestimmung der in verschiedenen Zeiträumen entwickelten Mengen von Kohlensäure vornahm, erhielt ich folgende Werthe:

Eine Ladung von 120 Pfd. Torf entwickelte

	Menge des reinen Gases.	Kohlensäuregehalt des ungereinigten Gases in Procenten.	Kohlensäuremenge in c′ ausgedrückt.
in der 1—10 Minute	88 c′ engl.	30.0	= 37.7 c′ engl.
,, ,, 10—20 ,,	73 ,, ,,	32.9	= 35.8 ,, ,,
,, ,, 20—30 ,,	72 ,, ,,	29.5	= 30.0 ,, ,,
,, ,, 30—40 ,,	64 ,, ,,	26.5	= 23.0 ,, ,,
,, ,, 40—50 ,,	60 ,, ,,	24.0	= 19.0 ,, ,,
,, ,, 50—60 ,,	49 ,, ,,	20.4	= 12.5 ,, ,,
,, ,, 60—70 ,,	41 ,, ,,	19.2	= 9.7 ,, ,,
,, ,, 70—80 ,,	35 ,, ,,	17.2	= 7.3 ,, ,,
,, ,, 80—90 ,,	28 ,, ,,	13.8	= 4.5 ,, ,,
,, ,, 90—100 ,,	22 ,, ,,	12.0	= 3.0 ,, ,,
,, ,, 100—110 ,,	19 ,, ,,	9.0	= 1.9 ,, ,,
,, ,, 110—120 ,,	13 ,, ,,	8.6	= 1.2 ,, ,,

        mithin   564 c′ Gas   + Kohlensäure 185.6 c′

    = 750 c′ ungereinigtes Gas, welches 24.8 Proc. Kohlensäure enthielt.

Das ungereinigte Gas aus Haspelmoorer Torf führt demnach die gleiche oder ein wenig grössere Menge von Kohlensäure (incl. Spuren von Schwefelwasserstoff).

In den zur Holzgasfabrication bestimmten und ausreichend grossen Reinigern wurde es mit gut bereitetem, frisch gelöschten Kalke der trocknen Reinigung unterworfen. Die geringe Menge von Schwefelwasserstoff liess es nicht rathsam erscheinen, dieses schädliche Gas durch die Laming'sche Masse zu entfernen, was von Erfolg gewesen wäre, sobald man nur die untersten Horden damit beschickt hätte. Wie gesagt geschah dies aber nicht. Zur Reinigung von 36200 c′ Gas waren dann 2870 Pfd. Kalk erforderlich, mithin

                        79.3 Pfd. Kalk zur Reinigung von 1000 c′ engl.

Wie man ersieht ist dieser Betrag höher als der zur Reinigung einer ebenso grosen Quantität von Holzgas erforderliche. Um alle Zweifel daran zu beseitigen will ich noch anführen, dass, als Durchschnittszahl einer grösseren Anzahl von Beobachtungen, zur Reinigung von 1000 c′ Gas aus Fichtenholz nur 65 Pfd. Kalk erforderlich waren.

Die Bestandtheile des gereinigten Gases sind die gleichen wie bei Holzgas; wenigstens sind bis jetzt keine von der Zusammensetzung dieser abweichenden Stoffe bekannt. Eine auf gewöhnlichem Wege vorgenommene Analyse ergab:

Schwere Kohlenwasserstoffe = 6.8 Proc.
Wasserstoffgas = 37.4 „
Leichtes Kohlenwasserstoffgas = 33.6 „
Kohlenoxydgas = 22.2 „

100.0 Proc.

Das spec. Gewicht des gereinigten Gases betrug 0.58—0.65.

Die Güte des gewonnenen reinen Gases stand der von gutem Holzgase kaum nach, wie es die folgenden photometrischen Versuche beweisen werden.

Zum Ersatze der betreffenden Lichtstärken waren erforderlich:

	A. Torfgas.					B. Holzgas.				
1 Lichtstärke	0.75	c′ engl. pro Stunde				0.70	c′ engl. pro Stunde			
2 „	1.13	„	„	„	„	1.15	„	„	„	„
3 „	1.25	„	„	„	„	1.3	„	„	„	„
5 „	2.25	„	„	„	„	1.8	„	„	„	„
10 „	2.7	„	„	„	„	2.7	„	„	„	„
14 „	3.4	„	„	„	„	3.6	„	„	„	„
18 „	4.1	„	„	„	„	4.1	„	„	„	„
25 „	4.8	„	„	„	„	4.5	„	„	„	„

Die Ausbeute an Theer, die man bei dem genannten Torfe erhält, ist der aus Holz fast gleich; wir erhielten pro Centner getrockneten Materials 3.2 Pfd. Derselbe ist von der Farbe des Holztheers, ist jedoch mehr zähe und dickflüssiger wie dieser. Dies gibt Veranlassung, dass man die Hydraulik nicht so stark zu kühlen nothwendig hat, wie bei Holzgas. Es erscheint selbst räthlich, diese Vorlage nicht in einen Kühlkasten zu legen, weil sonst bei längerem Gebrauche Verstopfungen eintreten könnten. Die chemische Natur des Theers habe ich zwar nicht ausführlich geprüft; doch habe ich mich überzeugt, dass der Theer Benzin, allerdings nur in geringer Menge; Kreosot und Paraffin enthält, sonach auch in qualitativer Beziehung dem Holztheere sehr ähnlich ist.

Die Menge der destillirenden wässrigen Flüssigkeit beträgt bei dem getrockneten Haspelmoorer Torf nahezu 30 Pfd. Sie enthält kohlensaures Ammoniak, Spuren von Schwefelammonium und essigsaurem Ammoniak; auch scheint sie Oxyphensäure zu enthalten. Die Menge der Essigsäure ist so geringe, dass eine Gewinnung von Essigsäure aus derselben sich nicht lohnen dürfte. Der Ammoniakgehalt war gleichfalls äusserst geringe; da er nicht ganz genau bestimmt wurde, so wird es unentschieden bleiben müssen, ob die Verarbeitung des Destillats technisch ausführbar ist.

Die gewonnene Kohle betrug dem Gewichte des getrockneten Materials nach zwischen 36 und 39 Proc. Sie hat leider die Eigenschaft schon bei dem Ausziehen zu zerfallen. Die Torfmasse, vor dem Pressen zermahlen, verfilzt sich nicht so innig, dass nach dem Verkohlen noch ein grösserer Zusammenhang stattfände und die Kohle bricht desshalb leicht aus einander. Bei längerem Lagern zerfällt sie vollständig zu Pulver. Dieses könnte nur zur Feuerung mit anderen Kohlen dienen. Aber auch dieses ist des hohen Aschengehalts der Kohlen wegen nicht wohl thunlich. Wir haben es erwähnt, dass das getrocknete Material 10.2 Proc. Asche enthielt und da nun dieses 39 Proc. Kohle liefert, so erhöht sich der Aschengehalt derselben auf 35 Procente. Sie zeigt desshalb bei ihrer Benützung zur Feuerung nur ein lebhaftes Glimmen; sie gibt keine ordentliche Hitze und lässt sich nicht zum Schweissen des Eisens etc. verwenden. Da ohne Verkauf oder zweckmässige Verwendung der Kohlen die Rentabilität einer Anstalt nicht hergestellt werden kann, so wird es auch wohl nicht möglich sein, Torfgas aus Haspelmoorer Torf zu bereiten, dessen Gestehungskosten sich schon in dem Orte seiner Gewinnung auf 16 Kreuzer pro Centner belaufen.

II. Gasbereitung aus gewöhnlichem jüngeren Torfe.

Zur Bereitung des Gases wurde ein Torf aus der Münchener Gegend gewählt, der seiner Abstammung nach zu den jüngeren, braunen Torfen zählte. Er war relativ dicht und etwas schwer; seine Textur bastig faserig und die einzelnen Wurzeln und Stengelreste fast verfilzt. Er ist unter dem Namen Specktorf in dortiger Gegend allgemein bekannt.

Den Aschengehalt des lufttrocknen Materials fand ich durchschnittlich zu 2 — 3 Proc. Der Wassergehalt desselben betrug nach dem Lagern über Winter in einem bedeckten Schuppen 15—16 Proc. Nachdem der Torf, der mittelst der Seite 113 beschriebenen eisernen Wägen (welche man zweckmässig mit einem Drahtgitter überziehen würde, um das Aufschlichten des Torfes zu vermeiden) in die Trockenkammer verbracht wurde, dort sehr gut ausgetrocknet war, enthielt er durchschnittlich immer noch 7—8 Proc. Wasser.

Aus solchem Materiale erhielten wir bei einer 1½ stündigen Destillationszeit und einer Temperatur der hellkirschrothen Glühhitze *),

aus 1100	Pfd.	Torf	3600	c′ engl.	Gas,	
1200	,,	,,	5270	,,	,,	,,
600	,,	,,	2460	,,	,,	,,
1400	,,	,,	4830	,,	,,	,,
1300	,,	,,	4830	,,	,,	,,
1200	,,	,,	4740	,,	,,	,,
1200	,,	,,	4920	,,	,,	,,
750	,,	,,	3520	,,	,,	,,
1100	,,	,,	3860	,,	,,	,,
600	,,	,,	2110	,,	,,	,,

aus 10450 Pfd. Torf 40140 c′ engl. Gas;
mithin aus 1 Centner Torf 385 c′ engl. Gas.

Die Gasentbindung nimmt ebenfalls im Anfange einen raschen Verlauf wie bei Holz; und erfolgt die Abnahme derselben in stetigerer Weise wie bei dem ersteren Materiale.

Folgende Zahlen werden hierzu einen Beleg liefern. Bei gleicher Destillationszeit und möglichst gleicher Temperatur der Retorten entwickelten:

	100 Pfd. Torf.	100 Pfd. Holz.
in der 1—5 Minute	56 c′ engl. Gas	80 c′ engl. Gas;
,, ,, 5—10 ,,	42 ,, ,, ,,	68 ,, ,, ,,
,, ,, 10—15 ,,	35 ,, ,, ,,	64 ,, ,, ,,
,, ,, 15—20 ,,	35 ,, ,, ,,	64 ,, ,, ,,
,, ,, 20—25 ,,	33 ,, ,, ,,	62 ,, ,, ,,
,, ,, 25—30 ,,	33 ,, ,, ,,	60 ,, ,, ,,

*) Bei den gleichen Verhältnissen war die Ladzeit für 100 Pfd. Holz nur 1¼ Stunde.

in der	30—35	Minute	31 c′ engl. Gas	52 c′ engl. Gas;
„ „	35—40	„	28 „ „ „	40 „ „ „
„ „	40—45	„	26 „ „ „	31 „ „ „
„ „	45—50	„	24 „ „ „	21 „ „ „
„ „	50—55	„	18 „ „ „	12 „ „ „
„ „	55—70	„	13 „ „ „	7 „ „ „
„ „	70—90	„	9 „ „ „	6 „ „ „

383 c′ engl. Gas   567 c′ engl. Gas.

Wie wir es schon bei dem Haspelmoorer Torfe gefunden, enthielt auch das ungereinigte Gas aus unserem Materiale sehr beträchtliche Mengen von Kohlensäure, neben sehr geringen Spuren von Schwefelwasserstoff, (welcher indess auch öfter zu fehlen schien). Die während der Fabrication in verschiedenen Zeiträumen angestellten Analysen ergaben im Durchschnitte einen Kohlensäuregehalt von 25 Proc.

Die Entwicklung der Kohlensäure während des Verlaufs der Destillation habe ich auf analytischem Wege verfolgt und folgende Zahlen erhalten.

Eine Ladung von 100 Pfd. Torf entwickelte

in der			Menge des reinen Gases.	Kohlensäuregehalt des unreinen Gases in Proc.	Kohlensäuremenge in c′ ausgedrückt.
in der	1—5	Minute	56 c′ engl.	28.4 Proc.	22.2 c′ engl.
„ „	5—10	„	42 „ „	29.3 „	17.4 „ „
„ „	10—15	„	35 „ „	29.2 „	14.4 „ „
„ „	15—20	„	35 „ „	27.7 „	13.4 „ „
„ „	20—25	„	33 „ „	26.6 „	11.9 „ „
„ „	25—30	„	33 „ „	25.0 „	11.0 „ „
„ „	30—35	„	31 „ „	23.4 „	9.5 „ „
„ „	35—40	„	28 „ „	23.0 „	8.4 „ „
„ „	40—45	„	26 „ „	22.0 „	7.3 „ „
„ „	45—50	„	24 „ „	18.1 „	5.3 „ „
„ „	50—55	„	18 „ „	15.3 „	3.3 „ „
„ „	55—70	„	13 „ „	14.7 „	2.3 „ „
„ „	70—90	„	9 „ „	10.2 „	1.3 „ „

Total 38,3 c′ Gas + Kohlensäure 127.7 c′
== 511 c′ ungereinigtes Gas, die 25.0 Proc. Kohlensäure enthalten.

Aus dieser Zahl ergiebt sich, dass das ungereinigte Gas aus unserem Materiale die gleiche Menge von Kohlensäure enthält wie Holzgas. Zu seiner Reinigung wurde, in hinreichend grossen Reinigungsmaschinen, gelöschter Kalk benutzt, da die Entfernung der geringen Spuren Schwefelwasserstoff eine Anwendung Laming'scher Masse nicht nothwendig erscheinen liess. Zur Reinigung von 39420 c′ Gas waren 2686 Pfd. Kalk nothwendig; mithin

68.2 Pfd. Kalk zur Reinigung von 1000 c′ engl.

Das spec. Gewicht des gereinigten Gases betrug 0.62.

Eine chemische Analyse (nach Bunsen über Quecksilber ausgeführt) ergab folgende Zusammensetzung desselben:

Schwere Kohlenwasserstoffe	=	9.52 Proc.
Wasserstoffgas	=	27.50 „
Leichtes Kohlenwasserstoffgas	=	42.65 „
Kohlenoxydgas	=	20.33 „

100.00 Proc.

Aus diesen Zahlen und der oben mitgetheilten Analyse des Gases aus Haspelmoorer Torf ergiebt sich, dass der Kohlenoxydgehalt des Torfgases viel geringer ist als der des Holzgases. Aus dem in dem Capitel III. „Anwendung des Gases" Seite 59 näher Erörterten ist dies ein Vorzug, soferne das Kohlenoxyd bei dem Einathmen viel schädlicher wirkt als Wasserstoff und leichter Kohlenwasserstoff. Durch seinen grösseren Gehalt an leichtem Kohlenwasserstoffe und der geringeren Menge an Kohlenoxyd nähert sich das Torfgas mehr dem Steinkohlengase. Wo es ausschliesslich fabricirt werden sollte, muss man desshalb Rücksicht darauf nehmen, Brenner von engerer Oeffnung wie Holzgas, aber immer keine Brenner, die für Steinkohlengas bestimmt sind, anzuwenden.

Die Lichtstärke unseres gut gereinigten Gases ergiebt sich aus folgenden Versuchen, denen wir zur unmittelbaren Vergleichung die Lichtstärke von Holzgas, die mit den nämlichen Apparaten etc. gefunden wurde, beisetzen.

Zum Ersatze von den betreffenden Lichtstärken waren erforderlich:

	A. Torfgas.		B. Holzgas.	
(* 1 Kerze Lichtstärke	0.75 c′ engl. pro Stunde		0.70 c′ engl. pro Stunde	
2 ,, ,,	1.2 ,, ,, ,, ,,		1.15 ,, ,, ,, ,,	
3 ,, ,,	1.35 ,, ,, ,, ,,		1.3 ,, ,, ,, ,,	
5 ,, ,,	2.0 ,, ,, ,, ,,		1.8 ,, ,, ,, ,,	
10 ,, ,,	(** 2.64 ,, ,, ,, ,,		2.7 ,, ,, ,, ,,	
14 ,, ,,	3.6 ,, ,, ,, ,,		3.6 ,, ,, ,, ,,	
18 ,, ,,	4.3 ,, ,, ,, ,,		4.1 ,, ,, ,, ,,	
25 ,, ,,	4.7 ,, ,, ,, ,,		4.5 ,, ,, ,, ,,	

Die Güte des gewonnenen Gases steht daher nicht merklich dem des gut gereinigten Holzgases nach.

Die Ausbeute an Theer, welche wir aus 100 Pfd. getrockneten Materials erhielten betrug 3 Pfd. Seine Eigenschaften und seine chemische Zusammensetzung in qualitativer Beziehung stimmen ganz mit denen des Haspelmoorer Torfes überein. Das Gleiche gilt von der erhaltenen Menge und der chemischen Zusammensetzung des wässerigen Destillats.

Die Ausbeute an Kohle, die wir erhielten, betrug 30—32 Pfd. des angewandten getrockneten Materials. Durch Bruch und Abfall gingen schon 6—8 Proc. verloren, so dass nur 22—26 Pfd. gute Kohle übrig bleiben. Die Kohle, welche einen Aschengehalt von 6—9 Proc. besass, war dicht und fest; zeigte aber bei langem Lagern ebenfalls die Eigenschaft zu zerfallen. Erwähnenswerth ist es ferner noch, dass sie sich leicht von selbst entzündet. Bei den verschiedensten Anwendungen zum Schmieden und Schweissen des Eisens, zum Gebrauche in den Werkstätten der Klempner u. s. w. leistete sie die vortrefflichsten Dienste und wird desshalb auch sicher ihren Markt erobern, um so mehr als sie nicht so leicht ist, wie die Holzkohle, die bei der Gasbereitung gewonnen wird.

---

*) Stearinkerze 5 auf das Pfund. Flammenhöhe 22‴ engl. Duodez. M. Consum per Stunde = 7.5 Grammen
**) Mittel aus 48 Versuchen während der Fabrication.

III. Gasbereitung aus Rasentorf.

Nach N. H. Schilling*).

Der zu derselben verwendete Torf war ein leichter, gelblich brauner Rasentorf von moosartiger Structur, hauptsächlich aus Sphagnum und den Wurzeln von Erica bestehend, die sich deutlich erkennen liessen. Er war vor seiner Benutzung getrocknet und verlor dabei, wie dem Berichterstatter gesagt wurde, 8 Proc. Wasser, er wird also wahrscheinlich die gleiche oder eine nur etwas grössere Menge von Feuchtigkeit noch enthalten haben.

Die Ladzeit pro 80 Pfd. Material, in einer eisernen Retorte von 2' lichter Weite, 1' 3" Höhe und 7' 9" Länge, war 1½ Stunden; die Retorte dabei nur im Zustande einer sehr dunkeln Rothglühhitze. Nach dem Ausweise des Fabricationsbuches lieferten:

1.	206928	Pfd.	Torf	893080	c′ engl.	Gas
2.	13966	,,	,,	68624	,, ,,	,,
3.	591	,,	,,	2884	,, ,,	,,
4.	543	,,	,,	2845	,, ,,	,,
5.	678	,.	,,	3507	,, ,,	,,
6.	747	,,	.,	4080	,, ,,	,,
7.	747	,,	,,	3860	,, ,,	,,
	224200	Pfd.	Torf.	978880	c′ engl.	Gas.

Diess ergiebt einen Ertrag pro Centner:

1.	482	c′ engl.	Gas;
2.	490	,, ,,	,, ;
3.	488	,, ,,	,, ;
4.	524	,, ,,	,, ;
5.	517	,, ,,	,, ;
6.	546	,, ,,	,, ;
7.	516	,, ,,	,, .

Der grössere Ertrag der letzten Daten, wobei ein von Sägespänen herrührendes Gas unberücksichtigt blieb (man lud nämlich die Retorte Abends mit Sägespänen und heizte während der Nacht nur so viel als nöthig war, um sie nicht völlig ausser Betrieb kommen zu lassen) schreibt der Dirigent der Anstalt dem Umstande zu, dass man die Hälfte der Torfkohle in der Retorte liess, auf welche man dann die Ladung brachte.

Das unreine Gas wurde auf trocknem Wege mittelst Kalk gereinigt. Zur Reinigung von 4500 c′ hamburg. = 3735 c′ engl. wurden 300 Pfd. hamburg. = 290.5 Pfd. Zollgewicht gebraucht, mithin
77.7 Pfd. zur Reinigung pro Mille.

Die Ausbeute an Theer betrug 2.23 Proc. des verbrauchten Torfes. Angaben über die erhaltenen Mengen von Kohlen und wässeriger Flüssigkeit u. s. w. liegen nicht vor.

---

*) Journal für Gasbeleuchtung 1859, Seite 130.

Hinsichtlich der Apparate, die zur Fabrication benützt und von Schilling a. a. O. näher beschrieben sind, habe ich nur zuzufügen, dass es die gleichen sind, die man bei Holzgas benützt. Die eiserne Retorte, deren Dimensionen bereits angegeben, war mit einem s. g. Generator versehen, dessen Einrichtung wir schon in dem technischen Theile Seite 86 gedachten, und dessen specielle Ausführung durch eine Skizze im Journale für Gasbeleuchtung Jahrg. 1859 Seite 130 verdeutlicht ist.

Erwähnenswerth bleibt es nur allein, dass das Gas durch eine abwärts geneigte 5 zöllige Röhre in die Vorlage geleitet wurde, die sich ausserhalb des Retortenhauses unter einer freien Bedachung auf dem Hofe befindet.

Wir haben schliesslich der Vollständigkeit wegen noch mehrerer Versuche*) zu gedenken, die bei Gelegenheit näherer Untersuchung eines im Herzogthume Salzburg, in der Mitte des Stirlinger Waldes belegenen Torflagers, des sogenannten Biermooses, angestellt worden. Sie sind namentlich darum von Interesse, weil sie mit einem der vorzüglichsten Torfe angestellt und zum Vergleiche mit dem früher Angegebenen geeignet sind zu zeigen, wie sehr ein geringer Aschengehalt (1 Proc. ca.) auf die Ausbeute an Gas und Nebenproducten von Einfluss ist.

I. Versuch.

Angestellt in der Holzgasfabrik der k. k. Irrenanstalt in Wien, von den Herren: Körner, Chemiker, derzeit Directionsadjunct der k. k. Lambacher Flachsspinnerei, und Specker, Pächter der Holzgasfabrik zur Beleuchtung der Irrenanstalt in Wien.

Die Proben fanden statt mit dem Apparate, so wie er seit 4 Jahren zur Holzgaserzeugung verwendet wird, ohne dass irgend eine Veränderung oder Vorkehrung getroffen wäre.

Der Torf kam in gutem, trocknen Zustande in die besagte Gasfabrik, wurde jedoch noch auf dem Retortenofen und in der Trockenkammer weiter getrocknet, wobei sich ein Gewichtsverlust von circa 14 Proc. ergab.

Nach 10—12 Stunden war der Torf vollkommen ausgetrocknet und es zeigte sich keine weitere Gewichtsabnahme bei längerer Belassung auf dem Ofen. Es wurde eine Retorte zehnmal nach einander ohne Unterbrechung mit getrocknetem Torfe geladen, wie folgt und mit folgendem Ergebnisse:

1. Ladung	56 Pfd.	gaben	300	c′ Gas
2. ,,	60 ,,	,,	250	,, ,,
3. ,,	71 ,,	,,	325	,, ,,
4. ,,	66 ,,	,,	300	,, ,,
5. ,,	60 ,,	,,	300	,, ,,
6. ,,	60 ,,	,,	325	,, ,,
7. ,,	60 ,,	,,	325	,, ,,
8. ,,	60 ,,	,,	275	,, ,,
9. ,,	60 ,,	,,	350	,, ,,
10. ,,	60 ,,	,,	325	,, ,,

612 Pfd. Torf gaben 3075 c′

gut gereinigtes Leuchtgas. Hierzu kommen noch circa 32 Cubikfuss, welche während der Versuche consumirt wurden und 25 Cubikfuss, welche im Zwischengasometer blieben, nach gänzlicher Füllung des Gasometers.

---

*) Journal für Gasbeleuchtung, Jahrg. 1858, Seite 145 etc.

Aus 612 Pfd. Torf wurden also 3132 Cubikfuss Leuchtgas erzeugt; mithin circa 510 Cubikfuss Gas aus 1 Centner Torf.

Noch besonders hervorzuheben ist die Zeit, binnen welcher die Vergasung einer jeden Ladung vollendet war. Bei angeführter Beschickung mit durchschnittlich 60 Pfd. Torf dauerte der Vergasungs-Process nur 1¼ Stunde, und mit Einschluss der zur Bechickung und zum Kohlenausziehen nach beendeter Vergasung nöthigen Zeit 1½ Stunden, so zwar, dass binnen 24 Stunden 16 Ladungen gemacht und mit einer einzigen Retorte 4800 bis 4900 Cubikfuss Torfgas erzeugt werden können.

Aus 1 Centner Torf wurden ferner durchschnittlich gewonnen 44 bis 45 Pfund Torfkohle von guter Qualität.

Das Ergebniss an Theer konnte nicht genau bemessen werden, da es sich mit dem noch in der Vorlage befindlichen Holztheer gemischt hatte.

Auffallend stark war die Lichtintensität dieses aus Torf destillirten Gases. Die Messungen wurden mit dem Bunsen'schen Photometer gemacht und mit einer Stearinkerze, deren 6 auf 1 Pfd. gehen, sowie mit einem Holzgasbrenner, der bei einem Drucke von 1″ pro Stunde 5 Cubikfuss Wiener = 5.527 Cubikfuss engl. Gas consumirt.

Bei der ersten Messung ergab sich eine Lichtstärke von 17 und 18 Kerzen. Bei der am zweiten Tage vorgenommenen Messungen, nachdem in den Reiniger ein Zusatz von frischem Kalk gekommen war, sogar eine Lichtstärke von 22 bis 23 Kerzen für eine Gasflamme von 5,527 c′ engl. Gasconsum per Stunde, was ein höchst günstiges Ergebniss genannt werden muss.

II. Versuch.

Angestellt in der k. k. priv. Lambacher Flachsspinnerei, von Herrn F. Schuppler.

Der Versuch aus dem Biermoostorfe Leuchtgas zu erzeugen, wurde mit dem Holzgasapparat der k. k. priv. Lambacher Flachsspinnerei vorgenommen. Der Apparat blieb in allen seinen Theilen unverändert, so wie er zur Herstellung von Leuchtgas aus Holz seit Jahren dient.

Das Ergebniss war:

800 Pfund lufttrockner Torf wurden auf dem Gasofen aufgeschichtet, wo sie durch die ausströmende Wärme in 2 Tagen bis auf 680 Pfund austrockneten.

Dieses Material kam in Ladungen von je 60 Pfund zur Vergasung, deren Zeitdauer für 1 Ladung 1¼ Stunden betrug. Die Hitze der Retorten, desgleichen die Menge des Kalkes zur Reinigung des Gases war die gleiche wie bei der Production von Gas aus Holz.

Durch die Destillation der 680 Pfund übertrockneten Torfes wurden erhalten:

3196 Cubikfuss Gas von 30‴ Wasserdruck,
197 Pfund Torfkohle,
20 Pfund Theer,
190 Pfund ammoniakalisches Wasser, Essig etc.

Bezogen auf den lufttrocknen Torf war daher das Resultat:

24,83 Procent Torfkohle,
2,5 „ Theer,
23,75 „ ammoniakalisches Wasser.

Hingegen bezogen auf den übertrockneten Torf:

28,97 Procent Torfkohle,

2,94   ,,   Theer,

27,94   ,,   ammoniakalisches Wasser.

Ferner ergab an Leuchtgas:

1 Centner lufttrockener Torf 400 Cubikfuss

1   ,,   übertrockneter ,,   470   ,,

Um die Verwendbarkeit der Nebenproducte zu ersehen, wurde mit dem gewonnenen Theere ein Holzanstrich vorgenommen und die Torfkohle im Schmiedefeuer verwendet, wobei sich dieselben Resultate ergaben, wie bei Holztheer und Föhrenholzkohle.

Druck von F. Straub in München.

www.ingramcontent.com/pod-product-compliance
Lightning Source LLC
Chambersburg PA
CBHW062018210326
41458CB00075B/6209